浙江省新世纪教改项目

杭州市重点学科(应用数学)建设项目

杭州师范大学校级重点专业(信息与计算科学)建设项目

数学分析问题讲析

沈忠华　虞旦盛　于秀源　编著

ZHEJIANG UNIVERSITY PRESS

浙江大学出版社

内 容 简 介

　　本书介绍了阶的估计理论的几种常用的基本方法及其应用,通过对大量问题的分析和解决,使读者提高使用阶的估计方法审视和解决数学问题的技巧,提高分析数学问题的思维能力和灵活使用多种知识解决问题的能力。本书以具备大学数学分析课程基础的人员为主要读者对象,也可以供工程技术人员参考使用。书中的许多例题来自历届硕士研究生入学试题,所以,本书又可以作为准备研究生考试学生的复习参考书。

目　　录

第1章　阶的估计的基础知识

无穷大量与无穷小量的阶,是数学分析中的基本概念之一. 本章主要介绍无穷量的阶的概念以及阶的比较,O 与 o 的基本运算规则和有关的基本定理及其简单应用.

在本章的叙述中,经常涉及变量或函数的极限过程. 这些变量或函数的定义域及其应该满足的条件,一般情况下,都是显而易见的,所以为了叙述简洁起见,除确属必要外,将不一一列举.

在本书的以下叙述中,除特别声明外,符号"∞"均表示"$+\infty$".

1.1　基本概念

定义 1.1　若 $\lim\limits_{x \to x_0} f(x) = 0$,则称 $f(x)$ 当 $x \to x_0$ 时是无穷小量,记为

$$f(x) = o(1), x \to x_0.$$

特别地,若数列 $\{a_n\}$ 满足 $\lim\limits_{x \to \infty} a_n = 0$,则称 a_n 当 $n \to \infty$ 时是无穷小量,记为

$$a_n = o(1), n \to \infty.$$

例如,当 $x \to \infty$ 时,

$$\frac{x + \sin x}{x^2 + 5x - 2}, \frac{3x}{e^x + \log x}, \sqrt{x+1} - \sqrt{x}, \log\left(1 + \frac{1}{x}\right) + \frac{\sin x}{x}$$

都是无穷小量. 下面的量也是无穷小量:

$$\sqrt[3]{x+1} - \sqrt[3]{2}, x \to 1; x\log(x\sin x), x \to 0; e^{x-1} - 1, x \to 1.$$

定义 1.2　若 $\lim\limits_{x \to x_0} |f(x)| = \infty$,则称 $f(x)$ 当 $x \to x_0$ 时是无穷大量. 特别地,若 $\lim\limits_{n \to \infty} |a_n| = \infty$,则称 a_n 当 $n \to \infty$ 时是无穷大量.

例如,下面的一些量都是无穷大量:

$$x^a + A(\log x)^\beta, a > 0, x \to \infty; \frac{1}{\sin x} + \cos x + 1, x \to 0; \sum_{k=1}^{n} \frac{1}{k}, n \to \infty.$$

无穷大量与无穷小量的概念,只反映变量的变化趋势,对于变量的其他性质

并未做出任何描述. 而在具体问题中, 除了变量的变化趋势, 我们更关心的却是对于这种变化趋势的量的方面的了解. 事实上, 经常需要比较变量的变化趋势在量的方面的差异, 并通过对这些差异的分析, 找出它们的内在联系. 在这些差异中, 最明显的一个就是变化"速度"的不同. 例如, 变量 $\sqrt{x}$, x^2, 与 x^3 当 $x \to +\infty$ 时虽都是无穷大量, 但是它们趋于 ∞ 的"速度"是大不相同的: 由于 $\lim\limits_{x \to \infty} \dfrac{x^2}{\sqrt{x}} = \infty$, $\lim\limits_{x \to \infty} \dfrac{x^3}{x^2} = \infty$, 这三个变量趋于 ∞ 的"速度"是无法相比的. 粗略地说, x^2 趋于 ∞ 的"速度"相对于 $\sqrt{x}$ 趋于 ∞ 的"速度", 是一个无穷大量. x^3 相对于 x^2 亦有这种关系.

当然, 变量之间这种增长(或变化)"速度"的差异, 并不单单存在于无穷大量或无穷小量之间. 例如, 分别取 a_n 及 b_n 为

$$a_n: \quad n, \frac{n-1}{n}, \log n;$$

$$b_n: \quad \sqrt{n+1}, \sin \frac{1}{n}, \cos \left(n + \frac{1}{2}\right),$$

则在 a_n 与 b_n 之间也有 $\lim\limits_{x \to \infty} \dfrac{b_n}{a_n} = 0$ 的关系.

为了表明变量在变化趋势方面的差异, 我们引进无穷量的"阶"的概念.

定义 1.3　若 $\lim\limits_{x \to x_0} \dfrac{f(x)}{g(x)} = 0$, 则称 $f(x)$ 对于 $g(x)$ 当 $x \to x_0$ 时是无穷小量, 记为

$$f(x) = o(g(x)), \quad x \to x_0.$$

若 $f(x)$ 与 $g(x)$ 都是无穷大量, 则称 $f(x)$ 是比 $g(x)$ 低阶的无穷大量.

若 $f(x)$ 与 $g(x)$ 都是无穷小量, 则称 $f(x)$ 是比 $g(x)$ 高阶的无穷小量.

定义 1.4　若 $\lim\limits_{x \to x_0} \dfrac{f(x)}{g(x)} = 1$, 则称 $f(x)$ 与 $g(x)$ 当 $x \to x_0$ 时是等价的, 记为

$$f(x) \sim g(x), x \to x_0 \text{ 或 } f(x) = (1 + o(1))g(x), \quad x \to x_0.$$

例如, $\sin x \sim x$, $x \to 0$; $\mathrm{e}^x - 1 \sim x$, $x \to 0$.

如果 $\lim\limits_{x \to x_0} \dfrac{f(x)}{g(x)} = a, a \neq 0$, 则

$$f(x) = (a + o(1))g(x) = a(1 + o(1))g(x), \quad x \to x_0.$$

定义 1.5　设 $g(x) > 0$, 若存在常数 $A > 0$, 使得 $|f(x)| \leqslant Ag(x), x \in (a, b)$ 成立, 则称 $g(x)$ 是 $f(x)$ 的强函数, 记为

$$f(x) = O(g(x)), x \in (a, b).$$

显而易见, 改变 $f(x)$ 与 $g(x)$ 在有限个点的数值, 不影响强函数关系.

例如, $\cos x = O(1)$, $-\infty < x < \infty$; $\log x = O(x)$, $x \geqslant 1$.

注意,在定义 1.5 中,常数 A 被称为"大 O 常数",它们与变量 x 无关,在一般情况下,这点不作特别说明.但是,"大 O 常数"可能与参变量有关,例如,在 $\sin xy = O(1)$ 中,"大 O 常数"与参数 y 无关;但在 $\sin xy = O(x)$ 中,"大 O 常数"就与参数 y 有关,此时我们常用 $O_y(\cdots)$ 代替 $O(\cdots)$,以表明大 O 常数与参数 y 有关,例如 $\sin xy = O_y(x)$.在不致引起误会,或这个参数的引进对整个问题的处理没有影响时,也可以略去不写.

定义 1.6　假设当 $x \to x_0$ 时,$f(x)$ 与 $g(x)$ 都是无穷大量(小量),且存在常数 $A > 0, B > 0$,使得 $Af(x) \leqslant g(x) \leqslant Bf(x)$ 成立,则称 $f(x)$ 与 $g(x)$ 当 $x \to x_0$ 时是同阶无穷大量(小量),记为

$$f(x) \approx g(x), x \to x_0.$$

【例 1.1】　设 $\varepsilon > 0$ 及 A 是任意常数,则对于任意的 $a > 0$,有

$$x^A = o((1+a)^{\varepsilon x}), x \to \infty, \tag{1.1}$$

$$(\log x)^A = o(x^\varepsilon), x \to \infty, \tag{1.2}$$

$$(f(x))^A = o(e^{\varepsilon f(x)}), x \to \infty, \tag{1.3}$$

其中 $f(x)$ 是单调上升的函数,且

$$\lim_{x \to \infty} f(x) = \infty.$$

解　不妨假定 $A \geqslant 0$,以 $[x]$ 表示 x 的整数部分(即是不超过 x 的最大整数),设 $n = [x], m = [A] + 1$,则当 $x \to \infty$ 时,显然也有 $n \to \infty$,因此,当 $n \geqslant 2m+1$ 时,有

$$(1+a)^x \geqslant (1+a)^n \geqslant c_n^{m+1} a^{m+1} \geqslant \frac{a^{m+1}}{(m+1)!} (n-m)^{m+1}$$

$$\geqslant \frac{a^{m+1}}{(m+1)!} \cdot \left(\frac{n}{2}\right)^{m+1} = \frac{1}{(m+1)!} \cdot \frac{a^{m+1}}{2^{m+1}} \cdot n^{m+1}.$$

由于 a 与 m 都是常数,所以当 $n \to \infty$ 时,有

$$\frac{(1+a)^x}{x^A} \geqslant \frac{a^{m+1}}{2^{m+1}(m+1)!} \frac{n^{m+1}}{(1+n)^m} \geqslant \frac{a^{m+1}}{2^{2m+1}(m+1)!} \cdot n,$$

$$\lim_{x \to \infty} \frac{x^A}{(1+a)^x} = 0. \tag{1.4}$$

取 $x = \varepsilon y$,则上式成为

$$\lim_{y \to \infty} \frac{y^A}{(1+a)^{\varepsilon y}} = 0;$$

这就是(1.1)式.

在 (1.4) 式中取 $a = \mathrm{e} - 1, x = \varepsilon \log y$, 则

$$\lim_{y \to \infty} \frac{(\log y)^A}{y^\varepsilon} = 0,$$

这就是 (1.2) 式.

在 (1.2) 式中取 $x = \mathrm{e}^{f(y)}$, 则当 $y \to \infty$ 时, $x \to \infty$, 由此得到 (1.3) 式.

1.2　O 与 o 的运算

下面是有关 O 与 o 的基本运算法则:

法则 1.1　若 $f(x)$ 是无穷大量, $x \to x_0$, 并且 $\varphi(x) = O(1)$, 则

$$\varphi(x) = o(f(x)), x \to x_0.$$

法则 1.2　若 $f(x) = O(\varphi), \varphi = O(\psi)$, 则

$$f(x) = O(\psi).$$

法则 1.3　若 $f(x) = O(\varphi), \varphi = o(\psi)$, 则

$$f(x) = o(\psi).$$

法则 1.4　$O(f) + O(g) = O(f + g)$.

法则 1.5　$O(f)O(g) = O(fg)$.

法则 1.6　$o(1)O(f) = o(f)$.

法则 1.7　$O(1)o(f) = o(f)$.

法则 1.8　$O(f) + o(f) = O(f)$.

法则 1.9　$o(f) + o(g) = o(|f| + |g|)$.

法则 1.10　$o(f)o(g) = o(fg)$.

法则 1.11　$(O(f))^k = O_k(f^k), k$ 是正数.

法则 1.12　$(o(f))^k = o(f^k)$.

法则 1.13　若 $f \sim g, g \sim \varphi$, 则 $f \sim \varphi$.

法则 1.14　若 $f = o(g), g \sim \varphi$, 则 $g \sim \varphi \pm f$.

以上法则都易验证, 我们仅举几条证明如下, 其余请读者补足.

法则 1.6 的证明:

设 $\lim\limits_{x \to x_0} \varphi(x) = 0$, 且

$$|g(x)| \leqslant M f(x), x \in (a, b).$$

则

$$0 \leqslant \lim_{x \to x_0} \left| \frac{\varphi(x)g(x)}{f(x)} \right| \leqslant M \lim_{x \to x_0} |\varphi(x)| = 0,$$

即

$$\varphi(x)g(x) = o(f(x)).$$

法则 1.11 的证明:

设 $|g(x)| \leqslant Mf(x), x \in (a,b)$,则

$$|g(x)|^k \leqslant M^k f^k(x), x \in (a,b),$$

即

$$(g(x))^k = O_k(f^k(x)), x \in (a,b).$$

注意,一般地,"大 O 常数"与 k 有关.请读者举一个例子.

上面的基本法则虽然简单,却使我们能够容易地处理大量关于阶的估计问题.例如,当 $x \to \infty$ 时,

$$5x + \sin x \sim 5x; 3\mathrm{e}^x + x^4 \sim 3\mathrm{e}^x; x^2 + \log(\log\log x)^{12} = x^2(1 + o(1));$$

$$8\mathrm{e}^x + x^3 \log x = 8\mathrm{e}^x(1 + o(1)); 2 + \sin\frac{1}{x} = O(1);$$

当 $x \to 0$ 时,

$$x^2 + x^3 = x^2(1 + o(1)) = o(x); x\log x + x^2(\log\log x)^3 = o(\sqrt{x});$$

$$\mathrm{e}^x \log\frac{1}{x} = o\left(\frac{1}{x}\right); x\cos x + \sin x = O(x).$$

注 1 在上面的基本运算中,我们没有说到关于反函数的性质.一般说来,如果 $\varphi(x)$ 与 $f(x)$ 都是增函数,$\widetilde{\varphi}(x)$ 与 $\widetilde{f}(x)$ 分别表示它们的反函数,那么,由

$$\varphi(x) = o(f(x))$$

不能得到

$$\widetilde{f}(x) = o(\widetilde{\varphi}(x)).$$

这可从下例看出:

$$f(x) = \mathrm{e}^x, \varphi(x) = \frac{\mathrm{e}^x}{x}, x \to \infty.$$

注 2 等式

$$\varphi = O(f) \text{ 或 } \varphi = o(g)$$

其实是不等式,只不过写成等式的形式罢了.因此,一般地,由

$$f = O(g), f = O(h)$$

不能得到任何关于 g 和 h 的关系的信息. 例如,我们有

$$\sin x = O(1), \sin x = O(2), \sin x = O(x), 0 < x < +\infty,$$

但是从上面的"等式"难以得到 1,2 及 x 的关系.

1.3　几个基本公式及应用

定理 1.1　在 x_0 的某个邻域内,若 $f^{(n)}(x)$ 存在,且 $|f^{(n)}(x)| \leqslant M$,则

$$f(x) = \sum_{k=0}^{n-1} \frac{f^{(k)}(x_0)}{k!}(x - x_0)^k + O(|x - x_0|^n)$$

在 x_0 的该邻域内成立.

这是 Taylor 公式的推论.

由定理 1.1 立即可以得到下面的推论:

推论 1.1　存在正数 δ 使得下面的结论成立:

(1) $\sin x = x - \dfrac{x^3}{3!} + O(x^5)$, $|x| < \delta$;

(2) $\cos x = 1 - \dfrac{x^2}{2} + O(x^4)$, $|x| < \delta$;

(3) $\log(1 + x) = x - \dfrac{x^2}{2} + O(x^3)$, $|x| < \delta$.

(4) $(1 + x)^a = 1 + \alpha x + O(x^2)$, $|x| < \delta$.

(5) $e^x = 1 + x + O(x^2)$, $|x| < \delta$.

更一般地,有下面的推论:

推论 1.2　若 $f(x)$ 满足条件

$$\lim_{x \to x_0} f(x) = 0,$$

则存在正数 δ 使得下面的结论成立:

(1) $\sin f(x) = f(x) - \dfrac{f^3(x)}{3!} + O(|f^5(x)|)$, $|x - x_0| < \delta$;

(2) $\cos f(x) = 1 - \dfrac{f^2(x)}{2} + O(f^4(x))$, $|x - x_0| < \delta$;

(3) $\log(1 + f(x)) = f(x) - \dfrac{f^2(x)}{2} + O(|f^3(x)|)$, $|x - x_0| < \delta$;

(4) $(1 + f(x))^a = 1 + af(x) + O(f^2(x))$, $|x - x_0| < \delta$;

(5) $e^{f(x)} = 1 + f(x) + O(f^2(x))$, $|x - x_0| < \delta$.

例如,对于充分小的 x,有

$$\log(1 + \sin x) = \sin x - \frac{1}{2} \sin^2 x + O(\mid \sin x \mid^3)$$

$$= x - \frac{x^3}{6} + O(x^5) - \frac{1}{2}\left(x - \frac{x^3}{6} + O(x^5)\right)^2 + O(x^3)$$

$$= x - \frac{1}{2}(x + O(x^3))^2 + O(x^3)$$

$$= x - \frac{1}{2}x^2 + O(x^3).$$

我们在以后几章中会看到,定理 1.1 及其推论在处理数学问题时有广泛的应用.下面,举几个例子.

【例 1.2】　设 $a = O(1), b = O(1)$,则当 $n \to \infty$ 时,

$$(n + a)^{n+b} = n^{n+b} e^a \left[1 + \frac{a\left(b - \dfrac{a}{2}\right)}{n} + O(n^{-2})\right].$$

解　记 $a_n = (n + a)^{n+b}$,则

$$\log a_n = (n + b)\log(n + a) = (n + b)\left(\log n + \log\left(1 + \frac{a}{n}\right)\right)$$

$$= (n + b)\log n + (n + b)\left(\frac{a}{n} - \frac{a^2}{2n^2} + O\left(\frac{a^3}{n^3}\right)\right)$$

$$= (n + b)\log n + a + a\left(b - \frac{a}{2}\right)\frac{1}{n} + O\left(\frac{1}{n^2}\right),$$

因此

$$a_n = n^{n+b} \exp\left(a + a\left(b - \frac{a}{2}\right)\frac{1}{n} + O\left(\frac{1}{n^2}\right)\right)$$

$$= n^{(n+b)} e^a \left(1 + a\left(b - \frac{a}{2}\right)\frac{1}{n} + O\left(\frac{1}{n^2}\right)\right).$$

作为例 1.2 结论的直接推论,我们有

$$\left(1 + \frac{a}{n}\right)^{n+b} = \exp\left[a + \frac{a\left(b - \dfrac{a}{2}\right)}{n} + O\left(\frac{1}{n^2}\right)\right].$$

令 $b = 0$,就得到

$$\left(1 + \frac{a}{n}\right)^n = \exp\left(a - \frac{a^2}{2n} + O\left(\frac{1}{n^2}\right)\right).$$

【例 1.3】　设 $f(x) \to \infty, x \to x_0, P(x)$ 与 $Q(x)$ 是多项式:

$$P(x) = a_n x^n + a_{n-1} x^{n-1} + \cdots + a_1 x + a_0,\ a_n \neq 0,$$

$$Q(x) = b_m x^m + b_{m-1} x^{m-1} + \cdots + b_1 x + b_0,\ b_m \neq 0.$$

则当 $x \to x_0$ 时,有

(1) $P(f(x)) + Q(f(x))$ $\begin{cases} \sim a_n (f(x))^n, & \text{当 } n > m \text{ 时,} \\ \sim (a_n + b_n)(f(x))^n, & \text{当 } n = m, a_n + b_n \neq 0 \text{ 时,} \\ \sim b_m (f(x))^m, & \text{当 } n < m \text{ 时;} \end{cases}$

(2) $P(f(x))Q(f(x)) \sim a_n b_m (f(x))^{n+m}$;

(3) $\dfrac{P(f(x))}{Q(f(x))} \sim \dfrac{a_n}{b_m} (f(x))^{n-m}$.

解　我们仅给出结论(3)的证明,结论(1)与(2)的证明与之类似.

由定理条件及上节基本法则 1.9,当 $x \to x_0$ 时,有 $\dfrac{1}{f(x)} = o(1)$,于是

$$
\begin{aligned}
\frac{P(f)}{Q(f)} &= \frac{a_n f^n + a_{n-1} f^{n-1} + \cdots + a_1 f + a_0}{b_m f^m + b_{m-1} f^{m-1} + \cdots + b_1 f + b_0} \\
&= \frac{a_n f^n}{b_m f^m} \cdot \frac{\left(1 + \frac{a_{n-1}}{a_n} f^{-1} + \cdots + \frac{a_1}{a_n} f^{-n+1} + \frac{a_0}{a_n} f^{-n}\right)}{\left(1 + \frac{b_{m-1}}{b_m} f^{-1} + \cdots + \frac{b_1}{b_m} f^{-m+1} + \frac{b_0}{b_m} f^{-m}\right)} \\
&= \frac{a_n}{b_m} f^{n-m} \cdot \frac{1 + o(1)}{1 + o(1)}.
\end{aligned}
$$

因此,

$$
\lim_{x \to x_0} \frac{P(f(x))}{Q(f(x))} \left(\frac{a_n}{b_m} f^{n-m}(x)\right)^{-1} = \lim_{x \to x_0} \frac{1 + o(1)}{1 + o(1)} = 1.
$$

结论(3)得证.

【例 1.4】　求极限

$$
\lim_{x \to \infty} \left(\sqrt{x + \sqrt{x + \sqrt{x^\alpha}}} - \sqrt{x}\right), 0 < \alpha < 2.
$$

解　当 $x \to \infty$ 时,由于 $0 < \alpha < 2$,有

$$
\begin{aligned}
\sqrt{x + \sqrt{x + \sqrt{x^\alpha}}} &= \sqrt{x} \left(1 + \sqrt{x^{-1} + x^{\frac{\alpha}{2}-2}}\right)^{\frac{1}{2}} \\
&= \sqrt{x} \left(1 + \frac{1}{\sqrt{x}} \sqrt{1 + x^{\frac{\alpha}{2}-1}}\right)^{\frac{1}{2}} \\
&= \sqrt{x} \left(1 + \frac{1}{2\sqrt{x}} \sqrt{1 + x^{\frac{\alpha}{2}-1}} + O\left(\frac{1}{x}\right)\right) \\
&= \sqrt{x} \left(1 + \frac{1}{2\sqrt{x}} \sqrt{1 + x^{\frac{\alpha}{2}-1}}\right) + O\left(\frac{1}{\sqrt{x}}\right) \\
&= \sqrt{x} + \frac{1}{2} (1 + x^{\frac{\alpha}{2}-1})^{\frac{1}{2}} + O\left(\frac{1}{\sqrt{x}}\right)
\end{aligned}
$$

$$= \sqrt{x} + \frac{1}{2}\Big(1 + \frac{1}{2}x^{\frac{a}{2}-1} + O(x^{a-2})\Big) + O\Big(\frac{1}{\sqrt{x}}\Big)$$

$$= \sqrt{x} + \frac{1}{2} + o(1),$$

因此,所求极限是 $\frac{1}{2}$.

【例 1.5】　判断无穷积分或无穷级数的收敛性:

(1) $\displaystyle\int_1^\infty \frac{(e^{\frac{1}{x^2}} - 1)^a}{\log^b\Big(1 + \frac{1}{x}\Big)}\,dx$;

(2) $\displaystyle\sum_{n=1}^\infty \frac{1}{\log(1+n)}\sin\frac{1}{n^\beta}, \beta > 0$.

解　首先注意,本例中的级数(或积分)的通项(或被积函数)对于充分大的 n(或 x)皆取正值(或恒负值).

(1) 当 $x \to \infty$ 时,

$$\frac{(e^{\frac{1}{x^2}} - 1)^a}{\log^b\Big(1 + \frac{1}{x}\Big)} = \frac{\Big(\frac{1}{x^2} + O\big(\frac{1}{x^4}\big)\Big)^a}{\Big(\frac{1}{x} + O\big(\frac{1}{x^2}\big)\Big)^b} = \frac{1}{x^{2a-b}}\Big(1 + O\Big(\frac{1}{x}\Big)\Big),$$

因此,由比较判别法可知,

$$\int_1^\infty \frac{(e^{\frac{1}{x^2}} - 1)^a}{\log^b\Big(1 + \frac{1}{x}\Big)}\,dx \begin{cases} 收敛,当 2a - b > 1 时, \\ 发散,当 2a - b \leqslant 1 时. \end{cases}$$

(2) 当 $n \to \infty$ 时,由于 $\beta > 0$,有

$$\frac{1}{\log(1+n)}\sin\frac{1}{n^\beta} = \frac{1}{\log(1+n)}\Big(\frac{1}{n^\beta} + O\Big(\frac{1}{n^{2\beta}}\Big)\Big)$$

$$= \frac{1}{n^\beta \log(1+n)}\Big(1 + O\Big(\frac{1}{n^\beta}\Big)\Big),$$

因此

$$\sum_{n=1}^\infty \frac{1}{\log(1+n)}\sin\frac{1}{n^\beta} \begin{cases} 收敛,当 \beta > 1 时, \\ 发散,当 0 < \beta \leqslant 1 时. \end{cases}$$

定理 1.2　设 $b_n > 0, \displaystyle\sum_{n=1}^\infty b_n = \infty$,且 $a_n = o(b_n), n \to \infty$,则

$$\sum_{n=1}^N a_n = o\Big(\sum_{n=1}^N b_n\Big), N \to \infty.$$

证明　对任意的 $\varepsilon > 0$,必有 $M > 0$ 存在,使得当 $n > M$ 时,有 $|a_n| < \varepsilon b_n$,因此,对任意的 $N > M$,有

$$\Big|\sum_{n=1}^{N} a_n\Big| \leqslant \Big|\sum_{n=1}^{M} a_n\Big| + \varepsilon \sum_{n=M+1}^{N} b_n.$$

由 $\sum\limits_{n=1}^{\infty} b_n = \infty$ 可知,对给定的 $\varepsilon > 0$,必有 $N_1 > M$ 存在,使得

$$\varepsilon \sum_{n=1}^{N} b_n > \sum_{n=1}^{M} |a_n|, N > N_1.$$

于是　　　　　　　　$$\Big|\sum_{n=1}^{N} a_n\Big| < 2\varepsilon \sum_{n=1}^{N} b_n, N > N_1,$$

由此得到要证明的结论.

另证　记 $B_N = \sum\limits_{n=1}^{N} b_n$,由假设条件知,$B_N \to \infty (N \to \infty)$,以及 $a_n = O(b_n)$.
因此,当 $N \to \infty$ 时,有

$$\Big|\sum_{k=1}^{N} a_k\Big| \leqslant \Big|\sum_{k<\sqrt{B_n}} a_k\Big| + \varepsilon \sum_{k \geqslant \sqrt{B_N}}^{N} b_k$$

$$= O(1)\sqrt{B_N} + o(1)(B_N - \sqrt{B_N}) = o(1)B_N.$$

注　这是一个有广泛应用的定理. 极限论中 Stolz 定理和 L'Hospital 法则都是它的推论.

1.4　分部求和公式

定理 1.3(分部求和公式)　记 $S_n = \sum\limits_{k=1}^{n} a_k$,$n \geqslant 1$,

则　　　　　　　　$$\sum_{n=1}^{N} a_n b_n = \sum_{n=1}^{N-1} S_n(b_n - b_{n+1}) + S_N b_N. \tag{1.5}$$

证明　记 $S_0 = 0$,由 S_n 的定义,有

$$a_n = S_n - S_{n-1}, n = 1, 2, \cdots.$$

因此,　　　$$\sum_{n=1}^{N} a_n b_n = \sum_{n=1}^{N} (S_n - S_{n-1})b_n = \sum_{n=1}^{N} S_n b_n - \sum_{n=1}^{N} S_{n-1} b_n$$

$$= \sum_{n=1}^{N} S_n b_n - \sum_{n=0}^{N-1} S_n b_{n+1} = \sum_{n=1}^{N-1} S_n(b_n - b_{n+1}) + S_N b_N.$$

定义函数　　$$S(x) = \sum_{1 \leqslant n \leqslant x} a_n, x \geqslant 1; S(x) = 0,\ x < 1.$$

假设存在可微函数 $b(x)$ 使得对于正整数 n,有 $b(n) = b_n$,则由

$$\int_1^N S(x)b'(x)\mathrm{d}x = \sum_{n=1}^{N-1}\int_n^{n+1}S(x)b'(x)\mathrm{d}x$$

$$= \sum_{n=1}^{N-1}S_n\int_n^{n+1}b'(x)\mathrm{d}x$$

$$= \sum_{n=1}^{N-1}S_n(b(n+1)-b(n)).$$

可知,(1.5)式可以写成下面的形式:

$$\sum_{n=1}^N a_n b(n) = S(N)b(N) - \int_1^N S(x)b'(x)\mathrm{d}x. \tag{1.6}$$

利用(1.6)式,有时可以更方便地借助已知的积分公式进行估计.

【例 1.6】 证明

$$\sum_{k=1}^n \sin kt \log k = \begin{cases} O\left(\dfrac{1}{t}\log n\right), \dfrac{1}{n} \leqslant t \leqslant \pi; \\ O(n^2 t \log n), 0 \leqslant t \leqslant \dfrac{1}{n}. \end{cases}$$

解 在(1.6)式中,取

$$b(x) = \log x, a_n = \sin nt,$$

则由

$$\mid S(x)\mid = \Big|\sum_{k\leqslant x}\sin kt\Big| = O\left(\frac{1}{t}\right), t\neq 0$$

得到

$$\sum_{k=1}^n \sin kt \log k = S(n)\log n - \int_1^n S(x)x^{-1}\mathrm{d}x$$

$$= O\left(\frac{1}{t}\right)\log n + O\left(\frac{1}{t}\right)\int_1^n \frac{\mathrm{d}x}{x}$$

$$= O\left(\frac{1}{t}\log n\right), t\neq 0.$$

另一方面,当 $0 \leqslant t \leqslant \dfrac{1}{n}$ 时,有

$$\sum_{k=1}^n \sin kt \log k \leqslant t\sum_{k=1}^n k\log k = O(n^2 t\log n).$$

定理 1.4 设 $\{b_n\}$ 是递减的正数序列,存在正常数 m, M,使得

$$m \leqslant \sum_{k=1}^n a_k \leqslant M, n = 1, 2, 3, \cdots,$$

则对于任意的自然数 n,有

$$b_1 m \leqslant \sum_{k=1}^{n} a_k b_k \leqslant b_1 M.$$

证明　令 $S_n = \sum_{k=1}^{n} a_k$,则

$$S_n - m \geqslant 0, S_n - M \leqslant 0, n = 1, 2, 3 \cdots.$$

由此,以及 b_n 的单调性,由定理 1.3 得到

$$\begin{aligned}
\sum_{k=1}^{n} a_k b_k &= S_n b_n + \sum_{k=1}^{n-1} S_k (b_k - b_{k+1}) \\
&= (S_n - m) b_n + \sum_{k=1}^{n-1} (S_k - m)(b_k - b_{k+1}) + m b_1 \\
&\geqslant m b_1.
\end{aligned}$$

同理可证

$$\sum_{k=1}^{n} a_k b_k \leqslant M b_1.$$

定理 1.5(Abel 定理)　设 $\sum_{k=0}^{\infty} a_k = s$,则

$$\lim_{x \to 1-0} \sum_{k=0}^{\infty} a_k x^k = s.$$

证明　记 $S_n = \sum_{k=0}^{n} a_k$,则 $S_n - s \to 0, n \to \infty$. 由定理 1.3,得

$$\begin{aligned}
\sum_{k=0}^{n} a_k x^k &= S_n x^n + \sum_{k=0}^{n-1} S_k (x^k - x^{k+1}) \\
&= S_n x^n + (1-x) \sum_{k=0}^{n-1} (S_k x^k - s x^k) + (1-x) s \sum_{k=0}^{n-1} x^k.
\end{aligned}$$

对于固定的 $|x| < 1$,当 $n \to \infty$ 时,显然有

$$S_n x^n = O(1) x^n = o(1), \sum_{k=0}^{n-1} x^k = \frac{1}{1-x}(1 + o(1)),$$

因此,

$$\sum_{k=0}^{\infty} a_k x^k = (1-x) \sum_{k=0}^{\infty} (S_k - s) x^k + s. \tag{1.7}$$

取 $m = \left[(1-x)^{-\frac{1}{2}}\right]$,则当 $x \to 1-0$ 时,有 $S_k - s = o(1), k \geqslant m$,于是

$$\sum_{k=0}^{\infty}(S_k-s)x^k = \sum_{k=0}^{m}(S_k-s)x^k + \sum_{k=m+1}^{\infty}(S_k-s)x^k$$

$$= O(m)+o\Big(\sum_{k=m+1}^{\infty}x^k\Big)$$

$$= O(m)+o\Big(\frac{1}{1-x}\Big).$$

由上式及(1.7)式,得到

$$\sum_{k=0}^{\infty}a_kx^k = s+O(m(1-x))+o(1)$$

$$= s+O(\sqrt{1-x})+o(1)$$

$$= s+o(1),x\to 1-0.$$

作为定理 1.5 的一个直接结果,我们证明级数乘法定理.

定理 1.6(级数乘法定理)　设级数 $\sum_{k=0}^{\infty}a_k$ 和 $\sum_{k=0}^{\infty}b_k$ 分别收敛于 A 与 B.记

$$C_k = a_0b_k+a_1b_{k-1}+\cdots+a_kb_0,$$

则当级数 $\sum_{k=0}^{\infty}C_k$ 收敛时,必有 $\sum_{k=0}^{\infty}C_k = AB.$

证明　由定理 1.5 的证明可知,级数 $\sum_{k=0}^{\infty}a_kx^k$ 与 $\sum_{k=0}^{\infty}b_kx^k$ 当 $|x|<1$ 时是收敛的,因此,由幂级数乘法公式,有

$$\sum_{k=0}^{\infty}a_kx^k\sum_{k=0}^{\infty}b_kx^k = \sum_{k=0}^{\infty}C_kx^k.$$

由此等式,并利用定理 1.5,即可证得本定理.

注　如果在定理 1.6 中去掉 $\sum_{n=0}^{\infty}C_n<\infty$ 的条件,那么定理 1.6 的结论就不一定成立.事实上,若取 $a_n=b_n=(-1)^n\frac{1}{\sqrt{n}}$,则

$$|C_n| = \frac{1}{\sqrt{n}}+\frac{1}{\sqrt{2}\sqrt{n-1}}+\cdots+\frac{1}{\sqrt{n}}>1,$$

因此,$\sum_{n=0}^{\infty}C_n$ 发散,定理 1.6 的结论显然不成立.

定理 1.3 与定理 1.4 在级数理论中有很多应用,特别是在处理变号级数的收敛性以及部分和的估计时应用最为广泛.例如,在例 1.6 中,由于应用定理 1.3,所以对 $\sum_{k=1}^{n}\sin kt\log k$ 估计时,利用了 $\sum_{k=1}^{n}\sin kt = O\Big(\frac{1}{t}\Big)(t\neq 0)$ 这一事实,即充分考虑

了由于 $\sin kt$ 符号变化所造成的影响. 如果直接将被加项取绝对值, 即取估计式

$$\sum_{k=1}^{n} \sin kt \log k = O\left(\sum_{k=1}^{n} \log k\right),$$

那么将只能得到一个对于 $\sum \sin kt \log k$ 的粗糙的估计. 同样地, 对于正项级数收敛性的判别, 比较判别法通常是很有效的. 但对于各项符号不一致的级数, 利用分部求和公式所得到的判别法则更为有力和适用. 作为一个例子, 我们给出下面的定理:

定理 1.7　记 $A_n = \sum_{k=0}^{n} a_k$, 若 $\sum_{k=0}^{\infty} A_k(b_k - b_{k+1}) < \infty$, 且极限 $\lim_{n \to \infty} A_n b_n$ 存在有限, 则级数 $\sum_{n=0}^{\infty} a_n b_n$ 收敛.

证明　这是定理 1.3 的推论.

由定理 1.7, 可以推出 Abel 判别法、Dirichlet 判别法等众所周知的级数收敛性判别法. 此外, 还可得到下面的判别法:

(1) 若 $\sum_{k=0}^{\infty} (b_k - b_{k+1})$ 绝对收敛, $\sum_{k=0}^{\infty} a_k$ 收敛, 则 $\sum_{n=0}^{\infty} a_n b_n$ 收敛.

(2) 若 $\sum_{n=0}^{\infty} (b_n - b_{n+1})$ 绝对收敛, $\sum_{k=0}^{n} a_k = O(1)$, $n \geqslant 1$, 且 $b_n = o(1)$, $n \to \infty$, 则 $\sum_{n=0}^{\infty} a_n b_n$ 收敛.

(3) 若数列 $\{b_n\}$ 单调下降且趋于 0, 则级数 $\sum_{n=0}^{\infty} (-1)^n b_n$ 收敛.

我们也可以得到对于变号的函数项级数的收敛性判别法则, 此处不再一一列举.

1.5　隐含数与导函数的阶的估计

在本节中, 我们首先通过几个例子说明隐函数的阶的估计方法, 然后给出关于导函数的阶的估计的几个定理.

【例 1.7】　设变量 x 与 t 满足关系式

$$x e^x = t, \tag{1.8}$$

求 $x = x(t)$ 当 $t \to \infty$ 时的阶.

解　由于 $x e^x$ 是 x ($x \geqslant 0$) 的增函数, 所以, 方程 (1.8) 的解 $x(t)$ 的存在性是确定的, 而且, 当 $t \to \infty$ 时有 $x \to \infty$.

不妨设 $x > 1$, 在 (1.8) 式两端取对数, 得到

$$x = \log t - \log x,$$　　　　　　　　(1.9)

因此,

$$x < \log t, x = \log t + O(\log\log t).$$

在上面的第二个式子两边取对数,得到

$$\log x = \log\log t + \log\Big(1 + O\Big(\frac{\log\log t}{\log t}\Big)\Big)$$

$$= \log\log t + O\Big(\frac{\log\log t}{\log t}\Big).$$　　　　　　　　(1.10)

由(1.10)式与(1.9)式得到

$$x = \log t - \log\log t + O\Big(\frac{\log\log t}{\log t}\Big).$$

再取对数,则又得到

$$\log x = \log\log t + \log\Big(1 - \frac{\log\log t}{\log t} + O\Big(\frac{\log\log t}{\log^2 t}\Big)\Big)$$

$$= \log\log t - \frac{\log\log t}{\log t} - \frac{1}{2}\frac{(\log\log t)^2}{\log^2 t} + O\Big(\frac{\log\log t}{\log^2 t}\Big).$$　　　　(1.11)

于是,由(1.11)式与(1.9)式得到更进一步的估计式:

$$x = \log t - \log\log t + \frac{\log\log t}{\log t} + \frac{1}{2}\Big(\frac{\log\log t}{\log t}\Big)^2 + O\Big(\frac{\log\log t}{\log^2 t}\Big).$$

显然,若将这一过程继续下去,就可以使 O 项逐渐精确.

【例 1.8】　变量 x 与 t 满足方程式

$$\mathrm{e}^x + \log x = t.$$

证明

$$x = \log t - \frac{\log\log t}{t} + O\Big(\frac{\log\log t}{t}\Big)^2, t \to \infty.$$

解　对于充分大的 t,有 $x > 1, x < \log t$.由原方程得到

$$x = \log(t - \log x) = \log t + \log\Big(1 - \frac{\log x}{t}\Big)$$

$$= \log t - \frac{\log x}{t} + O\Big(\frac{\log^2 x}{t^2}\Big)$$

$$= \log t - \frac{\log x}{t} + O\Big(\frac{\log\log t}{t}\Big)^2,$$　　　　　　(1.12)

以及

$$\log x = \log\Big(\log t - \frac{\log x}{t} + O\Big(\frac{\log\log t}{t}\Big)^2\Big)$$

$$= \log\log t + \log\Big(1 - \frac{\log x}{t\log t} + O\Big(\frac{(\log\log t)^2}{t^2\log t}\Big)\Big)$$

$$= \log\log t - \frac{\log x}{t\log t} + O\Big(\frac{(\log\log t)^2}{t^2\log t}\Big). \tag{1.13}$$

由(1.12)与(1.13)式,得到

$$x = \log t - \frac{\log x}{t} + O\Big(\frac{\log\log t}{t}\Big)^2$$

$$= \log t - \frac{1}{t}\Big(\log\log t - \frac{\log x}{t\log t} + O\Big(\frac{(\log\log t)^2}{t^2\log t}\Big)\Big) + O\Big(\frac{\log\log t}{t}\Big)^2.$$

$$= \log t - \frac{\log\log t}{t} + O\Big(\frac{\log\log t}{t}\Big)^2.$$

从上面的两个例子可以看到,为了估计一个函数方程所确定的变量(隐函数)x 的阶,可以用一个变量和一个误差项表示它,将这个新变量和误差项代入函数方程,又得到另一个新变量和一个精确一些的误差项;再代入函数方程,出现了一个更精确一些的误差项.如此反复地做下去,就得到一串变量

$$x_1, x_2, x_3, \cdots, x_n, \cdots,$$

及相应的误差

$$r_1, r_2, r_3, \cdots, r_n, \cdots, r_n = o(r_{n-1}), n \to \infty. \tag{1.14}$$

于是就用 x_n 反映出变量 x 的变化趋势.这就是迭代法的基本思想.

下面的定理是又一个例子.

定理 1.8　设$\{x_n\}$ 是如下定义的正数序列:

$$x_{n+1} = x_n - x_n^2 + O(x_n^{2+a}), 0 < a \leqslant 1, \tag{1.15}$$

则下述结论中必有一个成立:

(1) 存在常数 $p > 0$,使得 $x_n \geqslant p$ 对于一切 $n \geqslant 1$ 成立;

(2) 存在 n_0,当 $n \geqslant n_0$ 时,x_n 单调下降趋于零,且

$$x_n = \frac{1}{n} + O\Big(\frac{1}{n^{1+a}}\Big) + O\Big(\frac{\log n}{n^2}\Big).$$

证明　由(1.15)式可知,存在正数 A,使得

$$|x_{n+1} - x_n + x_n^2| \leqslant Ax_n^{2+a}, n = 1, 2, 3\cdots \tag{1.16}$$

若结论(1)不成立,则无论 p 多么小,都可找到 x_k,使 $0 < x_k < p$. 现在,取 p 充分小,使得当 $0 < x < p$ 时,有

$$x - x^2 > Ax^{2+a}, Ax^{2+a} < x^2. \tag{1.17}$$

于是,存在 $x_{n_0}, 0 < x_{n_0} < p$,使得

$$x_{n_0+1} = x_{n_0} - x_{n_0}^2 + r_{n_0} < x_{n_0},$$

其中 $|r_{n_0}| \leqslant Ax_{n_0}^{2+a}$. 逐次应用(1.16)式与(1.17)式,就得到

$$x_{n_0} > x_{n_0+1} > \cdots > x_n > \cdots, \quad x_n \to 0.$$

令 $x_n = \dfrac{1}{y_n}$,则 $y_n \to \infty (n \to \infty)$,此时,(1.15)式成为

$$\frac{1}{y_{n+1}} = \frac{1}{y_n} - \frac{1}{y_n^2} + O\left(\frac{1}{y_n^{2+a}}\right),$$

从而

$$y_{n+1} = y_n \left(1 - \frac{1}{y_n} + O\left(\frac{1}{y^{1+a}}\right)\right)^{-1} = y_n \left(1 + \frac{1}{y_n} + O\left(\frac{1}{y_n^{1+a}}\right) + O\left(\frac{1}{y_n^2}\right)\right),$$

$$y_{n+1} - y_n = 1 + O\left(\frac{1}{y_n^a}\right) + O\left(\frac{1}{y_n}\right). \tag{1.18}$$

因此,对于充分大的 n,有

$$y_{n+1} - y_n > \frac{1}{2},$$

$$y_n > \frac{1}{4}n, \quad y_n^{-1} = O\left(\frac{1}{n}\right).$$

由此及(1.18)式,推出

$$y_n = n + O(n^{1-a}) + O(\log n),$$

$$x_n = \frac{1}{y_n} = \frac{1}{n} \left(1 + O\left(\frac{1}{n^a}\right) + O\left(\frac{\log n}{n}\right)\right)^{-1}$$

$$= \frac{1}{n} \left(1 + O\left(\frac{1}{n^a}\right) + O\left(\frac{\log n}{n}\right)\right).$$

下面,我们考虑导函数的阶的估计.

设 $f(x)$ 与 $g(x)$ 是可积函数,令

$$F(x) = \int_a^x f(t) dt, \quad G(x) = \int_a^x g(t) dt.$$

容易看出,由 $f(x)$ 的阶的性质,可以推知 $F(x)$ 的阶的性质. 例如,若

$$f(x) = O(g(x)), G(x) \to \infty, x \to \infty$$

则 $F(x) = O(G(x))$. 对于"o",可以相应地得到一些定理.

现在的问题是,我们希望从 $F(x)$ 或 $G(x)$ 的阶,导出对于 $f(x)$ 或 $g(x)$ 的阶

的解. 一般来说, 这不是一个可以简单地逆推的问题. 例如, 若取

$$f(x) = e^x, g(x) = e^x(1 + \cos e^x),$$

则

$$F(x) = e^x, \quad G(x) = e^x + \sin e^x.$$

显然 $G(x) = F(x) + o(1), (x \to \infty)$, 但是极限

$$\lim_{n \to \infty} \frac{g(x)}{f(x)}$$

却是不存在的.

然而, 倘使附加一些条件, 那么, 就能够通过函数的阶推导出导函数的阶.

定理 1.9 设 $xf(x)$ 当 $x > a$ 时是连续的增函数, 且

$$F(x) = \int_a^x f(t) \mathrm{d}t \sim Ax^m, m > 0, x \to \infty.$$

则当 $x \to \infty$ 时,

$$f(x) \sim mAx^{m-1}.$$

证明 不妨设 $A = 1$, 于是

$$F(x) = x^m + o(x^m), x \to \infty.$$

设 $0 < \eta < 1$, 则

$$F(x + \eta x) - F(x) = \int_x^{x+\eta x} f(t) \mathrm{d}t = ((1+\eta)^m - 1)x^m + o(x^m)$$
$$= m\eta x^m + O(\eta^2 m^2 x^m) + o(x^m).$$

但 $xf(x)$ 是增函数, 所以

$$\int_x^{x+\eta x} f(t) \mathrm{d}t = \int_x^{x+\eta x} tf(t) \frac{\mathrm{d}t}{t} \geqslant \frac{\eta x f(x)}{1 + \eta}.$$

联合上面二式, 得到

$$\frac{\eta x f(x)}{1 + \eta} \leqslant m\eta x^m + O(\eta^2 m^2 x^m) + o(x^m),$$

$$\frac{f(x)}{x^{m-1}} \leqslant m(1 + \eta) + O(\eta m) + o(1) \frac{1 + \eta}{\eta}.$$

由于 η 可以任意小, 上式给出

$$\overline{\lim_{n \to \infty}} \frac{f(x)}{x^{m-1}} \leqslant m. \tag{1.19}$$

类似地, 从

$$F(x) - F(x - \eta x) = \int_{x - \eta x}^{x} f(t) \, \mathrm{d}t$$

出发,可以证得

$$\lim_{x \to \infty} \frac{f(x)}{x^{m-1}} \geqslant m.$$

由此式及(1.19)式,证明了定理.

推论 1.3　设 $(1-x)f'(x)$ 在 $(0,1)$ 上是连续的增函数,且对于某个 $m > 0$,有

$$f(x) \sim \frac{A}{(1-x)^m}, x \to 1 - 0.$$

则

$$f'(x) \sim \frac{mA}{(1-x)^{m+1}}.$$

证明　令

$$1 - x = \frac{1}{y}, y \in (1, \infty), g(y) = f\left(1 - \frac{1}{y}\right),$$

则

$$g'(y) = \frac{1}{y^2} f'\left(1 - \frac{1}{y}\right), yg'(y) = \frac{1}{y} f'\left(1 - \frac{1}{y}\right) = (1-x)f'(x).$$

因此,$yg'(y)$ 是连续的增函数,且满足

$$g(y) \sim Ay^m, y \to \infty.$$

由定理 1.9 得到

$$g'(y) \sim mAy^{m-1},$$

即

$$(1-x)^2 f'(x) \sim mA \frac{1}{(1-x)^{m-1}}, f'(x) \sim mA \frac{1}{(1-x)^{m+1}}.$$

推论 1.4　设 $f(x) = \sum_{n=0}^{\infty} a_n x^n, a_n > 0, x \in [0,1)$,并且

$$f(x) = \frac{1}{(1-x)^m}, \quad x \to 1 - 0,$$

则 $f'(x) \sim \dfrac{m}{(1-x)^{m+1}}.$

证明　令 $a_0 + a_1 + \cdots + a_n = A_n$,则

$$g(x) = \frac{f(x)}{1-x} = \sum_{n=0}^{\infty} A_n x^n \sim \frac{1}{(1-x)^{m+1}}, x \to 1-0.$$

显然

$$(1-x)g'(x) = A_1 + (2A_2 - A_1)x + (3A_3 - 2A_2)x^2 + \cdots$$

是增函数(因为上式中诸系数为正数),所以推论 1.3 给出

$$g'(x) \sim \frac{m+1}{(1-x)^{m+2}}, x \to 1-0,$$

由此得到

$$f'(x) = ((1-x)g(x))' = (1-x)g'(x) - g(x) \sim \frac{m}{(1-x)^{m+1}}.$$

定理 1.10　设

$$F(x) = \int_a^x f(t)\mathrm{d}t = x^2 + O(x), \tag{1.20}$$

若 $f(x)$ 在 $[0,\infty)$ 上是增函数,则

$$f(x) = 2x + O(\sqrt{x}).$$

证明　设 $p > 0$,由 $f(x)$ 的递增性得出

$$\begin{aligned}
f(x) &\leqslant \frac{1}{p}\int_x^{x+p} f(t)\mathrm{d}t = \frac{1}{p}(F(x+p) - F(x)) \\
&= \frac{1}{p}((x+p)^2 - x^2 + O(x+p)) \\
&= 2x + p + O(1) + O\left(\frac{x}{p}\right).
\end{aligned}$$

取 $p = \sqrt{x}$,上式给出

$$f(x) \leqslant 2x + O(\sqrt{x}). \tag{1.21}$$

类似地,从考虑

$$f(x) \geqslant \frac{1}{p}\int_{x-p}^x f(t)\mathrm{d}t$$

出发,又可得到不等式 $f(x) \geqslant 2x + O(\sqrt{x})$. 将此结果与(1.21)式比较,就证明了定理.

第2章 极限与连续

2.1 概　　述

2.1.1 极限的定义、运算及基本性质

1. 定义

(1) 设 $\{x_n\}$ 是一个数列，a 是实数，如果对于任意给定的正数 ε，都有相应的一个正数 N，使得不等式 $|x_n - a| < \varepsilon$ 对于一切 $n > N$ 成立，则称 $\{x_n\}$ 是收敛于 a 的数列，或称 $\{x_n\}$ 以 a 为极限，记为 $\lim\limits_{n\to\infty} x_n = a$.

不收敛的数列称为发散数列.

(2) 设 x_0 是有限数，$f(x)$ 在 $0 < |x - x_0| < \eta\,(\eta > 0)$ 上有定义，A 是实数. 如果对于任意给定的正数 ε，都有相应的一个正数 δ，使得 $|f(x) - A| < \varepsilon$ 对于一切满足 $0 < |x - x_0| < \delta$ 的 x 成立，则称当 x 趋于 x_0（记为 $x \to x_0$）时 $f(x)$ 以 A 为极限，或称 $f(x)$ 收敛于 A，记为 $\lim\limits_{x\to x_0} f(x) = A$.

(3) 设 x_0 是有限数，$f(x)$ 在 $x \geqslant x_0$（或 $x \leqslant x_0$）上有定义，A 是实数. 如果对于任意给定的正数 ε，都有相应的一个 $M > 0$，使得 $|f(x) - A| < \varepsilon$ 对于一切满足 $x > M$（或 $x < -M$）的 x 成立，则称当 x 趋于 $+\infty$（或 $-\infty$）时，$f(x)$ 的极限为 A，记为 $\lim\limits_{x\to+\infty} f(x) = A$（或 $\lim\limits_{x\to-\infty} f(x) = A$）.

(4) $\{x_n\}$ 不以 a 为极限的充要条件是：存在正数 ε_0，以及无穷多个不相同的正整数 $n_1, n_2, n_3, \cdots$，使得

$$|x_{n_i} - a| \geqslant \varepsilon_0,\ i = 1, 2, 3, \cdots.$$

类似地，可以给出"当 $x \to x_0$ 时，$f(x)$ 不以 A 为极限"的充要条件.

关于上极限、下极限、左极限以及右极限的定义，可类似于上述定义而给出.

2. 基本性质与运算

(1) 若 $\lim\limits_{n\to\infty} x_n = a$，$\lim\limits_{n\to\infty} y_n = b$，且 $a > b$，则必有一个正整数 N，使得当 $n > N$ 时，有 $x_n > y_n$.

由此可知，如果有正整数 N，使得对于 $n > N$，有 $x_n > y_n$，那么当极限 $\lim\limits_{n\to\infty} x_n$ 与

$\lim\limits_{n\to\infty} y_n$ 都存在时, 必有 $\lim\limits_{n\to\infty} x_n \geqslant \lim\limits_{n\to\infty} y_n$. 特别地, 如果 $\lim\limits_{n\to\infty} x_n = a$, 而且当 $n > N$ 时, $x_n \geqslant b$, 则必 $a \geqslant b$.

(2) 若数列 $\{x_n\}$ 收敛, 则它的极限是唯一的.

(3) 若有正整数 N, 使当 $n > N$ 时, 有 $x_n \geqslant y_n \geqslant z_n$, 则当 $\lim\limits_{n\to\infty} x_n = \lim\limits_{n\to\infty} z_n = a$ 时, 必有 $\lim\limits_{n\to\infty} y_n = a$;

特别地, 对于数列 $\{x_n\}$, 若有正整数 N, 使得当 $n > N$ 时有 $|x_n| \leqslant y_n$, 则当 $\lim\limits_{n\to\infty} y_n = 0$ 时, 必有 $\lim\limits_{n\to\infty} x_n = 0$. 这个结论看似简单, 在处理极限问题时却很有用. 例如, 当 $0 < \alpha < 1$ 时, 有

$$0 < (n+1)^\alpha - n^\alpha = n^\alpha\left(\left(1+\frac{1}{n}\right)^\alpha - 1\right) < n^\alpha\left(\left(1+\frac{1}{n}\right) - 1\right) = \frac{1}{n^{1-\alpha}},$$

以及 $\lim\limits_{n\to\infty} \dfrac{1}{n^{1-\alpha}} = 0$, 于是 $\lim\limits_{n\to\infty}((n+1)^\alpha - n^\alpha) = 0$.

(4) 任何收敛的数列必是有界数列.

有界数列不一定是收敛的. 例如, 数列 $\{1 + (-1)^{n+1}\}$ 有界而不收敛.

(5) 若数列 $\{x_n\}$ 与 $\{y_n\}$ 都收敛, 则 $\{x_n \pm y_n\}$, $\{x_n y_n\}$ 也都收敛, 而且

$$\lim\limits_{n\to\infty}(x_n \pm y_n) = \lim\limits_{n\to\infty} x_n \pm \lim\limits_{n\to\infty} y_n, \lim\limits_{n\to\infty}(x_n y_n) = \lim\limits_{n\to\infty} x_n \lim\limits_{n\to\infty} y_n.$$

如果 $\lim\limits_{n\to\infty} y_n \neq 0, y_n \neq 0$, 那么 $\left\{\dfrac{x_n}{y_n}\right\}$ 亦收敛, 而且

$$\lim\limits_{n\to\infty}\frac{x_n}{y_n} = \frac{\lim\limits_{n\to\infty} x_n}{\lim\limits_{n\to\infty} y_n}.$$

对于函数的极限, 有类似于数列极限的基本性质和运算结果.

2.1.2 几个重要的定理

1. (Cauchy 收敛准则)   数列 $\{x_n\}$ 收敛的充要条件是: 对于任给的 $\varepsilon > 0$, 相应地存在正整数 N, 使得 $|x_n - x_m| < \varepsilon$ 对一切 $n > N, m > N$ 都成立.

Cauchy 准则的意义: (1) 与收敛数列的定义相比较, Cauchy 收敛准则完全从数列本身出发, 而不需要事先猜测出数列的极限. 当然, Cauchy 收敛准则对于极限的数值没有给出任何信息.

(2) Cauchy 收敛准则, 不仅可以判断数列的收敛性, 也可判断发散性. 例如, 取

$$x_n = 1 + \frac{1}{2} + \frac{1}{3} + \cdots + \frac{1}{n},$$

则对于任何充分大的正整数 n, 都有

$$x_{2n} - x_n = \frac{1}{n+1} + \cdots + \frac{1}{2n} > n \cdot \frac{1}{2n} = \frac{1}{2},$$

因此，$\{x_n\}$ 是发散的.

（3）在积分和级数敛散性的判别中，都有相应的 Cauchy 收敛准则，而且往往是其他收敛判别法的基础.

2. 单调有界的数列必是收敛的. 由此，可以判定极限 $\lim\limits_{n \to \infty} \left(1 + \frac{1}{n}\right)^n$ 是存在的.

3. （区间套定理）　设有一串闭区间 $[a_1, b_1], [a_2, b_2], \cdots, [a_n, b_n], \cdots$ 满足条件

（1）$[a_1, b_1] \supset [a_2, b_2] \supset \cdots \supset [a_n, b_n] \supset \cdots$；

（2）$\lim\limits_{n \to \infty} b_n - a_n = 0$；

则诸 $[a_n, b_n], (n = 1, 2, \cdots)$ 必有唯一公共点 c，而且 $\lim\limits_{n \to \infty} a_n = \lim\limits_{n \to \infty} b_n = c$.

4. （有限覆盖定理）　假设对于 $[a, b]$ 中的任一点 x，都有一个开区间 I，使得 $x \in I$，以 E 表示所有这种 I 的全体，那么可从 E 中选出有限个开区间，它们覆盖区间 $[a, b]$，即区间 $[a, b]$ 中的任一点 x，必定属于这有限个开区间中的某一个.

5. （致密性定理）　设数列 $\{x_n\}$ 是有界的，则必有无穷多个正整数 $n_1 < n_2 < \cdots < n_k < \cdots$，使得数列 $\{x_{n_k}\}$ 是收敛的.

6. 任何非空的实数集必有上确界和下确界.

以上六个实数基本定理是等价的.

7. $\lim\limits_{n \to \infty} x_n = a$ 的充要条件是：对于 $\{x_n\}$ 的任一子数列 $\{x_{n_k}\}$，都有 $\lim\limits_{k \to \infty} x_{n_k} = a$.

由此，如果 $\{x_n\}$ 存在发散的子列，或者有两个收敛于不同数值的子列，则 $\{x_n\}$ 发散. 这常被用来判别发散性.

8. （Heine 归结原理）　$\lim\limits_{x \to x_0} f(x) = A$ 的充要条件是：对于任意的一个数列 $\{x_n\}, x_n \neq x_0 (n = 1, 2, \cdots), \lim\limits_{n \to \infty} x_n = x_0$，都有 $\lim\limits_{n \to \infty} f(x_n) = A$.

Heine 归结原理说明了函数极限与收敛数列极限的相互关系. 用它来说明极限不存在往往很方便.

2.1.3　几个重要极限与定理

1. $\lim\limits_{x \to \infty} \left(1 + \frac{1}{x}\right)^x = e$；　　$\lim\limits_{x \to 0} \frac{\sin x}{x} = 1$；

$1 + \frac{1}{2} + \frac{1}{3} + \cdots + \frac{1}{n} \sim \log n$；　　$x^k = o(e^{Ax}), x \to \infty, A > 0$；

$x^A = o\left(\frac{1}{\log^k x}\right), x \to 0^+, A > 0.$

2. （Stolz 定理）

$\left(\dfrac{0}{0}\text{型}\right)$：设 $\{a_n\}$，$\{b_n\}$ 都是无穷小量，其中 $\{a_n\}$ 严格单调递减，且

$\lim\limits_{n\to\infty}\dfrac{a_{n+1}-a_n}{b_{n+1}-b_n}=l(l$ 有限或为 $\pm\infty)$，则 $\lim\limits_{n\to\infty}\dfrac{a_n}{b_n}=l.$

$\left(\dfrac{*}{\infty}\text{型}\right)$：设 $\{b_n\}$ 是单调数列，$\lim\limits_{n\to\infty}b_n=+\infty$，且 $\lim\limits_{n\to\infty}\dfrac{a_{n+1}-a_n}{b_{n+1}-b_n}=l$（有限或为

$\pm\infty)$，则 $\lim\limits_{n\to\infty}\dfrac{a_n}{b_n}=l.$

3．（L'Hospital 法则）

（1）若 $f'(x)$ 与 $g'(x)$ 在 $(a,a+\delta)$ 上存在 $(\delta>0)$，且 $g'(x)\neq0$，则当 $\lim\limits_{x\to a+0}f(x)=$

$0,$ $\lim\limits_{x\to a+0}g(x)=0,$ $\lim\limits_{x\to a+0}\dfrac{f'(x)}{g'(x)}=A(A$ 可以是 $\infty)$ 时，必有 $\lim\limits_{x\to a+0}\dfrac{f(x)}{g(x)}=A.$

（2）若 $f'(x)$ 与 $g'(x)$ 在 $(a,a+\delta)$ 上存在 $(\delta>0)$，且 $g'(x)\neq0$，则当 $\lim\limits_{x\to a+0}f(x)=$

$\infty,$ $\lim\limits_{x\to a+0}g(x)=\infty,$ $\lim\limits_{x\to a+0}\dfrac{f'(x)}{g'(x)}=A(A$ 可以是 $\infty)$ 时，必有 $\lim\limits_{x\to a+0}\dfrac{f(x)}{g(x)}=A.$

若将 $x\to a+0$ 改为 $x\to\pm\infty$，假设条件作相应变化，则结论仍成立.

2.1.4　　连续函数的基本性质

1. 设 $f(x)$ 在区间 $|x-x_0|<\eta(\eta>0)$ 中有定义，若 $\lim\limits_{x\to x_0}f(x)=f(x_0)$，则称 $f(x)$ 在 $x=x_0$ 连续. 如果 $f(x)$ 在区间 I 中的每一个点都连续，则称 $f(x)$ 在 I 上连续.

如果 $\lim\limits_{x\to x_0+0}f(x)=f(x_0)$（或 $\lim\limits_{x\to x_0-0}f(x)=f(x_0)$），则称 $f(x)$ 在 $x=x_0$ 是右连续（或左连续）.

$f(x)$ 在 $x=x_0$ 连续的充分必要条件是它在 $x=x_0$ 同时是左连续和右连续的.

2. 若 $f(x)$ 在 $x=x_0$ 不连续，则称它在 $x=x_0$ 是间断的，$x=x_0$ 是它的间断点. 间断点分为三类：

（ⅰ）可去间断点 x_0：左、右极限均存在且相等，但不等于 $f(x_0)$ 或 $f(x)$ 在 x_0 没有定义. 例如：

$$f(x)=\begin{cases} x\sin\dfrac{1}{x}, x\neq0 \\ 1, x=0 \end{cases};x_0=0.$$

（ⅱ）第一类间断点（又称为跳跃间断点）：左、右极限均存在，但 $\lim\limits_{x\to x_0+0}f(x)\neq$ $\lim\limits_{x\to x_0-0}f(x)$. 例如：

$$f(x) = \mid x \mid x^{-1}, x_0 = 0.$$

（ⅲ）第二类间断点：其他间断点. 例如：

$$f(x) = \sin \frac{1}{x}, x_0 = 0.$$

3. 若 $f(x)$ 与 $g(x)$ 都在 $x = x_0$ 连续，则 $f(x) \pm g(x)$ 与 $f(x)g(x)$ 也在 $x = x_0$ 连续；此外，若 $g(x_0) \neq 0$，则 $\dfrac{f(x)}{g(x)}$ 在 $x = x_0$ 连续.

4. 设 $f(x)$ 在 $[a, b]$ 上严格增加（减少），并且连续，$f(a) = \alpha$，$f(b) = \beta$，则在 $[a, b]$ 上存在 $y = f(x)$ 的反函数，它也是单调增加（减少）并且连续的.

5. 设 $z = f(y)$ 在 $y = y_0$ 连续，$y = g(x)$ 在 $x = x_0$ 连续，$g(x_0) = y_0$，则 $z = f(g(x))$ 在 $x = x_0$ 连续.

由上面三个性质以及基本初等函数的连续性可知，初等函数在其定义域上是连续的.

例如，对于函数 $y = x \left[\dfrac{1}{x} \right]$，有

$$y = \begin{cases} 0, x > 1, \\ (n-1)x, \dfrac{1}{n} < x \leqslant \dfrac{1}{n-1}, n \geqslant 2, \end{cases}$$

对于任意固定的 $n(n \geqslant 2)$，有

$$\lim_{x \to \frac{1}{n}+0} x \left[\frac{1}{x} \right] = \lim_{x \to \frac{1}{n}+0} (n-1)x = 1 - \frac{1}{n}, \lim_{x \to \frac{1}{n}-0} x \left[\frac{1}{x} \right] = \lim_{x \to \frac{1}{n}-0} nx = 1;$$

而在 $x = 1$，有 $\lim\limits_{x \to 1+0} x \left[\dfrac{1}{x} \right] = 0$，$\lim\limits_{x \to 1-0} x \left[\dfrac{1}{x} \right] = 1$. 所以，$x = 1, \dfrac{1}{2}, \dfrac{1}{3}, \cdots$ 都是 $y = x \left[\dfrac{1}{x} \right]$ 的第一类间断点.

2.1.5　闭区间上连续函数的性质

1. 若 $f(x)$ 在 $[a, b]$ 上连续，则在 $[a, b]$ 上有界，而且有最大值和最小值，即存在 $x_1, x_2 \in [a, b]$，使得对于任何的 $x \in [a, b]$，都有 $f(x_1) \leqslant f(x) \leqslant f(x_2)$.

若将闭区间 $[a, b]$ 改为开区间，则此结论不一定成立. 例如，$f(x) = \dfrac{1}{x}$ 在 $(0, 1)$ 上连续，但它在 $(0, 1)$ 上是无界的，而且不存在最大值和最小值.

2. （介值定理）　设 $f(x)$ 是 $[a, b]$ 上的连续函数，x_1 与 x_2 是 $[a, b]$ 中的任意两点，$f(x_1) < f(x_2)$，那么，对于任意的数 c，$f(x_1) < c < f(x_2)$，在 x_1 与 x_2 之间必有一点 ξ，使得 $f(\xi) = c$.

介值定理常用以确定方程根的存在性.

例如,设 $f(x)$ 在 $[a,b]$ 上连续,$a<x_1<x_2<\cdots<x_n<b$,则在 $[a,b]$ 中必有一点 ξ,使得 $f(\xi)=\dfrac{1}{n}(f(x_1)+f(x_2)+\cdots+f(x_n))$. 事实上,不妨假设 $f(x)$ 不是常数,并且 $f(x_1),f(x_2),\cdots,f(x_n)$ 不全相等,以 M 与 m 分别表示 $f(x)$ 在 $[a,b]$ 上的最大值和最小值,于是 $m<\dfrac{1}{n}(f(x_1)+\cdots+f(x_n))<M$,因此由介值定理,必有点 $\xi\in[a,b]$,使得 $f(\xi)=\dfrac{1}{n}(f(x_1)+f(x_2)+\cdots+f(x_n))$.

2.1.6   一致连续性

1. 如果对于任给的正数 ε,都有与之相应的正数 δ,使得对于一切满足 $|x_1-x_2|<\delta,x_1\in I,x_2\in I$ 的 x_1,x_2,有 $|f(x_1)-f(x_2)|<\varepsilon$,则称 $f(x)$ 在 I 上是一致连续的.

显然,$f(x)$ 在 I 上不一致连续的充要条件是:存在正数 ε_0 以及两个不同的点列 $\{x_n\}$ 与 $\{y_n\}$,$x_n\in I,y_n\in I(n=1,2,\cdots)$,使得

$$\lim_{n\to\infty}|x_n-y_n|=0,|f(x_n)-f(y_n)|\geqslant\varepsilon_0,n\geqslant1.$$

连续、导数、微分等都是逐点定义的,属于局部性概念. 而一致连续、一致收敛和有界性等都和某个区间相关,属整体性概念.

2. (Cantor 定理)   若 $f(x)$ 在 $[a,b]$ 上连续,则它在 $[a,b]$ 上一致连续.

若将 $[a,b]$ 改为开区间 (a,b),则此结论不一定成立. 例如 $f(x)=\dfrac{1}{x}$ 在 $(0,1)$ 上不一致连续.

函数 $f(x)=x\log x$ 在 $(0,1)$ 上一致连续,在 $(1,\infty)$ 上不一致连续. 事实上,由于

$$\lim_{x\to0}x\log x=0=\lim_{x\to1}x\log x,$$

所以,对于任意的 $\varepsilon>0$,存在 $\delta_1>0$,使得当 $|x|\leqslant\delta_1$ 或 $|x-1|\leqslant\delta_1$ 时,均有 $|x\log x|<\dfrac{\varepsilon}{4}$,因此,对于任意的 $x_1,x_2\in(0,\delta_1]$ 或 $[1-\delta_1,1)$,皆有

$$|x_2\log x_2-x_1\log x_1|<\dfrac{\varepsilon}{2}.$$

另一方面,$x\log x$ 在 $[\delta_1,1-\delta_1]$ 上是连续的,从而是一致连续的. 因此,存在 $\delta_2>0$,使得当 $x_1,x_2\in[\delta_1,1-\delta_1]$ 且 $|x_1-x_2|<\delta_2$ 时,总有

$$|x_2\log x_2-x_1\log x_1|\leqslant\dfrac{\varepsilon}{2}.$$

取 $\delta = \min(\delta_1, \delta_2)$，则无论 x_1, x_2 属于三个区间中的哪一个，只要 $|x_1 - x_2| < \delta$，总有

$$|x_2 \log x_2 - x_1 \log x_1| < \frac{\varepsilon}{2} + \frac{\varepsilon}{2} = \varepsilon,$$

这证明了 $x \log x$ 在 $(0,1)$ 上的一致连续性.

若取 $x_n = n, y_n = n + \dfrac{1}{\log n}$ $(n = 1, 2, 3, \cdots\cdots)$，则 $\lim\limits_{x \to 0}(y_n - x_n) = 0$，但是，

$$|y_n \log y_n - x_n \log x_n| > \left(n + \frac{1}{\log n}\right)\log n - n\log n = 1.$$

因此 $x \log x$ 在 $(1, \infty)$ 上是不一致连续的.

2.1.7　多元函数的极限与连续

多元函数的极限与连续的定义和性质，与一元函数基本上是类似的. 以二元函数为例：

1. 设 A 是常数，如果对于任给的 $\varepsilon > 0$，存在 $\delta > 0$，使得 $|f(x,y) - A| < \varepsilon$ 对于满足

$$|x - x_0| < \delta, |y - y_0| < \delta, (x,y) \neq (x_0, y_0)$$

的所有点 (x,y) 成立，则称 $f(x,y)$ 当 (x,y) 趋向于 (x_0, y_0) 时以 A 为极限，记为

$$\lim_{\substack{x \to x_0 \\ y \to y_0}} f(x,y) = A.$$

如果 $A = f(x_0, y_0)$，则称 $f(x,y)$ 在 (x_0, y_0) 连续，若 $f(x,y)$ 在区域 D 中的每一点连续，则称 $f(x,y)$ 在 D 上连续.

极限 $\lim\limits_{\substack{x \to x_0 \\ y \to y_0}} f(x,y)$ 存在的充分必要条件是，对于任给的 $\varepsilon > 0$，存在 $\delta > 0$，使得

$$|f(x_2, y_2) - f(x_1, y_1)| < \varepsilon$$

对于满足 $|x_i - x_0| < \delta, |y_i - y_0| < \delta, (x_i, y_i) \neq (x_0, y_0)(i = 1, 2)$ 的任何两点 $(x_1, y_1), (x_2, y_2)$ 成立.

在定义中，$(x,y) \to (x_0, y_0)$ 的方式是任意的. 因此，与一元函数相比，确定极限的存在性更为困难. 例如，极限 $\lim\limits_{\substack{x \to x_0 \\ y \to y_0}} \dfrac{xy}{x^2 + y^2} = A$ 是不存在的，但当 (x,y) 沿任一条固定的直线趋向点 $(0,0)$ 时，这个极限却是存在的.

2. 关于闭区域 $\overline{D}$ 上的连续函数的性质，同样地有介值定理、有界性定理以及

一致连续性定理.

　　3. 与一元函数不同,在多元函数的极限论中,出现了累次极限. 例如,对于二元函数,有下面的

　　定理　若 $f(x,y)$ 在 (x_0,y_0) 的二重极限为 $\lim\limits_{\substack{x\to x_0 \\ y\to y_0}} f(x,y)=A(A$ 可以是无限$)$.

假设对于包含 y_0 的某个区间中的任一点 $y(y_0$ 本身除外$)$,极限 $\varphi(y)=\lim\limits_{x\to x_0} f(x,y)$ 存在且有限,则累次极限

$$\lim_{y\to y_0}\lim_{x\to x_0} f(x,y)=\lim_{y\to y_0}\varphi(y)$$

存在且等于 A.

　　这个定理的逆定理并不成立. 事实上,即使两个累次极限 $\lim\limits_{y\to y_0}\lim\limits_{x\to x_0} f(x,y)$ 和 $\lim\limits_{x\to x_0}\lim\limits_{y\to y_0} f(x,y)$ 都存在且相等,二重极限 $\lim\limits_{\substack{x\to x_0 \\ y\to y_0}} f(x,y)$ 也不一定存在. 例如,取

$$f(x,y)=\frac{x^2 y^2}{x^2 y^2+(x-y)^2},x_0=0,y_0=0,$$

则两个累次极限为零,但二重极限不存在.

2.2　阶的估计方法在极限理论中的应用

　　【例 2.1】　证明：若 $a,b>0$,则 $\lim\limits_{n\to\infty}\left(\dfrac{\sqrt[n]{a}+\sqrt[n]{b}}{2}\right)^n=\sqrt{ab}$.

　　解　由

$$\sqrt[n]{a}=\mathrm{e}^{\frac{\log a}{n}}=1+\frac{\log a}{n}+O\Big(\frac{1}{n^2}\Big),\quad \sqrt[n]{b}=\mathrm{e}^{\frac{\log b}{n}}=1+\frac{\log b}{n}+O\Big(\frac{1}{n^2}\Big),$$

$$\left(\frac{\sqrt[n]{a}+\sqrt[n]{b}}{2}\right)^n=\left(1+\frac{\log ab}{2n}+O\Big(\frac{1}{n^2}\Big)\right)^n=\mathrm{e}^{n\log\left(1+\frac{\log ab}{2n}+O\left(\frac{1}{n^2}\right)\right)},$$

及

$$n\log\left(1+\frac{\log ab}{2n}+O\Big(\frac{1}{n^2}\Big)\right)=\frac{\log ab}{2}+O\Big(\frac{1}{n}\Big)$$

即可得到结论.

　　【例 2.2】　计算下列极限：

　　(1) $\lim\limits_{n\to\infty}\Big(\cos\dfrac{x}{2}\cos\dfrac{x}{4}\cdots\cos\dfrac{x}{2^n}\Big)$;

　　(2) $\lim\limits_{n\to\infty}\sin^2(\pi\sqrt{n^2+n})$.

解　（1）当 $x = 0$ 时，

$$\lim_{n \to \infty} \left(\cos \frac{x}{2} \cos \frac{x}{4} \cdots \cos \frac{x}{2^n} \right) = 1.$$

当 $x \neq 0$ 时，有

$$2^n \cos \frac{x}{2} \cos \frac{x}{4} \cdots \cos \frac{x}{2^n} \sin \frac{x}{2^n} = \sin x,$$

从而

$$\lim_{n \to \infty} \left(\cos \frac{x}{2} \cos \frac{x}{4} \cdots \cos \frac{x}{2^n} \right) = \lim_{n \to \infty} \frac{\sin x}{2^n \sin \frac{x}{2^n}} = \frac{\sin x}{x}.$$

$$(2)\ \lim_{n \to \infty} \sin^2 (\pi \sqrt{n^2 + n}) = \lim_{n \to \infty} \sin^2 \left(n\pi \sqrt{1 + \frac{1}{n}} \right)$$

$$= \lim_{n \to \infty} \sin^2 \left[n\pi \left(1 + \frac{1}{2n} + o\left(\frac{1}{n} \right) \right) \right]$$

$$= \lim_{n \to \infty} \sin^2 \left[n\pi + \frac{\pi}{2} + o(1) \right]$$

$$= 1.$$

【例 2.3】　证明下列 Vieta 公式：

$$\frac{2}{\pi} = \sqrt{\frac{1}{2}} \sqrt{\frac{1}{2} + \frac{1}{2}\sqrt{\frac{1}{2}}} \sqrt{\frac{1}{2} + \frac{1}{2}\sqrt{\frac{1}{2} + \frac{1}{2}\sqrt{\frac{1}{2}}}} \cdots.$$

解　在上例（1）中，取 $x = \frac{\pi}{2}$，则

$$\lim_{n \to \infty} \left(\cos \frac{\pi}{4} \cos \frac{\pi}{8} \cdots \cos \frac{\pi}{2^{n+1}} \right) = \frac{2}{\pi},$$

由此及

$$\cos \frac{\pi}{4} = \sqrt{\frac{1}{2}}, \ \cos \frac{\theta}{2} = \sqrt{\frac{1}{2} + \frac{1}{2}\cos\theta}, \cdots,$$

得到结论.

【例 2.4】　设 $S_n = \sum_{k=1}^{n} \left(\sqrt{1 + \frac{k}{n^2}} - 1 \right)$，证明 $\lim_{n \to \infty} S_n = \frac{1}{4}$.

解　由

$$\left(1 + \frac{k}{n^2} \right)^{1/2} = 1 + \frac{1}{2} \frac{k}{n^2} + O\left(\frac{k^2}{n^4} \right),$$

得到

$$S_n = \sum_{k=1}^{n} \frac{k}{2n^2} + \sum_{k=1}^{n} O\left(\frac{k^2}{n^4}\right) = \frac{n(n+1)}{4n^2} + O\left(\frac{1}{n^4}\right)\sum_{k=1}^{n} k^2$$

$$= \frac{1}{4} + o(1) \to \frac{1}{4}, n \to \infty.$$

【例 2.5】　求

$$\lim_{n \to \infty} \frac{1}{\sqrt{n}} \int_1^n \log\left(1 + \frac{1}{\sqrt{x}}\right)\mathrm{d}x.$$

解　我们有

$$\int_1^n \log\left(1 + \frac{1}{\sqrt{x}}\right)\mathrm{d}x = O(1) + \int_2^n \log\left(1 + \frac{1}{\sqrt{x}}\right)\mathrm{d}x,$$

$$O(1) + \int_2^n \left(\frac{1}{\sqrt{x}} + O\left(\frac{1}{x}\right)\right)\mathrm{d}x = O(1) + \int_2^n \frac{1}{\sqrt{x}}\mathrm{d}x + O(\log n)$$

$$= 2\sqrt{n} + O(\log n).$$

因此,所求极限是 2.

注　本例中,将一个积分分成两段进行处理,并做阶的估计,这是一个常用的有效方法.

【例 2.6】　求 $\lim\limits_{n \to \infty} \cos\dfrac{a}{n\sqrt{n}}\cos\dfrac{2a}{n\sqrt{n}}\cdots\cos\dfrac{na}{n\sqrt{n}}$.

解　由于

$$\ln\cos x = \ln\left(1 - \frac{x^2}{2} + o(x^2)\right) = -\frac{x^2}{2} + o(x^2), x \to 0,$$

我们有

$$\ln\left(\cos\frac{a}{n\sqrt{n}}\cos\frac{2a}{n\sqrt{n}}\cdots\cos\frac{na}{n\sqrt{n}}\right) = \sum_{k=1}^{n} \ln\cos\frac{ka}{n\sqrt{n}}$$

$$= -\frac{1}{2}\sum_{k=1}^{n} \frac{k^2}{n^3}a^2 + \sum_{k=1}^{n} o\left(\frac{k^2}{n^3}\right)$$

$$= -\frac{a^2}{12} \cdot \frac{(n+1)(2n+1)}{n^2} + o(1)$$

$$= -\frac{a^2}{6}(1 + o(1)),$$

于是

$$\lim_{n \to \infty} \cos\frac{a}{n\sqrt{n}}\cos\frac{2a}{n\sqrt{n}}\cdots\cos\frac{na}{n\sqrt{n}} = \mathrm{e}^{-\frac{a^2}{6}}.$$

【例 2.7】 设 $x_n > 0, A > 0$,且

$$\lim_{n \to \infty} n\left(1 - \frac{x_n}{x_{n-1}}\right) = A,$$

求 $\lim_{n \to \infty} x_n$.

解 我们有

$$n\left(1 - \frac{x_n}{x_{n-1}}\right) = A(1 + o(1)), \frac{x_n}{x_{n-1}} = 1 - \frac{A}{n}(1 + o(1)),$$

由此可见,存在正数 B,使得当 n 充分大时,有

$$\left|\frac{x_n}{x_{n-1}}\right| < 1 - \frac{B}{n}, \ |x_n| < |x_1| \prod_{k=2}^{n}\left(1 - \frac{B}{k}\right) \to 0,$$

于是 $\lim_{n \to \infty} x_n = 0$.

【例 2.8】 设 $u_n \neq 0$,且

$$\frac{u_{n+1}}{u_n} = 1 + \frac{\rho}{n} + O\left(\frac{1}{n^{1+a}}\right), \tag{2.1}$$

其中 a 为一个正常数,ρ 为任一实常数,试证

$$\frac{u_n}{n^\rho} \to l \neq 0, n \to \infty.$$

解 由(2.1)式可知,存在 $\lambda > 0$ 使得

$$\log u_{n+1} - \log u_n = \frac{\rho}{n} + \beta_n, \beta_n = O\left(\frac{1}{n^{1+\lambda}}\right), \tag{2.2}$$

$$\log u_n - \log u_1 = \sum_{i=1}^{n-1}(\log u_{n+1} - \log u_n) = \rho\left(1 + \frac{1}{2} + \frac{1}{3} + \cdots + \frac{1}{n-1}\right) + \sum_{k=1}^{n-1}\beta_k$$

$$= \rho\left(\log n + \gamma + O\left(\frac{1}{n}\right)\right) + \sum_{k=1}^{\infty}\beta_k - \sum_{k=n}^{\infty}\beta_k.$$

由(2.2)式可知上式中的第一个级数是收敛的,设它的和是 c_1,则有常数 c_2,使得

$$\log u_n = \log u_1 + \rho\left(\log n + \gamma + O\left(\frac{1}{n}\right)\right) + c_1 - \sum_{k=n}^{\infty}\beta_k$$

$$= \rho\log n + c_2 + O\left(\frac{1}{n}\right) + \sum_{k=n}^{\infty}O\left(\frac{1}{n^{1+\lambda}}\right)$$

$$\rho\log n + c_2 + O\left(\frac{1}{n}\right) + O\left(\frac{1}{n^\lambda}\right) = \rho\log n + c_2 + o(1).$$

于是

$$u_n = n^\rho e^{c_2} e^{o(1)} = n^\rho e^{c_2}(1 + o(1)),$$

由此易得要证的结论.

2.3　数列构造与极限

【例 2.9】　已知数列 $\{x_n\}$ 满足条件 $\lim\limits_{n\to\infty}(x_n-x_{n-2})=0$，证明 $\lim\limits_{n\to\infty}\dfrac{x_n-x_{n-1}}{n}=0$.

解　由

$$\sum_{k=3}^{n}(-1)^k(x_k-x_{k-2})=\sum_{k=3}^{n}(-1)^k x_k+\sum_{k=3}^{n}(-1)^{k-1}x_{k-2}$$
$$=\sum_{k=3}^{n}(-1)^k x_k+\sum_{k=1}^{n-2}(-1)^{k-1}x_k$$
$$=(-1)^n(x_n-x_{n-1})-(x_2-x_1)$$

得到

$$x_n-x_{n-1}=(-1)^n\Big(\sum_{k=3}^{n}(-1)^k(x_k-x_{k-2})+(x_2-x_1)\Big),$$

$$\left|\frac{x_n-x_{n-1}}{n}\right|\leqslant\frac{1}{n}\,\Big|\sum_{k=3}^{n}(-1)^k(x_k-x_{k-2})\Big|+\frac{1}{n}\,|x_2-x_1|,$$

由此及 $x_n-x_{n-2}=o(1)$ 得到结论.

【例 2.10】　设给定 a_0,a_1，且 $a_n=\dfrac{a_{n-1}+a_{n-2}}{2},n=2,3,\cdots$. 证明 $\lim\limits_{n\to\infty}a_n=\dfrac{a_0+2a_1}{3}$.

解　由 a_n 的定义，有

$$a_n-a_{n-1}=\frac{a_{n-1}+a_{n-2}}{2}-a_{n-1}=-\frac{a_{n-1}-a_{n-2}}{2}$$
$$=\cdots=(-1)^{n-1}\frac{a_1-a_0}{2^{n-1}},$$

于是

$$a_n-a_1=-\frac{a_1-a_0}{2}\Big(1-\frac{1}{2}+\frac{1}{2^2}+\cdots+(-1)^{n-2}\frac{1}{2^{n-2}}\Big)$$
$$=\frac{a_1-a_0}{3}\Big((-1)^{n-1}\frac{1}{2^{n-1}}-1\Big),$$

$$a_n=a_1+\frac{a_1-a_0}{3}(o(1)-1),\lim_{n\to\infty}a_n=a_1-\frac{a_1-a_0}{3}=\frac{a_0+2a_1}{3}.$$

【例 2.11】　给定数列 $x_0=a,x_1=1+bx_0,\cdots,x_{n+1}=1+bx_n,\cdots$，问当 a,b 为何值时 $\{x_n\}$ 收敛？

解 由数学归纳法容易证明

$$x_n = 1 + b + b^2 + \cdots + b^n a = \frac{b^n - 1}{b - 1} + b^n a = \frac{1}{1-b} + b^n \left(a - \frac{1}{1-b}\right), b \neq 1.$$

由此可见,当 $|b| < 1$ 时,a 为任何数;或当 $a = \frac{1}{1-b}, b \neq 1$ 时,数列 $\{x_n\}$ 收敛于 $\frac{1}{1-b}$.

【例 2.12】 证明:若数列 $\{a_n\}$ 满足:$a_1 = 0, a_n = \frac{a_{n-1} + 3}{4}(n \geqslant 2)$,则 $\{a_n\}$ 有极限.

解 首先证明 $\{a_n\}$ 递增有上界. 事实上,$a_1 = 0, a_2 = \frac{3}{4}$,故有 $a_1 < a_2 < 1$. 假设 $a_{n-1} < a_n < 1$,则

$$a_{n+1} - a_n = \frac{a_n + 3}{4} - \frac{a_{n-1} + 3}{4} = \frac{a_n - a_{n-1}}{4} > 0,$$

且有 $a_{n+1} < 1$. 由数学归纳法可知 $\{a_n\}$ 是递增有上界的数列,因此 $\{a_n\}$ 有极限. 设该极限为 a,则

$$a = \lim_{n \to \infty} a_n = \lim_{n \to \infty} \frac{a_{n-1} + 3}{4} = \frac{a + 3}{4},$$

解得 $a = 1$.

【例 2.13】 设 k 是正整数,任取正数 x_0,并作成数列 $x_n = \frac{1}{2}\left(x_{n-1} + \frac{k}{x_{n-1}}\right)$,$n = 1, 2, 3, \cdots$,证明 $\lim_{n \to \infty} x_n = \sqrt{k}$.

解 因为

$$x_n = \frac{1}{2}\left(x_{n-1} + \frac{k}{x_{n-1}}\right) \geqslant \frac{1}{2}\left(2\sqrt{x_{n-1}} \cdot \sqrt{\frac{k}{x_{n-1}}}\right) = \sqrt{k},$$

所以 $\{x_n\}$ 有下界. 又因为

$$x_n - x_{n-1} = \frac{1}{2}\left(x_{n-1} + \frac{k}{x_{n-1}}\right) - x_{n-1} = \frac{k - x_{n-1}^2}{2x_{n-1}} \leqslant 0,$$

所以 $\{x_n\}$ 是递减的. 由此可知 $\{x_n\}$ 有极限. 设 $\{x_n\}$ 的极限为 a,则

$$a = \lim_{n \to \infty} x_n = \lim_{n \to \infty} \frac{1}{2}\left(x_{n-1} + \frac{k}{x_{n-1}}\right) = \frac{1}{2}\left(a + \frac{k}{a}\right),$$

由此得到 $a = \frac{k}{a}$,即 $a = \sqrt{k}$.

【例 2.14】　证明数列 $x_0 > 0, x_{n+1} = \dfrac{x_n(x_n^2 + 3a)}{3x_n^2 + a}(a \geqslant 0)$ 的极限存在,并求之.

解　若 $x_0^2 = a$,容易证明所说极限存在,并且等于 $\sqrt{a}$.

若 $x_0^2 < a$.假设 $x_n^2 < a$,记 $\varphi(z) = z\left(\dfrac{z+3a}{3z+a}\right)^2$,则 $x_{n+1}^2 = \varphi(x_n^2)$. 容易计算

$\varphi'(z) = 3\dfrac{z+3a}{3z+a}\left(\dfrac{z-a}{3z+a}\right)^2 > 0$. 所以,$x_{n+1}^2 = \varphi(x_n^2) < \varphi(a) = a$. 这样,由数学归纳法

证明了,在 $x_0^2 < a$ 的条件下,对一切自然数 n,有 $x_n^2 < a$,亦即 $\{x_n\}$ 有界. 另一方面,由

$$\frac{x_{n+1}}{x_n} = \frac{x_n^2 + 3a}{3x_n^2 + a} > 1$$

我们知道,$\{x_n\}$ 是单调增加的有界数列,所以它有极限. 记 $\lim\limits_{n \to \infty} x_n = A$,对 $x_{n+1} = $

$\dfrac{x_n(x_n^2 + 3a)}{3x_n^2 + a}$ 两边取极限,得到 $A = \dfrac{A(A^2 + 3a)}{3A^2 + a}$,解得 $A = \sqrt{a}$.

若 $x_0^2 > a$,类似地可证数列 $\{x_n\}$ 单调减小且有界,有极限 $\sqrt{a}$.

【例 2.15】　设 $a > b > 0$,用下述方式定义数列 $\{a_n\}$ 与 $\{b_n\}$:

$$a_1 = \frac{a+b}{2}, b_1 = \sqrt{ab}, \cdots, a_{n+1} = \frac{a_n + b_n}{2}, b_{n+1} = \sqrt{a_n b_n}, \cdots,$$

证明 $\{a_n\}$,$\{b_n\}$ 极限存在且相等.

解　由 $a > b > 0$,及 $\dfrac{a+b}{2} > \sqrt{ab}$,我们知道 $b < b_1 < a_1 < a$,同理可得

$$b < b_1 < b_2 < \cdots < b_n < \cdots < a_n < \cdots < a_2 < a_1 < a,$$

即 $\{b_n\}$ 和 $\{a_n\}$ 分别为递增和递减的有界数列,它们都有极限. 设 $\lim\limits_{n \to \infty} a_n = x_0, \lim\limits_{n \to \infty} b_n = $

y_0,则应有 $x_0 = \dfrac{x_0 + y_0}{2}$,于是,$x_0 = y_0$.

【例 2.16】　设 $a_n = \sqrt[n]{[\alpha[\alpha \cdots [\alpha] \cdots]]}$,其中 $\alpha > 0$,求 $\lim\limits_{n \to \infty} a_n$.

解　显然,当 $0 < \alpha < 1$ 时,$a_n = 0$.当 $1 \leqslant \alpha < 2$ 时,$a_n = 1$,即当 $0 < \alpha < 2$

时,$a_n = [\alpha]$,所以 $\lim\limits_{n \to \infty} a_n = [\alpha] (0 < \alpha < 2)$.

当 $\alpha \geqslant 2$ 时,设 $b_n = a_n^n$,则 $b_{n+1} = a_{n+1}^{n+1} = [\alpha b_n]$,并且

$$b_n \geqslant [\alpha]^n \geqslant 2^n \to +\infty, n \to \infty,$$

于是

$$0 \leqslant \alpha b_n - b_{n+1} < 1, 0 \leqslant \alpha - \frac{b_{n+1}}{b_n} < \frac{1}{b_n} \to 0, n \to \infty,$$

因此,$\lim\limits_{n \to \infty} \dfrac{b_{n+1}}{b_n} = \alpha$,从而 $\lim\limits_{n \to \infty} a_n = \lim\limits_{n \to \infty} \sqrt[n]{b_n} = \lim\limits_{n \to \infty} \dfrac{b_{n+1}}{b_n} = \alpha$.

【例 2.17】　设 $a_0 = 0, a_n = 1 + \sin(a_{n-1} - 1), n = 1, 2, \cdots$，试求：$\lim\limits_{n \to \infty} \dfrac{1}{n} \sum\limits_{k=1}^{n} a_k$.

解　设 $y_n = a_n - 1$. 由 $a_n - 1 = \sin(a_{n-1} - 1)$，有 $y_n = \sin y_{n-1}, n = 1, 2, \cdots$. 由于 $|y_{n+1}| < |y_n|$，所以，极限 $a = \lim\limits_{n \to \infty} y_n$ 存在，容易看出，$a = 0$，即 $\lim\limits_{n \to \infty} a_n = \lim\limits_{n \to \infty} (y_n + 1) = 1, a_n = 1 + o(1)$，于是，$\dfrac{1}{n} \sum\limits_{k=1}^{n} a_k = \dfrac{1}{n} \sum\limits_{k=1}^{n} (1 + o(1)) = 1 + o(1)$. 所求极限等于 1.

【例 2.18】　设 $0 < x_1 < 1$，且 $x_{n+1} = x_n(1 - x_n), n = 1, 2, \cdots$，证明：$\lim\limits_{n \to \infty} n x_n = 1$.

解　由题设，$0 < x_1 < 1$. 假设 $0 < x_n < 1$，则

$$0 < x_{n+1} = x_n(1 - x_n) < x_n < 1,$$

这样，由数学归纳法可知，对一切 n 都有 $0 < x_n < 1$. 因此数列 $\{x_n\}$ 是单调有界数列. 设 $\lim\limits_{n \to \infty} x_n = a$，对 $x_{n+1} = x_n(1 - x_n)$ 两边取极限，得 $a = a - a^2$，即 $a = 0$. 因此 $\left\{ \dfrac{1}{x_n} \right\}$ 是单增的无穷大量. 由 Stolz 定理得到

$$\lim_{n \to \infty} n x_n = \lim_{n \to \infty} \frac{n}{\dfrac{1}{x_n}} = \lim_{n \to \infty} \frac{1}{\dfrac{1}{x_n} - \dfrac{1}{x_{n-1}}} = \lim_{n \to \infty} \frac{x_n x_{n-1}}{x_{n-1} - x_n}$$

$$= \lim_{n \to \infty} \frac{x_n x_{n-1}}{x_{n-1}^2} = \lim_{n \to \infty} \frac{x_n}{x_{n-1}} = \lim_{n \to \infty} (1 - x_{n-1}) = 1.$$

【例 2.19】　已知 $\{a_n\}$ 是非负实数列，对一切正整数 m, n 有 $a_{n+m} \leqslant a_n a_m$，证明 $\{\sqrt[n]{a_n}\}$ 收敛.

解　因为 $a_{n+1} \leqslant a_n a_1$，所以对于一切 n，有 $a_n \leqslant a_1^n, 0 \leqslant \sqrt[n]{a_n} \leqslant a_1$，即数列 $\{\sqrt[n]{a_n}\}$ 有界. 记 $L = \varlimsup\limits_{n \to \infty} \sqrt[n]{a_n}$，显然 $0 \leqslant L \leqslant a_1$.

下面要证明 $\varliminf\limits_{n \to \infty} \sqrt[n]{a_n} \geqslant L$，从而得到 $L = \lim\limits_{n \to \infty} \sqrt[n]{a_n}$.

事实上，设 $m_1 < m_2 < m_3 < \cdots$，使得 $\lim\limits_{k \to \infty} \sqrt[m_k]{a_{m_k}} = L$. 设 n 是任何正整数，记

$$\frac{m_k}{n} = q_k + d_k, q_k \text{ 是整数}, 0 \leqslant d_k < 1, k = 1, 2, \cdots.$$

则 $\dfrac{q_k}{m_k} = \dfrac{1}{n} - \dfrac{d_k}{m_k}$，所以，当 $k \to \infty$ 时，$\dfrac{q_k}{m_k} \to \dfrac{1}{n}$. 于是，

$$a_{m_k} = a_{nq_k + nd_k} \leqslant a_n^{q_k} a_1^{nd_k}, \quad a_{m_k}^{\frac{1}{m_k}} \leqslant a_n^{\frac{q_k}{m_k}} a_1^{\frac{nd_k}{m_k}},$$

令 $k \to \infty$，得 $L \leqslant \sqrt[n]{a_n}, \varliminf\limits_{n \to \infty} \sqrt[n]{a_n} \geqslant L.$

2.4　连续函数的性质

【例 2.20】　证明：对每个正整数 n，方程 $x+x^2+\cdots x^n=1$ 在 $[0,1]$ 上有且只有一根 x_n，并求 $\lim\limits_{n\to\infty}x_n$.

解　记 $f_n(x)=x+x^2+\cdots+x^n$.

当 $n=1$ 时，显然 $f_1(x)=1$ 的根为 $x_1=1\in[0,1]$.

当 $n>1$ 时，$f_n(0)=0,f_n(1)=n>1$. 因为 $f_n(x)$ 是 $[0,1]$ 上的连续函数，所以根据介值定理，至少有一点 $x_n\in(0,1)$，使 $f_n(x_n)=1$，即方程 $f_n(x)=1$ 在 $[0,1]$ 中至少有一个根 x_n. 又因为对于任何自然 n，有

$$f_n'(x)=1+2x+\cdots+nx^{n-1}\geqslant 1,\ 0\leqslant x\leqslant 1,$$

所以 $f_n(x)$ 在 $[0,1]$ 上严格增加，它在 $[0,1]$ 上只能有一个根.

由

$$1=x_{n_0+1}+x_{n_0+1}^2+\cdots+x_{n_0+1}^{n_0+1}=x_{n_0}+x_{n_0}^2+\cdots+x_{n_0}^{n_0}$$

容易看出数列 $\{x_n\}$ 是严格单调递减的. 注意到 $0\leqslant x_n\leqslant 1$，由单调有界定理，数列 $\{x_n\}$ 的极限存在，记作 A. 当 $n>2$ 时，

$$x_n<x_2<1,0<x_n^n<x_2^n\to 0,n\to\infty,$$

因此，$A=\lim\limits_{n\to\infty}x_n\leqslant x_2<1$，且 $\lim\limits_{n\to\infty}x_n^n=0$. 在等式

$$1=x_n+x_n^2+\cdots+x_n^n=\frac{x_n(1-x_n^n)}{1-x_n}$$

两边同时求极限得 $1=\dfrac{A}{1-A}$，解之，得到 $A=\dfrac{1}{2}$.

【例 2.21】　证明：如果一个函数 $f(x)$ 在区间 $(0,1)$ 内一致连续，那么存在一个函数 $F(x)$ 在 $[0,1]$ 内连续，并且对任何 $x\in(0,1),F(x)=f(x)$.

解　因为 $f(x)$ 在 $(0,1)$ 内一致连续，所以对任给的 $\varepsilon>0$，存在 $\delta>0$，当 x_1，$x_2\in(0,1)$ 且 $|x_1-x_2|<\delta$ 时，有 $|f(x_1)-f(x_2)|<\varepsilon$.

对于 $x=0$，当 $x_1,x_2\in(0,1)$，且 $0<x_1-0<\delta,0<x_2-0<\delta$ 时，因为 $|x_1-x_2|<\delta$，故有 $|f(x_1)-f(x_2)|<\varepsilon$. 由此及 Cauchy 准则，可知 $f(x)$ 在 $x=0$ 极限存在；同理可证 $f(x)$ 在 $x=1$ 极限存在.

记 $\lim\limits_{x\to 0}f(x)=A,\lim\limits_{x\to 1}f(x)=B$. 令

$$F(x)=\begin{cases}A,\ x=0,\\ B,\ x=1,\\ f(x),\ x\in(0,1).\end{cases}$$

则 $F(x)$ 即为所求的函数.

注 这里给出了一个很重要的结论：在区间 $(0,1)$ 内一致连续的 $f(x)$ 可以延拓到区间 $[0,1]$ 上.

【例 2.22】 设 $f(x)$ 在 $[a,b]$ 上连续，证明函数 $M(x) = \sup\limits_{a \leqslant t \leqslant x} f(t)$，$m(x) = \inf\limits_{a \leqslant t \leqslant x} f(t)$，在 $[a,b]$ 上连续.

证 由 $f(x)$ 在 $[a,b]$ 上的连续，易知 $M(x)$ 和 $m(x)$ 在 $[a,b]$ 上处处有定义. 这里只就 $M(x)$ 进行证明，$m(x)$ 的证明是类似的. 又因 $M(x)$ 是 x 的单调递增的函数，故对任意 $x_0 \in [a,b]$ 单侧极限都存在（在两个端点处分别为右极限和左极限），且

$$M(x_0 - 0) \leqslant M(x_0) \leqslant M(x_0 + 0). \tag{2.3}$$

任取 $x \in [a, x_0]$，有

$$f(x) \leqslant \sup_{a \leqslant t \leqslant x} f(t) = M(x) \leqslant M(x_0 - 0),$$

因此，

$$M(x_0) = \sup_{a \leqslant t \leqslant x_0} f(t) \leqslant M(x_0 - 0). \tag{2.4}$$

另一方面，由 $f(x)$ 在 x_0 的连续性知，对任意给定的 $\varepsilon > 0$，存在 $\delta > 0$，使得对任意的 $h \in (0, \delta)$ 以及 $x \in (x_0, x_0 + h)$，有 $f(x) < f(x_0) + \varepsilon \leqslant M(x_0) + \varepsilon$，从而

$$\sup_{x_0 \leqslant x \leqslant x_0 + h} f(x) \leqslant M(x_0) + \varepsilon.$$

因此，

$$M(x_0 + h) = \sup_{a \leqslant x \leqslant x_0 + h} f(x) = \max\left\{ M(x_0), \sup_{x_0 \leqslant x \leqslant x_0 + h} f(x) \right\} \leqslant M(x_0) + \varepsilon.$$

在上式中令 $h \to 0+$，并由 ε 的任意性得

$$M(x_0 + 0) \leqslant M(x_0). \tag{2.5}$$

结合式 $(2.3) \sim$ 式 (2.5)，得到 $M(x_0 - 0) = M(x_0) = M(x_0 + 0)$. 这就说明了 $M(x)$ 的连续性.

【例 2.23】 设 $f(x)$ 在 $(-\infty, +\infty)$ 内定义且满足：（ⅰ）$f(x)$ 在 $x = 0$ 连续；（ⅱ）对任意实数 x, y 有

$$f(x + y) = f(x) + f(y). \tag{2.6}$$

证明：$f(x)$ 在 $(-\infty, +\infty)$ 内连续，且 $f(x)$ 是线性齐次函数.

解 先证 $f(x)$ 在 $(-\infty, +\infty)$ 内连续. 在式 (2.6) 中取 $x = y = 0$，得 $f(0) = 0$. 对任意给定的 $x_0 \in (-\infty, +\infty)$，利用 $f(x)$ 在 $x = 0$ 的连续性和 $f(x) = f((x - x_0) + x_0) = f(x - x_0) + f(x_0)$ 得

$$\lim_{x \to x_0} f(x) = \lim_{x \to x_0} (f(x - x_0) + f(x_0)) = f(0) + f(x_0) = f(x_0),$$

从而 $f(x)$ 在 x_0 点连续. 由 x_0 的任意性知 $f(x)$ 在 $(-\infty, +\infty)$ 内连续.

现在证明 $f(x)$ 是线性齐次函数. 由(2.6)式, 对任意 $x \in (-\infty, +\infty)$ 和正整数 n, 有

$$f(nx) = nf(x). \tag{2.7}$$

在式(2.7)中用 $\dfrac{x}{n}$ 代替 x, 得 $f\left(\dfrac{x}{n}\right) = \dfrac{1}{n} f(x)$. 于是对任意正有理数 $r = \dfrac{q}{p}$, 有

$$f(rx) = f\left(\frac{q}{p}x\right) = qf\left(\frac{x}{p}\right) = \frac{q}{p}f(x) = rf(x). \tag{2.8}$$

若在式(2.6)中取 $y = -x$, 则有 $f(-x) = -f(x)$, 即 $f(x)$ 为奇函数. 因此对负有理数 $-r(r > 0)$ 有

$$f(-rx) = -f(rx) = -rf(x),$$

即式(2.8)对所有的有理数成立. 设 a 为任意实数, 则存在有理数列 $\{r_n\}$ 收敛于 a. 由于 $f(x)$ 连续, 故

$$f(ax) = \lim_{n \to \infty} f(r_n x) = \lim_{n \to \infty} r_n f(x) = af(x).$$

令 $x = 1$, 得 $f(a) = af(1)$. 记 $f(1) = L$, 就得到 $f(a) = La$, 即 $f(x)$ 是线性齐次函数.

【例 2.24】 设 $f(x)$ 对于 $(-\infty, +\infty)$ 内一切 x 满足等式 $f(x^2) = f(x)$, 且 $f(x)$ 在 $x = 0$ 与 $x = 1$ 连续, 证明 $f(x)$ 必是常数.

解　由于对任意 $x \in (-\infty, +\infty)$ 有 $f(x^2) = f(x)$, 故 $f(x)$ 是偶函数. 其次, 由数学归纳法可知, 对任意 $x \geqslant 0$ 及自然数 n 必有

$$f(x) = f(x^{\frac{1}{2}}) = f(x^{\frac{1}{2^2}}) = \cdots = f(x^{\frac{1}{2^n}}).$$

由于 $f(x)$ 在 $x = 1$ 连续且 $\lim\limits_{n \to \infty} \dfrac{1}{2^n} = 0$, 故对 $x > 0$ 有

$$f(x) = \lim_{n \to \infty} f(x^{\frac{1}{2^n}}) = f(1).$$

$f(x)$ 在 $x = 0$ 连续, 所以

$$f(0) = \lim_{x \to 0+} f(x) = \lim_{x \to 0+} f(1) = f(1).$$

由此可见, $f(x) \equiv f(1), x \in [0, +\infty)$, 但 $f(x)$ 是偶函数, 故必有 $f(x) \equiv f(1), x \in (-\infty, +\infty)$.

【例 2.25】 令 $u_n(x) = \begin{cases} -n, & x \leqslant -n, \\ x, & -n < x \leqslant n, \\ n, & x > n, \end{cases}$ 而 $f(x)$ 为实变量的实值函数, 试

证：$f(x)$ 连续的充要条件是 $g_n(x) = u_n(f(x))$ 对所有 n 都是连续函数.

解 必要性. 对于任何自然数 n, 显然 $u_n(x)$ 都是 $(-\infty, +\infty)$ 上的连续函数, 从而复合函数 $g_n(x) = u_n(f(x))$ 也是连续函数.

充分性. 对于 $f(x)$ 的定义域中任一点 x_0, 取自然数 $n > |f(x_0)|$, 则 $g_n(x_0) = f(x_0)$. 取 $\varepsilon = \min\{n - f(x_0), f(x_0) + n\}$, 由 $g_n(x)$ 在 x_0 的连续性知, 存在 $\delta > 0$, 当 $|x - x_0| < \delta$ 时, 有

$$-n = f(x_0) - (f(x_0) + n) \leqslant g_n(x_0) - \varepsilon < g_n(x) < g_n(x_0) + \varepsilon$$
$$\leqslant f(x_0) + (n - f(x_0)) = n,$$

根据 $g_n(x)$ 的定义, 当 $|x - x_0| < \delta$ 时, 有 $g_n(x) = f(x)$. 由 $g_n(x)$ 连续可知 $f(x)$ 在 x_0 连续.

2.5 杂 题

【例 2.26】 证明 $\lim\limits_{n \to \infty} \sin n$ 不存在, 其中 n 为正整数.

解 由 Cauchy 收敛准则知, 要证明 $\lim\limits_{n \to \infty} \sin n$ 不存在, 只需证明, 存在某个 $\varepsilon_0 > 0$, 对于任意的 N, 总有 $n_1, n_2 > N$, 使得 $|\sin n_1 - \sin n_2| \geqslant \varepsilon_0$ 成立. 为此, 选取 $\varepsilon_0 = \dfrac{1}{2}$. 对于任给的 N, 以 $[x]$ 表示 x 的整数部分, 取

$$\begin{cases} n_1 = \left[N\pi + \dfrac{3}{4}\pi\right] > N, \\ n_2 = \left[N\pi + \dfrac{7}{4}\pi\right] > N, \end{cases}$$

则 $N\pi + \dfrac{\pi}{4} < n_1 < N\pi + \dfrac{3}{4}\pi, N\pi + \dfrac{5}{4}\pi < n_2 < N\pi + \dfrac{7}{4}\pi$, 于是

$$|\sin n_1 - \sin n_2| \geqslant 2\frac{1}{\sqrt{2}} = \sqrt{2} > \frac{1}{2},$$

由此可知 $\lim\limits_{n \to \infty} \sin n$ 不存在.

另解 用反证法. 假设 $\lim\limits_{n \to \infty} \sin n$ 存在且等于 L, 则有

$$\sin(n+2) - \sin n = 2\sin 1 \cos(n+1) = o(1),$$

从而 $\cos n = o(1)$. 于是

$$\sin 2n = 2\sin n \cos n = o(1).$$

因此 $\sin n = o(1)$, 这与 $\sin^2 n + \cos^2 n = 1$ 矛盾.

【例 2.27】 设函数 $f(x)$ 在点 x_0 的邻域 I（点 x_0 可能例外）内有定义, 证明：

如果对于任意的满足

$$x_n \in I, x_n \to x_0 (n \to \infty), 0 < |x_{n+1} - x_0| < |x_n - x_0|$$

的点列 $\{x_n\}$，都有 $\lim\limits_{n \to \infty} f(x_n) = A$，那么 $\lim\limits_{x \to x_0} f(x) = A$.

解　用反证法. 若结论不成立，则有 $\varepsilon_0 > 0$，使得对于任何 $\delta > 0$，都有相应的 $x \in I$，满足 $0 < |x - x_0| < \delta$，但是 $|f(x) - A| \geqslant \varepsilon_0$.

取 $\delta_1 = 1$，则有 $x_1 \in I$，使得

$$0 < |x_1 - x_0| < 1, |f(x_1) - A| \geqslant \varepsilon_0.$$

取 $\delta_2 = \min\left\{\dfrac{1}{2}, |x_1 - x_0|\right\}$，则有 $x_2 \in I$，使得

$$0 < |x_2 - x_0| < \delta_2, |f(x_2) - A| \geqslant \varepsilon_0.$$

类似地，取 $\delta_n = \min\left\{\dfrac{1}{n}, |x_{n-1} - x_0|\right\}$，则有 $x_n \in I$，使得

$$0 < |x_n - x_0| < \delta_2, |f(x_n) - A| \geqslant \varepsilon_0.$$

数列 $\{x_n\}$ 满足下面一些条件：

$$x_n \in I, 0 < |x_n - x_0| \to 0, 0 < |x_{n+1} - x_0| < |x_n - x_0|, |f(x_n) - A| \geqslant \varepsilon_0,$$

这与题设矛盾，命题得证.

【例 2.28】　设 $\{p_n\}$ 是一个正数列，$P_n = \sum\limits_{k=1}^{n} p_k$. 如果数列 $\{a_n\}$ 的任何子列 $\{a_{n_i}\}$ 满足条件 $\lim\limits_{n \to \infty} \dfrac{1}{P_n} \sum\limits_{k=1}^{n} p_k a_{n_k} = A$，其中 A 是有限数，则 $\lim\limits_{n \to \infty} a_n = A$.

解　若结论不成立，那么，必存在 $\varepsilon_0 > 0$，对于任意的自然数 N，都相应地有 $n_N > N$，使得 $|a_{n_N} - A| \geqslant \varepsilon_0$. 于是，对于 $N = 1$，有 $n_1 > 1$，使 $|a_{n_1} - A| \geqslant \varepsilon_0$；对于 $N = n_1$，有 $n_2 > n_1$，使 $|a_{n_2} - A| \geqslant \varepsilon_0$；……. 由此得到 $\{a_n\}$ 的子列 $\{a_{n_i}\}$，满足 $|a_{n_i} - A| \geqslant \varepsilon_0 (i \geqslant 1)$. 显然从中 $\{a_{n_i} - A\}$ 可以选出一个各项符号相同的子列. 不妨设 $\{a_{n_i}\}$ 具备这一条件，并且 $a_{n_i} - A \geqslant 0 (i \geqslant 1)$. 此时，对于 $\{a_{n_i}\}$ 有

$$\frac{1}{P_n} \sum_{k=1}^{n} p_k a_{n_k} - A = \frac{1}{P_N} \sum_{k=1}^{N} p_k (a_{n_k} - A) \geqslant \frac{1}{P_N} \sum_{k=1}^{N} p_k \varepsilon_0 = \varepsilon_0,$$

这与题设的条件矛盾. 所以必有 $\lim\limits_{x \to x_0} a_n = A$.

注　由 $\lim\limits_{x \to x_0} a_n = A$ 可以得到 $\lim\limits_{n \to \infty} \dfrac{1}{P_n} \sum\limits_{k=1}^{n} p_k a_{n_k} = A$.

【例 2.29】　求下列极限

(1) 已知 $\sum\limits_{k=1}^{n} a_k = 0$，求 $\lim\limits_{x \to +\infty} \sum\limits_{k=1}^{n} a_k \sqrt{x+k}$；

(2) 设 $f(x) \in C[0,\infty)$,且 $\lim\limits_{x \to +\infty} f(x) = A$,求 $\lim\limits_{n \to \infty} \int_0^1 f(nx)\mathrm{d}x$.

解　(1) 由 $\sum\limits_{k=1}^{n} a_k = 0$,得到

$$\sum_{k=1}^{n} a_k \sqrt{x+k} = \sqrt{x} \sum_{k=1}^{n} a_k \left(1+\frac{k}{x}\right)^{\frac{1}{2}} = \sqrt{x} \sum_{k=1}^{n} a_k \left(1+O\left(\frac{k}{x}\right)\right)$$

$$= 0 + \sqrt{x} \sum_{k=1}^{n} a_k O\left(\frac{k}{x}\right)$$

$$= O\left(\frac{1}{\sqrt{x}}\right),$$

因此,所求极限等于 0.

(2) 因为 $f(x) \in C[0,\infty)$,由 L'Hospital 法则得

$$\lim_{t \to +\infty} \frac{\int_0^t f(y)\mathrm{d}y}{t} = \lim_{t \to +\infty} \frac{\left(\int_0^t f(y)\mathrm{d}y\right)'}{(t)'} = \lim_{t \to +\infty} f(t) = A.$$

由积分变量替换,得

$$\lim_{n \to \infty} \int_0^1 f(nx)\mathrm{d}x = \lim_{n \to \infty} \int_0^n f(y)\mathrm{d}\frac{y}{n} = \lim_{n \to \infty} \frac{\int_0^n f(y)\mathrm{d}y}{n} = \lim_{t \to \infty} \frac{\int_0^t f(y)\mathrm{d}y}{t} = A.$$

另证　由 $f(x) = O(1)$ 得到

$$\int_0^1 f(nx)\mathrm{d}x = \frac{1}{n} \int_0^n f(y)\mathrm{d}y = \frac{1}{n}\left(\int_0^{\sqrt{n}} f(y)\mathrm{d}y + \int_{\sqrt{n}}^n f(y)\mathrm{d}y\right)$$

$$= \frac{1}{n}\left(O(\sqrt{n}) + \int_{\sqrt{n}}^n (A + o(1))\mathrm{d}y\right)$$

$$= A + o(1), n \to \infty,$$

即所求极限是 A.

【例 2.30】　设 $f(x)$ 是 $(0, +\infty)$ 上的可微函数,且当 $x \to +\infty$ 时,$f(x) + f'(x) \to 0$,证明 $\lim\limits_{x \to +\infty} f(x) = 0$.

解　由假设知 $f(x) + f'(x) = o(1)$,$x \to +\infty$.利用 $(\mathrm{e}^x f(x))' = \mathrm{e}^x(f'(x) + f(x))$ 得到,存在常数 C,使得

$$f(x) = \mathrm{e}^{-x}\left(\int_1^x \mathrm{e}^x(f'(x) + f(x))\mathrm{d}x + C\right)$$

$$= \mathrm{e}^{-x}\left(\int_1^{\sqrt{x}} \mathrm{e}^x(f'(x) + f(x))\mathrm{d}x + \int_{\sqrt{x}}^x \mathrm{e}^x(f'(x) + f(x))\mathrm{d}x + C\right)$$

$$= \mathrm{e}^{-x}(O(\mathrm{e}^{\sqrt{x}}) + o(1)\mathrm{e}^x + C) = o(1), x \to +\infty.$$

注 请注意例 2.29(2) 和本例中所使用的积分的分段方法,读者可以考虑一下,换一种分段方式是否可以?例如,在本例中,使用

$$\int_1^n e^x (f'(x) + f(x)) dx = \left(\int_1^{n^a} + \int_{n^a}^n \right) e^x (f'(x) + f(x)) dx, 0 < \alpha < 1$$

会怎么样呢?

【例 2.31】 证明:若 $\{a_n\}$ 是正的不增数列,且 $\sum_{n=1}^{\infty} a_n$ 发散,则

$$\lim_{n \to \infty} \frac{a_2 + a_4 + \cdots + a_{2n}}{a_1 + a_3 + \cdots + a_{2n-1}} = 1.$$

证明 由假设,有

$$a_2 + a_4 + \cdots a_{2n} = \frac{1}{2} ((a_2 + a_4 + \cdots + a_{2n}) + (a_2 + a_4 + \cdots + a_{2n}))$$

$$\geqslant \frac{1}{2} ((a_3 + a_5 + \cdots + a_{2n+1} + a_2 + a_4 + \cdots + a_{2n}))$$

$$= \frac{1}{2} (a_1 + a_2 + \cdots + a_{2n+1}) - \frac{1}{2} a_1 \to +\infty, \, n \to \infty,$$

从而

$$a_2 + a_4 + \cdots a_{2n} \to \infty, n \to \infty.$$

于是

$$1 \geqslant \frac{a_2 + a_4 + \cdots + a_{2n+2}}{a_1 + a_3 + \cdots + a_{2n+1}} \geqslant \frac{a_2 + a_4 + \cdots + a_{2n}}{a_1 + (a_2 + a_4 + \cdots + a_{2n})} \to 1, n \to \infty.$$

因此,

$$\lim_{n \to \infty} \frac{a_2 + a_4 + \cdots + a_{2n}}{a_1 + a_3 + \cdots + a_{2n-1}} = 1.$$

【例 2.32】 (1) 求 $\lim_{n \to \infty} (n!)^{\frac{1}{n^2}}$;

(2) 设 $\lambda_n > 0 (n = 1, 2, \cdots)$, $\sigma_n = \lambda_1 + \lambda_2 + \cdots + \lambda_n \to \infty$,又设 $\lim_{n \to \infty} x_n = a$,试证

$$\lim_{n \to \infty} \frac{\lambda_1 x_1 + \lambda_2 x_2 + \cdots + \lambda_n x_n}{\lambda_1 + \lambda_2 + \cdots + \lambda_n} = a.$$

解 (1) 记

$$a_n = \ln (n!)^{\frac{1}{n^2}} = \frac{1}{n^2} \ln n! = \frac{1}{n^2} (\ln 1 + \ln 2 + \cdots + \ln n).$$

则

$$a_n \leqslant \frac{1}{n^2} n \log n = o(1),$$

所以 $\lim\limits_{n\to\infty} (n!)^{\frac{1}{n^2}} = 1$.

（2）因为 $\sigma_n = \lambda_1 + \lambda_2 + \cdots + \lambda_n$ 单调趋于无穷，由 Stolz 定理，得

$$\lim_{n\to\infty} \frac{\lambda_1 x_1 + \lambda_2 x_2 + \cdots \lambda_n x_n}{\sigma_n} = \lim_{n\to\infty} \frac{\lambda_n x_n}{\lambda_n} = \lim_{n\to\infty} x_n = a.$$

注 1　对于第（1）个问题，可以利用 Stolz 定理

$$\lim_{n\to\infty} a_n = \lim_{n\to\infty} \frac{\ln 1 + \ln 2 + \cdots + \ln n}{n^2} = \lim_{n\to\infty} \frac{\ln n}{n^2 - (n-1)^2} = \lim_{n\to\infty} \frac{\ln n}{2n - 1} = 0.$$

此外，要指出的是，下面的公式是常用的（它可以由定理 1.3 导出）：

$$\sum_{k=1}^{n} \log k = \int_1^n \log x \, \mathrm{d}x + O(\log n) = n \log n - n + O(\log n).$$

注 2　对于第（2）个问题，一般来说，使用阶的估计方法会比较复杂，因为关于 $\{\lambda_n\}$ 的信息不够确定.

【例 2.33】　设 $\{p_n\}$ 是单减的正数数列，级数 $\sum\limits_{n=1}^{\infty} a_n$ 收敛，且 $p_n \to +\infty, n \to +\infty$. 证明：

$$\lim_{n\to\infty} \frac{p_1 a_1 + p_2 a_2 + \cdots + p_n a_n}{p_n} = 0.$$

证明　令 $A_n = a_1 + a_2 + \cdots a_n$, $n = 1, 2, \cdots$. 由于 $\sum\limits_{n=1}^{\infty} a_n$ 收敛，故可设 $\lim\limits_{n\to\infty} A_n = A < \infty$. 有 $a_1 = A_1, a_n = A_n - A_{n-1}, n = 2, 3, \cdots$. 于是

$$\frac{p_1 a_1 + p_2 a_2 + \cdots + p_n a_n}{p_n}$$

$$= \frac{p_1 A_1 + p_2 (A_2 - A_1) + \cdots + p_n (A_n - A_{n-1})}{p_n}$$

$$= \frac{A_1 (p_1 - p_2) + A_2 (p_2 - p_3) + \cdots + A_{n-1} (p_{n-1} - p_n)}{p_n} + A_n.$$

由于 $\lim\limits_{n\to\infty} A_n = A$，根据 Stolz 定理有

$$\lim_{n\to\infty} \frac{A_1 (p_1 - p_2) + A_2 (p_2 - p_3) + \cdots + A_{n-1} (p_{n-1} - p_n)}{p_n}$$

$$= \lim_{n\to\infty} \frac{A_{n-1} (p_{n-1} - p_n)}{p_n - p_{n-1}}$$

$$= \lim_{n\to\infty} (-A_{n-1}) = -A.$$

所以

$$\lim_{n\to\infty}\frac{p_1a_1+p_2a_2+\cdots+p_na_n}{p_n}=0.$$

注　粗略地看,例 2.32 中的第(2)个结论与例 2.33 中的结论可以表述为

$$\sum_{k=1}^{n}\lambda_k(a+o(1))=(a+o(1))\sum_{k=1}^{n}\lambda_k$$

与

$$\sum_{k=1}^{n}p_ko(1)=o(1)\sum_{k=1}^{n}p_k.$$

当然,这不是严格证明. 但是,这种"估测"的习惯和能力,对于分析和解决问题,以致发现新的结论,经常是很有用的.

【例 2.34】　求 $\lim\limits_{n\to\infty}n\sin(2\pi en!)$.

解　利用 e 和 $\sin x$ 的熟知级数以及 $\sin x$ 的周期性,得到

$$n\sin(2\pi en!)=n\sin\Big\{2\pi n!\Big[\sum_{k=0}^{\infty}\frac{1}{k!}\Big]\Big\}=n\sin(2\pi R_n),$$

其中

$$R_n=\sum_{k=1}^{\infty}\frac{1}{(n+1)(n+2)\cdots(n+k)},$$

$$\frac{1}{n+1}<R_n<\sum_{k=1}^{\infty}\frac{1}{(n+1)^k}=\frac{1}{n},$$

因此,

$$\lim_{n\to\infty}R_n=0,\lim_{n\to\infty}nR_n=1,$$

于是

$$\lim_{n\to\infty}n\sin(2\pi en!)=\lim_{n\to\infty}n\sin(2\pi R_n)$$
$$=\lim_{n\to\infty}2\pi nR_n\frac{\sin(2\pi R_n)}{2\pi R_n}=2\pi.$$

【例 2.35】　设给定正数列 $\{a_n\}$,证明 $\varlimsup\limits_{n\to\infty}\Big(\dfrac{a_1+a_{n+1}}{a_n}\Big)^n\geqslant e$.

解　若 $\varlimsup\limits_{n\to\infty}a_n=0$,则 $\lim\limits_{n\to\infty}a_n=0$ 于是

$$\frac{a_1+a_{n+1}}{a_n}>\frac{a_1}{a_n}\to+\infty,\ n\to\infty.$$

$$\varlimsup_{n\to\infty}\Big(\frac{a_1+a_{n+1}}{a_n}\Big)^n=+\infty.$$

若 $\varlimsup\limits_{n\to\infty}a_n=A>0$,则对于任给的 $\varepsilon>0$,都有 N,当 $n>N$ 时,$a_n<A+\varepsilon$,且存在 $n_i\uparrow+\infty$,使 $a_{n_i}\geqslant A-\varepsilon$,因此

$$\frac{a_1+a_{n_i}}{a_{n_i-1}}>\frac{a_1}{A+\varepsilon}+\frac{A-\varepsilon}{A+\varepsilon}>1+\frac{a_1-2\varepsilon}{A+\varepsilon}.$$

不妨设 $a_1>2\varepsilon$. 当 n_i 充分大时,有

$$\frac{a_1-2\varepsilon}{A+\varepsilon}>\frac{1}{n_i-2},$$

这样就有

$$\left(\frac{a_1+a_{n_i}}{a_{n_i-1}}\right)^{n_i-1}>\left(1+\frac{1}{n_i-2}\right)^{n_i-1}>\mathrm{e}.$$

因此 $\varlimsup\limits_{n\to\infty}\left(\dfrac{a_1+a_n}{a_n}\right)^n\geqslant\mathrm{e}$.

注　读者不妨考虑:如果上例中的结论改为

$$\varlimsup_{n\to\infty}\left(\frac{a_1+a_n}{a_n}\right)^n=\varlimsup_{n\to\infty}\left(1+\frac{a_1}{a_n}\right)^n\geqslant\mathrm{e},$$

会怎么样呢?

【例 2.36】　设 $\{l_n\}$ 是正数数列,且 $\lim\limits_{n\to\infty}l_n=0$,证明:存在无限多个下标 n,使 l_n 小于它前面的每一项 $l_1,l_2,\cdots,l_{n-1}$.

解　对于任意固定的 m,令 $\eta=\min\limits_{1\leqslant k\leqslant m}\{l_k\}>0$,对于 η,必有 $k_0>m$,使得 $l_{k_0}<\eta$. 这种 k_0 的全体是自然数集合的一个子集,该子集有最小数 n_m,且满足 $n_m>m$,l_{n_m} 小于它前面的每一项. 照此方法,依次取 $m=1,2,\cdots$,则 $\{n_m\}$ 是无限递增的自然数列,相应的 l_{n_m} 将小于它前面的每一项.

【例 2.37】　设 $f(x)$ 在 a 可导,$f(a)\neq0$. 计算

$$(1)\ \lim_{t\to0}\frac{f(a+\alpha t)-f(a+\beta t)}{t};\quad(2)\ \lim_{n\to\infty}\left[\frac{f\left(a+\dfrac{1}{n}\right)}{f(a)}\right]^n.$$

解　(1) 不妨设 $\alpha\neq0,\beta\neq0$. 由于 $f(x)$ 在 a 可导,故

$$\lim_{t\to0}\frac{f(a+\alpha t)-f(a+\beta t)}{t}$$

$$=\lim_{t\to0}\frac{f(a+\alpha t)-f(a)+f(a)-f(a+\beta t)}{t}$$

$$=\alpha\lim_{t\to0}\frac{f(a+\alpha t)-f(a)}{\alpha t}-\beta\lim_{t\to0}\frac{f(a+\beta t)-f(a)}{\beta t}$$

$$=(\alpha-\beta)f'(a).$$

$$(2) \lim_{n \to \infty} \left[\frac{f\left(a + \frac{1}{n}\right)}{f(a)} \right]^n = \lim_{n \to \infty} \left[1 + \frac{f\left(a + \frac{1}{n}\right) - f(a)}{f(a)} \right]^n$$

$$= \lim_{n \to \infty} \left[1 + \frac{\dfrac{f\left(a + \frac{1}{n}\right) - f(a)}{\frac{1}{n}}}{nf(a)} \right]^n$$

$$= \lim_{n \to \infty} \left[1 + \frac{f'(a) \frac{1}{n}(1 + o(1))}{f(a)} \right]^n$$

$$= \lim_{n \to \infty} \left(1 + \frac{f'(a)(1 + o(1))}{nf(a)} \right)^n$$

$$= \lim e^{\frac{f'(a)(1+o(1))}{f(a)}} = e^{\frac{f'(a)}{f(a)}}.$$

【例 2.38】　设正数列 $\{a_n\}$，$\{b_n\}$ 满足：$\lim\limits_{n \to \infty} a_n^n = a > 0, \lim\limits_{n \to \infty} b_n^n = b > 0$. 又 p，q 为非负数，$p + q = 1$，证明

$$\lim_{n \to \infty} (pa_n + qb_n)^n = a^p b^q.$$

解　首先，我们指出，对任意的 $x > 0$，极限式

$$\lim_{n \to \infty} x_n^n = x, \tag{2.9}$$

与

$$\lim_{n \to \infty} n(x_n - 1) = \log x \tag{2.10}$$

是等价的.

事实上，容易看出，(2.9) 式与 (2.10) 式都可以推出 $\lim\limits_{n \to \infty} x_n = 1$. 此时，

$$\log x_n^n = n\log x_n = n\log(1 + x_n - 1)$$
$$= n(x_n - 1 + o(x_n - 1))$$
$$= n(x_n - 1)(1 + o(1)).$$

这说明 (2.9) 与 (2.10) 是等价的.

由题设及上述等价性，得到

$$\lim_{n \to \infty} n(a_n - 1) = \log a, \ \lim_{n \to \infty} n(b_n - 1) = \log b.$$

令 $x_n = pa_n + qb_n$，得

$$\lim_{n \to \infty} n(x_n - 1) = \lim_{n \to \infty} n(pa_n + qb_n - 1)$$
$$= \lim_{n \to \infty} (np(a_n - 1) + nq(b_n - 1))$$
$$= p\log a + q\log b = \log(a^p b^q).$$

再利用上述等价性,得到

$$\lim_{n\to\infty} x_n^n = \lim_{n\to\infty} (pa_n + qb_n)^n = a^p b^q.$$

注　(2.9)与(2.10)的等价性在许多问题的解决中经常用到.

【**例 2.39**】　求极限:

(1) $\lim\limits_{x\to+\infty} \sqrt[3]{x} \int_x^{x+1} \dfrac{\sin t}{t+\cos t} dt$;　　　　　(2) $\lim\limits_{x\to 0} \dfrac{1}{\sqrt[3]{x}} \int_0^x \dfrac{\sin t}{t+\cos t} dt$.

解　(1) 当 $x \geqslant 2$ 时,显然有

$$\left| \int_x^{x+1} \frac{\sin t}{t+\cos t} dt \right| \leqslant \int_x^{x+1} \left| \frac{\sin t}{t+\cos t} \right| dt \leqslant \int_x^{x+1} \frac{dt}{t-1} < \frac{1}{x-1}.$$

因此所求极限为零.

(2) 对于任意的充分小的 x,题目中的被积函数是有界的,因此所求极限为零.

【**例 2.40**】　求 $\lim\limits_{n\to\infty} \int_0^{\frac{\pi}{2}} \sin^n x \, dx$.

解　对于任意给定的 $\varepsilon > 0$,不妨设 $\varepsilon < 1$,由于 $0 < \dfrac{\pi-\varepsilon}{2} < \dfrac{\pi}{2}$,我们有

$$0 < \sin \frac{\pi-\varepsilon}{2} < 1,$$

从而有

$$\lim_{n\to\infty} \frac{\pi-\varepsilon}{2} \left(\sin \frac{\pi-\varepsilon}{2} \right)^n = 0.$$

根据数列极限定义,必有自然数 N,使当 $n > N$ 时,

$$\frac{\pi-\varepsilon}{2} \left(\sin \frac{\pi-\varepsilon}{2} \right)^n < \frac{\varepsilon}{2}.$$

于是当 $n > N$ 时,有

$$\begin{aligned}
0 < \int_0^{\frac{\pi}{2}} \sin^n x \, dx &= \int_0^{\frac{\pi-\varepsilon}{2}} \sin^n x \, dx + \int_{\frac{\pi-\varepsilon}{2}}^{\frac{\pi}{2}} \sin^n x \, dx \\
&\leqslant \int_0^{\frac{\pi-\varepsilon}{2}} \sin^n \frac{\pi-\varepsilon}{2} dx + \int_{\frac{\pi-\varepsilon}{2}}^{\frac{\pi}{2}} dx \\
&= \frac{\pi-\varepsilon}{2} \left(\sin \frac{\pi-\varepsilon}{2} \right)^n + \frac{\varepsilon}{2} \\
&< \frac{\varepsilon}{2} + \frac{\varepsilon}{2} = \varepsilon.
\end{aligned}$$

所以

$$\lim_{n\to\infty} \int_0^{\frac{\pi}{2}} \sin^n x \, dx = 0.$$

另解　我们有

$$\int_0^{\frac{\pi}{2}} \sin^n x \, dx = \int_0^{\frac{\pi}{2}-n^{-\frac{1}{3}}} \sin^n x \, dx + \int_{\frac{\pi}{2}-n^{-\frac{1}{3}}}^{\frac{\pi}{2}} \sin^n x \, dx$$

$$= O\left(\sin^n\left(\frac{\pi}{2}-n^{-\frac{1}{3}}\right)\right) + O(n^{-\frac{1}{3}})$$

$$= O(\cos^n n^{-\frac{1}{3}}) + O(n^{-\frac{1}{3}}).$$

由于

$$\log(\cos^n n^{-\frac{1}{3}}) = n\log\left(1 - \frac{1}{2n^{\frac{2}{3}}} + O(n^{-\frac{4}{3}})\right)$$

$$= n\left(-\frac{1}{2n^{\frac{2}{3}}} + O(n^{-\frac{4}{3}})\right)$$

$$= -\frac{1}{2}n^{\frac{1}{3}} + O(n^{-\frac{1}{3}}),$$

得到

$$\cos^n n^{-\frac{1}{3}} = \exp\left(-\frac{1}{2}n^{\frac{1}{3}} + O(n^{-\frac{1}{3}})\right) = o(1).$$

注　由这另一个解法我们看到,与使用"$\varepsilon - N$"方法相比,使用阶的估计方法不但清晰明了,而且可以得到更精确的估计.

【例 2.41】　设 $a = \sqrt[e]{e}, a_1 = a, a_2 = a^{a_1}, \cdots, a_{n+1} = a^{a_n}, \cdots$, 证明 $\lim\limits_{n \to +\infty} a_n$ 存在, 并求其值.

解　容易看出, $a_n > 1$. 由

$$\log a_2 - \log a_1 = \frac{1}{e}(a-1) > 0,$$

及

$$\log a_{n+1} - \log a_n = \frac{1}{e}(a_n - a_{n-1}),$$

利用归纳法, 我们知道 $\{a_n\}$ 是单调增加的序列.

由 $a_1 = a < e, a_{n+1} = e^{\frac{a_n}{e}}$, 及归纳法, 我们知道

$$a_n < e, \quad n = 1, 2, \cdots,$$

即 $\{a_n\}$ 是有界序列, 从而极限 $\lim\limits_{n \to +\infty} x_n = a$ 存在, 且满足方程

$$\log x = \frac{x}{e}.$$

它的解是 $x = \mathrm{e}$.

【例 2.42】 记 $f_n(x) = \cos x + \cos^2 x + \cdots + \cos^n x$, 求证:

（Ⅰ）对任意自然数 n, 方程 $f_n(x) = 1$ 在 $\left[0, \dfrac{\pi}{3}\right)$ 内有且仅有一个根;

（Ⅱ）设 $x_n \in \left[0, \dfrac{\pi}{3}\right)$ 是 $f_n(x) = 1$ 的根, 则 $\lim\limits_{n \to +\infty} x_n = \dfrac{\pi}{3}$.

解 （Ⅰ）我们有

$$f_n(x) = \frac{\cos x(1 - \cos^n x)}{1 - \cos x}, \; f_n(0) = n, \; f_n\left(\frac{\pi}{3}\right) < 1$$

由连续函数的性质可知 $f_n(x) = 1$ 在 $\left[0, \dfrac{\pi}{3}\right)$ 内至少有一个根. 因为

$$f_n'(x) = -\sin x(1 + 2\cos x + \cdots + n\cos^{n-1} x) < 0,$$

所以 $f_n(x)$ 在 $\left[0, \dfrac{\pi}{3}\right)$ 内单调下降. 这证明了, $f_n(x) = 1$ 在 $\left[0, \dfrac{\pi}{3}\right)$ 内仅有一个根.

（Ⅱ）因为

$$f_{n+1}(x_n) = f_n(x_n) + \cos^{n+1} x_n = 1 + \cos^{n+1} x_n > 1,$$

所以 $x_{n+1} > x_n$, 即 $\{x_n\}$ 是单调上升且有上界的序列. 极限 $\lim\limits_{n \to +\infty} x_n = x$ 存在, 且 $x \leqslant \dfrac{\pi}{3}$.

另一方面, 由于 $x_n \leqslant x$, 所以

$$f_n(x) \leqslant f_n(x_n) = 1,$$

即

$$\frac{\cos x(1 - \cos^n x)}{1 - \cos x} \leqslant 1.$$

令 $n \to \infty$, 可得

$$\cos x \leqslant \frac{1}{2},$$

即 $x \geqslant \dfrac{\pi}{3}$. 所以 $x = \dfrac{\pi}{3}$.

【例 2.43】 按下列方式定义 $\{x_n\}$: 任取 $x_0 > 0$, 并使 $x_{n+1} = \dfrac{1}{1 + x_n}$, $n = 0, 1, 2, \cdots$, 证明这个序列收敛并求极限值.

解 显然有 $0 < x_n < 1$, $n = 1, 2, \cdots$. 我们有

$$x_{n+1} - x_n = \frac{1}{1 + x_n} - \frac{1}{1 + x_{n-1}} = \frac{x_{n-1} - x_n}{(1 + x_n)(1 + x_{n-1})},$$

$$|x_{n+1} - x_n| = \frac{x_n}{1+x_n}|x_n - x_{n-1}|. \tag{2.11}$$

函数 $f(x) = \dfrac{x}{1+x}$ 在 $[0,1]$ 上的最大值是 $\dfrac{1}{2}$，于是，由 (2.11) 式得到

$$|x_{n+1} - x_n| \leqslant \frac{1}{2}|x_n - x_{n-1}|,$$

从而，当 $m > n \rightarrow \infty$ 时，有

$$\begin{aligned}
|x_{n+m} - x_n| &\leqslant |x_{n+m} - x_{n+m-1}| + \cdots + |x_{n+1} - x_n| \\
&\leqslant \left(\frac{1}{2}\right)^{n+m-1}|x_2 - x_1| + \cdots + \left(\frac{1}{2}\right)^{n-1}|x_2 - x_1| \\
&\leqslant \left(\frac{1}{2}\right)^{n-1}\left[1 + \frac{1}{2} + \cdots + \left(\frac{1}{2}\right)^m\right]|x_2 - x_1| \\
&< \left(\frac{1}{2}\right)^{n-2}|x_2 - x_1| = o(1).
\end{aligned}$$

由 Cauchy 收敛原理知 $\{x_n\}$ 收敛.

记 $\lim\limits_{n \rightarrow +\infty} x_n = x$，则有 $x = \dfrac{1}{1+x}$，从而 $x = \dfrac{\sqrt{5}-1}{2}$.

【例 2.44】 设 $x_1 = 2, x_2 = 2 + \dfrac{1}{x_1}, \cdots, x_{n+1} = 2 + \dfrac{1}{x_n}, \cdots$，求证：$\lim\limits_{n \rightarrow +\infty} x_n$ 存在，并求其值.

解 如果 $\lim\limits_{n \rightarrow +\infty} x_n = A$ 存在，则必有 $A = 2 + \dfrac{1}{A}, A = 1 + \sqrt{2}$. 我们有

$$\begin{aligned}
|x_n - A| &= \left|\left(2 + \frac{1}{x_{n-1}}\right) - \left(2 + \frac{1}{A}\right)\right| = \left|\frac{1}{x_{n-1}} - \frac{1}{A}\right| \\
&= \frac{|A - x_{n-1}|}{x_{n-1}A} < \frac{|x_{n-1} - A|}{4} < \frac{|x_{n-2} - A|}{4^2} \\
&< \cdots < \frac{|x_1 - A|}{4^{n-1}} = \frac{\sqrt{2}-1}{4^{n-1}} \\
&= o(1), \ n \rightarrow \infty.
\end{aligned}$$

这证明了所说的极限存在，且等于 $1 + \sqrt{2}$.

【例 2.45】 设数列 $\{p_n\}$ 与 $\{q_n\}$ 满足

$$p_1 > 0, \ q_1 > 0, \ \begin{cases} p_{n+1} = p_n + 2q_n \\ q_{n+1} = p_n + q_n \end{cases}, n = 1,2,\cdots.$$

求证极限 $\lim\limits_{n \rightarrow +\infty} \dfrac{p_n}{q_n}$ 存在，并求其值.

解　由

$$p_{n+1} = q_{n+1} + q_n$$

得到

$$\frac{p_{n+1}}{q_{n+1}} = 1 + \frac{q_n}{q_{n+1}} = 1 + \frac{1}{1 + \frac{p_n}{q_n}}.$$

记 $x_n = \dfrac{p_n}{q_n}$，则上式成为

$$x_{n+1} = 1 + \frac{1}{1 + x_n} = \frac{2 + x_n}{1 + x_n}. \tag{2.12}$$

我们有 $0 < x_n < 2$，由上式又有

$$\begin{aligned}
|x_{n+1} - x_n| &= \left| \frac{1}{1 + x_n} - \frac{1}{1 + x_{n-1}} \right| \\
&= \frac{|x_n - x_{n-1}|}{(1 + x_n)(1 + x_{n-1})} \\
&= \frac{x_n |x_n - x_{n-1}|}{(1 + x_n)(2 + x_{n-1})} \\
&< \frac{|x_n - x_{n-1}|}{2},
\end{aligned} \tag{2.13}$$

因此，极限

$$\lim_{n \to \infty} \frac{p_n}{q_n} = \lim_{n \to \infty} x_n = \lim_{n \to \infty} \left(\sum_{k=2}^{n} (x_k - x_{k-1}) + x_1 \right)$$

存在且有限. 在(2.12)式两边取极限，得到 $\lim\limits_{n \to \infty} \dfrac{p_n}{q_n} = \sqrt{2}$.

　　注　用上例中的方法可以证明：

设 $a > 1, x_1 > \sqrt{a}$，定义

$$x_{n+1} = \frac{a + x_n}{1 + x_n}, n = 1, 2, \cdots$$

则 $\lim\limits_{n \to +\infty} x_n$ 存在.

第3章　微　分　学

3.1　概　述

3.1.1　定义

1. 设 $y = f(x)$ 在含有 x_0 的某个区间内定义. 若极限 $\lim\limits_{x \to x_0} \dfrac{f(x) - f(x_0)}{x - x_0}$ 存在且有限,则称 $f(x)$ 在 $x = x_0$ 可导,称此极限值为 $f(x)$ 在 x_0 的导数,记为 $f'(x_0)$ 或 $\dfrac{\mathrm{d}y}{\mathrm{d}x}\Big|_{x=x_0}$.

如果 $f(x)$ 在区间 I 上的每一点可导,则在 I 上定义了一个新的函数 $y = f'(x)$,称为 $f(x)$ 的导函数;若 $f'(x)$ 在 x_0 可导,则称 $\dfrac{\mathrm{d}f'(x)}{\mathrm{d}x}\Big|_{x=x_0}$ 为 $f(x)$ 在 x_0 的二阶导数,依此类推,可定义 $f(x)$ 在 x_0 的任意阶导数(只要它存在).

导数的几何意义：$f'(x_0)$ 是曲线 $y = f(x)$ 在点 $x = x_0$ 的切线的斜率.

不可导的函数是存在的,例如 $|x|$ 在 $x = 0$ 不可导,函数

$$f(x) = \begin{cases} x\sin\dfrac{1}{x}, & x \neq 0, \\ 0, & x = 0 \end{cases}$$

在 $x = 0$ 也不可导.

若 $f(x)$ 在 $x = x_0$ 可导,则在 x_0 连续,反之则不然,如上例. 事实上,若 b 是奇整数,$0 < a < 1$ 且 $ab > 1 + \dfrac{3}{2}\pi$,那么 $f(x) = \sum\limits_{n=0}^{\infty} b^n \cos(a^n \pi x)$ 是一个连续函数,但它处处不可导.

2. 设 $z = f(x, y)$ 在含有点 (x_0, y_0) 的某个邻域内定义,若极限

$$\lim_{x \to x_0} \frac{f(x, y_0) - f(x_0, y_0)}{x - x_0}$$

存在且有限,则称 $z = f(x, y)$ 在 (x_0, y_0) 具有关于 x 的偏导数,该极限值就是偏导数的数值,记为

$$\frac{\partial z}{\partial x}\Bigg|_{(x_0,y_0)} \quad \text{或} \quad z_x{}'(x_0,y_0),$$

同样地可以定义 $z = f(x,y)$ 在 (x_0,y_0) 关于 y 的偏导数

$$\frac{\partial z}{\partial y}\Bigg|_{(x_0,y_0)} \quad \text{或} \quad z_y{}'(x_0,y_0).$$

如果 $z = f(x,y)$ 在区域 D 中的每一点 (x,y) 都有关于 x 的偏导数,则在 D 上定义了一个函数 $f_x{}'(x,y)$. 若它在点 $(x_0,y_0) \in D$ 有关于 x 的偏导数 $\dfrac{\partial f_x{}'(x,y)}{\partial x}\Bigg|_{(x_0,y_0)}$,则称这偏导数为 $f(x,y)$ 在 (x_0,y_0) 关于 x 的二阶偏导数,记为

$$\frac{\partial^2 f(x,y)}{\partial x^2}\Bigg|_{(x_0,y_0)} \quad \text{或} \quad z_{xx}{}''(x_0,y_0).$$

同样可以定义

$$\frac{\partial^2 f(x,y)}{\partial x \partial y}, \frac{\partial^2 f(x,y)}{\partial y \partial x}, \frac{\partial^2 f(x,y)}{\partial y^2},$$

以及更高阶的偏导数.

偏导数具有明确的几何意义. 例如 $f_x{}'(x_0,y_0)$ 是曲面 $z = f(x,y)$ 与平面 $y = y_0$ 的交线在点 (x_0,y_0) 的切线的斜率.

在求高阶偏导数时,一般不可随意变动求偏导数的先后次序,例如,函数

$$f(x,y) = \begin{cases} xy\dfrac{x^2 - y^2}{x^2 + y^2}, & x^2 + y^2 \neq 0, \\ 0, & x^2 + y^2 = 0, \end{cases}$$

在点 $(0,0)$ 的两个二阶偏导数 $\dfrac{\partial^2 f(x,y)}{\partial x \partial y}$ 与 $\dfrac{\partial^2 f(x,y)}{\partial y \partial x}$ 是不相等的. 但是,有下面的定理:

定理 3.1　若函数 $z = f(x,y)$ 的两个二阶偏导数 $f_{xy}{}''(x,y)$ 与 $f_{yx}{}''(x,y)$ 都在点 (x_0,y_0) 连续,则

$$f_{xy}{}''(x_0,y_0) = f_{yx}{}''(x_0,y_0).$$

3. 设 $f(x)$ 在含有 x_0 的某个区间上有定义. 如果存在常数 A,使得

$$f(x) - f(x_0) = A(x - x_0) + o(x - x_0), x \to x_0$$

成立,则称 $f(x)$ 在 x_0 是可微的, $A(x - x_0) = A\Delta x = A\mathrm{d}x$ 是它的微分,记为 $\mathrm{d}y = A\mathrm{d}x$. $f(x)$ 在 x_0 是可微的充分必要条件是它在 x_0 可导,此时, $\mathrm{d}y = f'(x_0)\mathrm{d}x$.

4. 设 $z = f(x,y)$ 在含有点 (x_0,y_0) 的某个邻域内有定义,如果存在常数 A, B,使得

$$f(x_0 + \Delta x, y_0 + \Delta y) - f(x_0, y_0) = A\Delta x + B\Delta y + o(\sqrt{(\Delta x)^2 + (\Delta y)^2}),$$

则称 $z = f(x, y)$ 在点 (x_0, y_0) 可微，$A\Delta x + B\Delta y = A\mathrm{d}x + B\mathrm{d}y$ 为它的全微分，记为 $\mathrm{d}z = A\mathrm{d}x + B\mathrm{d}y$.

若 $z = f(x, y)$ 在点 (x_0, y_0) 可微，则它在点 (x_0, y_0) 的偏导数 $f_x'(x_0, y_0)$ 与 $f_y'(x_0, y_0)$ 必存在，且 $\mathrm{d}z = f_x'(x_0, y_0)\mathrm{d}x + f_y'(x_0, y_0)\mathrm{d}y$.

仅由两个偏导数的存在性，并不能导出 $f(x, y)$ 的可微性，例如对于函数 $z = \sqrt{|xy|}$，有

$$f_x'(0, 0) = 0, f_y'(0, 0) = 0,$$

但它在 $(0, 0)$ 不可微.

定理 3.2　若在 (x_0, y_0) 的某个邻域内，$z = f(x, y)$ 的两个偏导数 $\dfrac{\partial z}{\partial x}$ 与 $\dfrac{\partial z}{\partial y}$ 都存在且在点 (x_0, y_0) 连续，则 $z = f(x, y)$ 在 (x_0, y_0) 可微.

5. 微分常用于近似计算，即

$$\Delta y \approx \mathrm{d}y, \Delta f(x, y) \approx \mathrm{d}f(x, y),$$

也即

$$f(x + \Delta x) \approx f(x) + A\Delta x, f(x + \Delta x, y + \Delta y) \approx f(x, y) + A\Delta x + B\Delta y.$$

3.1.2　求导法则

1. 常用的基本公式

$(c)' = 0$　（c 为常数）；

$(x^a)' = ax^{a-1}$；$(\log_a x)' = \dfrac{1}{x\log a}$；$(\log x)' = \dfrac{1}{x}$；

$(a^x)' = a^x \log a$；$(\mathrm{e}^x)' = \mathrm{e}^x$；

$(\sin x)' = \cos x$；$(\cos x)' = -\sin x$；

$(\tan x)' = \sec^2 x$；$(\cot x)' = -\csc^2 x$；

$(\sec x)' = \tan x \cdot \sec x$；$(\csc x)' = -\cot x \cdot \csc x$；

$(\arcsin x)' = \dfrac{1}{\sqrt{1-x^2}}$；$(\arccos x)' = -\dfrac{1}{\sqrt{1-x^2}}$；

$(\arctan x)' = \dfrac{1}{1+x^2}$；$(\operatorname{arccot} x)' = -\dfrac{1}{1+x^2}$.

2. 四则运算

$(f(x) \pm g(x))' = f'(x) \pm g'(x)$；

$(f(x)g(x))' = f'(x)g(x) + f(x)g'(x)$；

$$\left(\frac{f(x)}{g(x)}\right)' = \frac{f'(x)g(x) - f(x)g'(x)}{g^2(x)}.$$

3. 反函数与隐函数的求导

(1) 设 $y = f(x)$ 在点 x_0 可导且 $f'(x_0) \neq 0$，又设 $f(x)$ 在 x_0 的某个邻域内连续且严格单调，则其反函数 $x = \varphi(y)$ 在点 $y_0 = f(x_0)$ 可导，且 $\varphi'(y_0) = \dfrac{1}{f'(x_0)}$.

(2) 设 $F'_x(x,y)$ 与 $F'_y(x,y)$ 在区域 D：

$$|x - x_0| \leqslant a, \ |y - y_0| \leqslant b$$

上是连续的，而且 $F'_y(x_0, y_0) \neq 0, F(x_0, y_0) = 0$，则存在 $\delta > 0$，在 $|x - x_0| \leqslant \delta$ 内可以定义唯一一个函数 $y = f(x)$，使得 $f(x_0) = y_0$，而且对于 $x \in (x_0 - \delta, x_0 + \delta)$，有

$$F(x, f(x)) \equiv 0, y' = f'(x) = -\frac{F'_x(x,y)}{F'_y(x,y)}.$$

(3) 设在含有点 (x_0, y_0, u_0, v_0) 的区域 D 内，函数 $F(x, y, u, v)$ 与 $G(x, y, u, v)$ 都具有对各个变量的连续偏导数，而且

$$F(x_0, y_0, u_0, v_0) = 0, G(x_0, y_0, u_0, v_0) = 0,$$

$$J = \frac{D(F,G)}{D(u,v)}\bigg|_{(x_0, y_0, u_0, v_0)} \neq 0,$$

其中 J 是 Jacobi 行列式，则存在 (x_0, y_0) 的某个邻域 Δ，在 Δ 中可以唯一地确定连续函数 $u = u(x,y), v = v(x,y)$ 使得

$$u_0 = u(x_0, y_0), v_0 = v(x_0, y_0)$$

而且在 Δ 内有

$$F(x, y, u(x,y), v(x,y)) \equiv 0;$$

$$G(x, y, u(x,y), v(x,y)) \equiv 0;$$

$$\frac{\partial u}{\partial x} = -\frac{1}{J}\frac{D(F,G)}{D(x,v)}, \frac{\partial v}{\partial x} = -\frac{1}{J}\frac{D(F,G)}{D(u,x)};$$

$$\frac{\partial u}{\partial y} = -\frac{1}{J}\frac{D(F,G)}{D(y,u)}, \frac{\partial v}{\partial y} = -\frac{1}{J}\frac{D(F,G)}{D(u,y)}.$$

4. 复合函数的求导

(1) 设 $y = f(u)$ 在点 u 可导，$u = g(x)$ 在点 x 可导，则函数 $y = f(g(x))$ 在点 x 可导，而且

$$\frac{dy}{dx} = \frac{dy}{du} \cdot \frac{du}{dx} = \frac{df(u)}{du} \cdot \frac{dg(x)}{dx}.$$

（2）设

$$u = f(x,y), x = \varphi(s,t), y = \psi(s,t),$$

又设 $\dfrac{\partial x}{\partial t}, \dfrac{\partial y}{\partial t}, \dfrac{\partial x}{\partial s}$ 以及 $\dfrac{\partial y}{\partial s}$ 在点 (s,t) 存在，而且 $f(x,y)$ 在相应于 (s,t) 的点 (x,y) 可微，则

$$\frac{\partial u}{\partial t} = \frac{\partial u}{\partial x} \cdot \frac{\partial x}{\partial t} + \frac{\partial u}{\partial y} \cdot \frac{\partial y}{\partial t},$$

$$\frac{\partial u}{\partial s} = \frac{\partial u}{\partial x} \cdot \frac{\partial x}{\partial s} + \frac{\partial u}{\partial y} \cdot \frac{\partial y}{\partial s}.$$

特别地，如果

$$u = f(x,y), x = \varphi(t), y = \psi(t),$$

则

$$\frac{\mathrm{d}u}{\mathrm{d}t} = \frac{\partial u}{\partial x} \cdot \varphi'(t) + \frac{\partial u}{\partial y} \cdot \psi'(t).$$

例如，已知 $y = x^{\sin x}$，求 y'. 设 $y = x^u, u = \sin x$，则

$$\begin{aligned}
\frac{\mathrm{d}y}{\mathrm{d}x} &= \frac{\partial y}{\partial x} + \frac{\partial y}{\partial u} \cdot \frac{\mathrm{d}u}{\mathrm{d}x} = ux^{u-1} + x^u \log x \cdot \cos x \\
&= x^{u-1}(u + x\log x \cdot \cos x) \\
&= x^{\sin x - 1}(\sin x + x\log x \cdot \cos x).
\end{aligned}$$

5. Leibniz 公式

求高阶导数的方法，一般是逐阶地求导.

（1）$(f(x) \pm g(x))^{(n)} = f^{(n)} \pm g^{(n)}(x)$；

（2）$(f(x)g(x))^{(n)} = \sum\limits_{k=0}^{n} C_n^k f^{(n-k)}(x) g^{(k)}(x)$，$C_n^k$ 是二项式系数.

3.1.3　基本定理

1. 中值定理

（1）（Fermat）　设 $\delta > 0$，对于 $x \in (x_0 - \delta, x_0 + \delta)$ 恒有

$$f(x) \leqslant f(x_0) \text{ 或 } f(x) \geqslant f(x_0),$$

则当 $f'(x_0)$ 存在时，必是 $f'(x_0) = 0$.

（2）（Lagrange）　设 $f(x)$ 在 $[a,b]$ 连续，在 $[a,b]$ 可导，则必有一点 $\xi \in (a,b)$，使

$$f'(\xi) = \frac{f(b) - f(a)}{b - a}.$$

(3) (Cauchy) 设 $f(x)$ 与 $g(x)$ 在 $[a,b]$ 连续,在 (a,b) 可导且 $g'(x) \neq 0$,则必有 $\xi \in (a,b)$,使

$$\frac{f(b) - f(a)}{g(b) - g(a)} = \frac{f'(\xi)}{g'(\xi)}.$$

中值定理是利用微分学证明某些不等式的基本依据.

2. Taylor 公式

记

$$f(x) = f(x_0) + f'(x_0)(x - x_0) + \cdots + \frac{f^{(n)}(x_0)}{n!}(x - x_0)^n + R_n(x).$$

(1) 若 $f(x)$ 在点 x_0 有 n 阶导数 $f^{(n)}(x_0)$,则

$$R_n(x) = o((x - x_0)^n), x \to x_0 \text{(Peano 余项)}.$$

(2) 若 $f^{(n)}(t)$ 在 $[x_0, x]$(或 $[x, x_0]$)上连续,$f^{(n+1)}(t)$ 在 (x_0, x)(或 (x, x_0))上存在,则

$$R_n(x) = \frac{f^{(n+1)}(\xi)}{(n+1)!}(x - x_0)^{n+1},$$

其中 ξ 在 x_0 与 x 之间(Lagrange 余项).

3.1.4 应用

1. 在几何学中的应用

(1) 平面曲线 $y = f(x)$ 过点 $(x_0, y_0)(y_0 = f(x_0))$ 的切线方程与法线方程分别是

$$y - y_0 = f'(x_0)(x - x_0)$$

与

$$y - y_0 = -\frac{1}{f'(x_0)}(x - x_0).$$

(2) 设 $f(x)$ 在 $[a,b]$ 二次可导,则平面曲线 $y = f(x)$ 在点 $(x_0, y_0)(y_0 = f(x_0))$ 处的曲率为

$$k = \left| \frac{y_0''}{(1 + y_0'^2)^{3/2}} \right|,$$

其中 y_0'' 与 y_0' 表示 $y''(x)$ 与 $y'(x)$ 在 x_0 的值.

(3) 设 $M_0(x_0, y_0, z_0)$ 是空间曲线

$$x = x(t), y = y(t), z = z(t)$$

上对应于参数 $t = t_0$ 的一点,则此曲线在点 M_0 处的切线方程与法平面方程分别为

$$\frac{x - x_0}{x'(t_0)} = \frac{y - y_0}{y'(t_0)} = \frac{z - z_0}{z'(t_0)}$$

与

$$x'(t_0)(x - x_0) + y'(t_0)(y - y_0) + z'(t_0)(z - z_0) = 0.$$

(4) 设 $M_0(x_0, y_0, z_0)$ 是曲面

$$F(x, y, z) = 0$$

上的点,则此曲面在点 M_0 的法线方程与切平面方程分别是

$$\frac{x - x_0}{F'_x(M_0)} = \frac{y - y_0}{F'_y(M_0)} = \frac{z - z_0}{F'_z(M_0)}$$

与

$$F'_x(M_0)(x - x_0) + F'_y(M_0)(y - y_0) + F'_z(M_0)(z - z_0).$$

特别地,若曲面方程是 $z = f(x, y)$,则法线方程与切平面分别是

$$\frac{x - x_0}{f'_x(x - x_0)} = \frac{y - y_0}{f'_y(x - x_0)} = -(z - z_0)$$

与

$$f'_x(x - y_0)(x - x_0) + f'_y(x - y_0)(y - y_0) + (z - z_0) = 0.$$

2. 极值问题

(1) 设 $f(x)$ 在 x_0 的某邻域中连续,若 x_0 是 $f(x)$ 的极值点,则或者 $f'(x_0) = 0$,或者 $f'(x_0)$ 不存在. 如果 $\delta > 0$ 且 $f(x)$ 在 $(x_0 - \delta, x_0)$ 与 $(x_0, x_0 + \delta)$ 中可导,那么,当 $f'(x) < 0, x \in (x_0 - \delta, x_0)$ 且 $f'(x) > 0, x \in (x_0, x_0 + \delta)$ 时,x_0 是 $f(x)$ 的极小值点;而当 $f'(x) > 0, x \in (x_0 - \delta, x_0)$ 且 $f'(x) < 0, x \in (x_0, x_0 + \delta)$ 时,x_0 是 $f(x)$ 的极大值点,特别地,若 $f'(x) = 0$ 且 $f''(x_0)$ 存在,则当 $f''(x_0) < 0$ 时,$f(x_0)$ 是极大值点,当 $f''(x_0) > 0$ 时,$f(x_0)$ 是极小值点.

(2) 设 (x_0, y_0) 是 $f(x, y)$ 的极值点,则或者 $f'_x(x_0, y_0) = f'_y(x_0, y_0) = 0$,或者两个偏导数中至少有一个不存在. 如果 $f(x, y)$ 的所有二阶偏导数都在点 (x_0, y_0) 的某个邻域内连续,且

$$f'_x(x_0, y_0) = f'_y(x_0, y_0) = 0,$$

$$f''_{xx}(x_0, y_0)f''_{yy}(x_0, y_0) - (f''_{xy}(x_0, y_0))^2 > 0,$$

则当 $f''_{xx}(x_0, y_0) < 0$ 时,$f(x, y)$ 在 (x_0, y_0) 达极大值;当 $f''_{xx}(x_0, y_0) > 0$ 时,$f(x, y)$ 在 (x_0, y_0) 达极小值.

（3）Lagrange 乘数法

设 $F(x_1,\cdots,x_n)$ 及 $G_i(x_1,\cdots,x_n)(1\leqslant i\leqslant m)$ 在点 $p_0(x_1^0,\cdots,x_n^0)$ 的某个邻域内都具有一阶连续偏导数，而且矩阵

$$\left(\frac{\partial G_i}{\partial x_i}\right)_{ij}\bigg|_{p_0} = \begin{vmatrix} \dfrac{\partial G_1}{\partial x_1} & \cdots & \dfrac{\partial G_m}{\partial x_m} \\ \vdots & \ddots & \vdots \\ \dfrac{\partial G_1}{\partial x_n} & \cdots & \dfrac{\partial G_m}{\partial x_n} \end{vmatrix}_{p_0}$$

的秩为 m. 如果 $F(x_1,\cdots,x_n)$ 在条件

$$G_i(x_1,\cdots,x_n) = 0, 1\leqslant i\leqslant m$$

下在 p_0 达到极值，则必有数 $\lambda_1^0,\cdots,\lambda_m^0$，使得 $(x_1^0,\cdots,x_n^0,\lambda_1^0,\cdots,\lambda_m^0)$ 满足方程组

$$\begin{cases} \dfrac{\partial \varphi}{\partial x_i} = 0, 1\leqslant i\leqslant n, \\ \dfrac{\partial \varphi}{\partial \lambda_i} = 0, 1\leqslant i\leqslant m, \end{cases}$$

其中

$$\varphi(x_1,\cdots,x_n,\lambda_1,\cdots,\lambda_m) = F(x_1,\cdots,x_n) + \sum_{i=1}^{m}\lambda_i G_i(x_1,\cdots,x_n).$$

用 Lagrange 乘数法，只是找到可能的条件极值点，至于是否极值点，尚需进一步论证. 但是，就实际应用而论，结合问题本身的意义，常是容易判断的.

3.2   函数的可微性

【例 3.1】 求函数 $f(x) = 2\arctan x + \arcsin \dfrac{2x}{1+x^2}$ 的导数.

解   先考虑 $\arcsin \dfrac{2x}{1+x^2}$ 的导数，当 $|x|\neq 1$ 时，$\left|\dfrac{2x}{1+x^2}\right| < 1$，根据复合求导法则，

$$\begin{aligned} \left(\arcsin \frac{2x}{1+x^2}\right)' &= \frac{1}{\sqrt{1-\left(\dfrac{2x}{1+x^2}\right)^2}} \cdot \frac{2(1+x^2)-4x^2}{(1+x^2)^2} \\ &= \frac{2(1-x^2)}{(1+x^2)\sqrt{(1-x^2)^2}} = \frac{2(1-x^2)}{(1+x^2)|1-x^2|} \\ &= \begin{cases} \dfrac{2}{1+x^2}, & |x| < 1 \\ -\dfrac{2}{1+x^2}, & |x| > 1 \end{cases} \end{aligned}$$

在 $x = 1$ 处,根据 L'Hospital 法则

$$\lim_{x \to 1-0} - \frac{\arcsin \dfrac{2x}{1+x^2} - \dfrac{\pi}{2}}{x-1} = \lim_{x \to 1-0} \frac{\dfrac{2}{1+x^2}}{1} = 1,$$

$$\lim_{x \to 1+0} \frac{\arcsin \dfrac{2x}{1+x^2} - \dfrac{\pi}{2}}{x-1} = \lim_{x \to 1+0} \frac{-\dfrac{2}{1+x^2}}{1} = -1,$$

因此,$\arcsin \dfrac{2x}{1+x^2}$ 在 $x = 1$ 处不可导;相仿可以证明,它在 $x = -1$ 处也不可导.

在 $(-\infty, +\infty)$ 上,$\arctan x$ 的导数为 $\dfrac{1}{1+x^2}$,因此在 $|x| \neq 1$ 处,$f(x)$ 可导,

$$f'(x) = 2(\arctan x)' + \left(\arcsin \frac{2x}{1+x^2}\right)' = \begin{cases} \dfrac{4}{1+x^2}, & |x| < 1, \\ 0, & |x| > 1. \end{cases}$$

【例 3.2】 设 $f(x) = |x+1|^3 - 2, x \in (-\infty, +\infty)$,试求 $f'(x)$ 与 $f''(x)$. 又问:$f''(-1)$ 是否存在?

解 当 $x > -1$ 时,$f'(x) = 3(x+1)^2$,

当 $x < -1$ 时,$f'(x) = -3(x+1)^2$,

$$f'(-1) = \lim_{\Delta x \to 0} \frac{|-1+\Delta x+1| - 2 - (-2)}{\Delta x} = 0.$$

当 $x > -1$ 时,$f''(x) = 6(x+1)$,

当 $x < -1$ 时,$f''(x) = -6(x+1)$,

由

$$f''_+(-1) = \lim_{\Delta x \to 0+} \frac{3(\Delta x)^2 - 0}{\Delta x} = 0, \quad f''_-(-1) = \lim_{\Delta x \to 0-} \frac{-3(\Delta x)^2 - 0}{\Delta x} = 0$$

得到 $f''(-1) = 0$. 由

$$f'''_+(-1) = \lim_{\Delta x \to 0+} \frac{6\Delta x - 0}{\Delta x} = 6, \quad f'''_-(-1) = \lim_{\Delta x \to 0-} \frac{-6\Delta x - 0}{\Delta x} = -6$$

可知 $f'''(-1)$ 不存在.

【例 3.3】 对于函数 $f(x) = |\sin x|^3, x \in (-1,1)$,

(1) 证明 $f'''(0)$ 不存在;

(2) 说明点 $x = 0$ 是不是导数 $f'''(x)$ 的可去间断点.

解 先考虑 $f'(x)$.

当 $x > 0$ 时,$f'(x) = 3\sin^2 x \cos x$;

当 $x < 0$ 时,$f'(x) = -3\sin^2 x \cos x$,

$$f'(0) = \lim_{x \to 0} \frac{|\sin x|^3 - 0}{x} = 0.$$

再考虑 $f''(x)$.

当 $x > 0$ 时，$f''(x) = 6\sin x \cos^2 x - 3\sin^3 x$，

当 $x < 0$ 时，$f''(x) = -6\sin x \cos^2 x + 3\sin^3 x$，

$$f''_+(0) = \lim_{x \to 0+} \frac{3\sin^2 x \cos x - 0}{x} = 0, \quad f''_-(0) = \lim_{x \to 0-} \frac{-3\sin^2 x \cos x - 0}{x} = 0,$$

所以，

$$f''(0) = 0.$$

最后，证明 $f'''(0)$ 不存在. 因为

$$f'''_+(0) = \lim_{x \to 0+} \frac{6\sin x \cos^2 x - 3\sin^3 x}{x} = 6,$$

$$f'''_-(0) = \lim_{x \to 0-} \frac{-6\sin x \cos^2 x + 3\sin^3 x - 0}{x} = -6,$$

所以 $f'''(0)$ 不存在，且 $x = 0$ 为 $f'''(x)$ 的不可去间断点.

【例 3.4】 设 $f(x) = \begin{cases} \sin^2 \pi x, & x \text{ 为有理数} \\ 0, & x \text{ 为无理数} \end{cases}$，讨论 $f(x)$ 在 $(-\infty, +\infty)$ 的可导性.

解 当 x 为整数时，$f(x) = 0$.

$$f'(x) = \lim_{\Delta x \to 0} \frac{f(x + \Delta x) - f(x)}{\Delta x} = \lim_{\Delta x \to 0} \frac{\sin^2 \pi(x + \Delta x)}{\Delta x}$$

$$= \lim_{\Delta x \to 0} \frac{\sin^2 \pi \Delta x}{\Delta x} = 0.$$

当 x 为非整数的有理数时，取 Δx 为无理数，则

$$\lim_{\Delta x \to 0} \frac{f(x + \Delta x) - f(x)}{\Delta x} = \lim_{\Delta x \to 0} \frac{0 - \sin^2 \pi x}{\Delta x}$$

不存在，因而 $f'(x)$ 不存在.

当 x 为无理数时，取 Δx 使 $x + \Delta x$ 为有理数，因为

$$\lim_{\Delta x \to 0} \frac{f(x + \Delta x) - f(x)}{\Delta x} = \lim_{\Delta x \to 0} \frac{\sin^2 \pi(x + \Delta x) - 0}{\Delta x}$$

不存在，因而 $f'(x)$ 不存在.

【例 3.5】 (1) 设 $f(x)$ 是 $(-\infty, +\infty)$ 内的可微的奇函数，求证 $f'(x)$ 是偶函数，并判断其逆命题是否成立.

(2) 设 $f(x)$ 是定义在 $[-a, +a]$ 上的存在各阶导数的偶函数，证明 $f(x)$ 在

$x = 0$ 的奇数阶导数为零.

解 （1）对于等式 $f(x) = -f(-x)$ 求导，得

$$f'(x) = -f'(-x)(-x)' = f'(-x),$$

即 $f'(x)$ 为偶函数.

逆命题不真，如，$f(x) = x+1$，则 $f'(x) \equiv 1$，为偶函数，但 $x+1$ 为非奇函数.

（2）仿（1）可证 $f'(x)$ 为奇函数，由此可知 $f^{(2k+1)}(x)$ 为奇函数，$f^{(2k)}(x)$ 为偶函数.

由于 $f^{(2k+1)}(x)$ 是奇函数，所以 $f^{(2k+1)}(0) = 0$.

【例 3.6】 求 $f(x) = \arctan x$ 的各阶导数在 $x = 0$ 处的值.

解 $f(x) = \arctan x$ 在 $x = 0$ 处展开为幂级数，有

$$\arctan x = x - \frac{1}{3}x^3 + \frac{1}{5}x^5 - \frac{1}{7}x^7 + \cdots + (-1)^n \frac{1}{2n+1}x^{2n+1} + \cdots$$

$$= f(0) + f'(0)x + \frac{f''(0)}{2!}x^2 + \cdots + \frac{f^{(2n+1)}(0)}{(2n+1)!}x^{2n+1} + \cdots$$

比较之，有

$$f(0) = 0 ; f'(0) = 1 ; \frac{1}{2!}f''(0) = 0 ; \frac{f'''(0)}{3!} = -\frac{1}{3} ;$$

$$\frac{1}{4!}f^{(4)}(0) = 0 ; \frac{1}{5!}f^{(5)} = \frac{1}{5} ; \cdots$$

$$\frac{1}{(2n)!}f^{(2n)}(0) = 0 ; \frac{1}{(2n+1)!}f^{(2n+1)}(0) = (-1)^n \frac{1}{2n+1} ; \cdots$$

故有

$$f^{(2n)}(0) = 0, f^{(2n+1)}(0) = (-1)^n (2n)!, n = 0,1,2,3\cdots.$$

【例 3.7】 设 $f(x) = \begin{cases} \dfrac{e^x - 1}{x}, & x \neq 0, \\ 1, & x = 0, \end{cases}$ 试求 $f^{(n)}(0), n = 1,2,\cdots.$

解 将 $\dfrac{e^x - 1}{x}$ 展开为幂级数，有

$$\frac{e^x - 1}{x} = 1 + \frac{x}{2!} + \frac{x^2}{3!} + \cdots + \frac{x^{n-1}}{n!} + \cdots, x \neq 0.$$

$$f(0) = 1 = 1 + \frac{0}{2!} + \frac{0^2}{3!} + \cdots + \frac{0^{n-1}}{n!} + \cdots,$$

即

$$f(x) = 1 + \frac{x}{2!} + \frac{x^2}{3!} + \cdots + \frac{x^{n-1}}{n!} + \cdots, x \in (-\infty, \infty)$$

由此可知

$$f'(0) = \frac{1}{2}, f''(0) = \frac{1}{3}, \cdots, f^{(n)}(0) = \frac{1}{n+1}, \cdots.$$

【例 3.8】 (1) 设 $y = \sin(A\arcsin x)$，其中 A 为非零常数，试求 $y^{(n)}(0)$，$n = 1, 2, 3, \cdots$；

(2) 设曲线的方程是 $x = \dfrac{t^2}{t-1}$，$y = \dfrac{t}{t^2-1}$，求 $\dfrac{\mathrm{d}y}{\mathrm{d}x}$.

解 (1) 记 $\theta(x) = A\arcsin x$，则 $y = \sin(\theta(x))$，

$$y' = \cos(\theta(x)) \cdot \theta'(x) = \cos(\theta(x)) \cdot \frac{A}{\sqrt{1-x^2}}, \tag{3.1}$$

即

$$\sqrt{1-x^2}\, y' - A\cos(\theta(x)) = 0,$$

于是

$$\sqrt{1-x^2}\, y'' - \frac{x}{\sqrt{1-x^2}} \cdot y' + A\sin(\theta(x)) \cdot \frac{A}{\sqrt{1-x^2}} = 0,$$

即

$$(1-x^2)y'' - xy' + A^2 y = 0. \tag{3.2}$$

由

$$\begin{aligned}
\left[(1-x^2)y''\right]^{(n)} &= (1-x^2)y^{(n+2)} + n(-2x)y^{(n+1)} + \frac{n(n-1)}{2}(-2)y^{(n)} \\
&= (1-x^2)y^{(n+2)} - 2nxy^{(n+1)} - n(n-1)y^{(n)}, \\
(-xy')^{(n)} &= -xy^{(n+1)} + n(-1)y^{(n)},
\end{aligned}$$

以及(3.2)式得到

$$(1-x^2)y^{(n+2)} - (2n+1)xy^{(n+1)} + (A^2 - n^2)y^{(n)} = 0 \tag{3.3}$$

由式(3.1)、(3.2)、(3.3)得

$$y'(0) = A, \quad y''(0) = 0, \quad y^{(n+2)}(0) = -(A^2 - n^2)y^{(n)}(0).$$

所以

$$y'(0) = A, \quad y^{(2k)}(0) = 0,$$

$$y^{(2k+1)}(0) = (-1)^k A(A^2 - 1^2)(A^2 - 2^2)\cdots[A^2 - (2k-1)^2], \quad k = 1, 2, \cdots$$

(2) 因为

$$y_t' = \frac{(t^2-1) - 2t^2}{(t^2-1)^2} = \frac{-t^2-1}{(t^2-1)^2} = -\frac{t^2+1}{(t^2-1)^2},$$

$$x_t' = \frac{2t(t-1) - t^2}{(t-1)^2} = \frac{t^2 - 2t}{(t-1)^2}$$

所以

$$\frac{dy}{dx} = -\frac{t^2+1}{t(t-2)(t+1)^2}.$$

3.3　中值定理

【例 3.9】　设连续可微函数 $\varphi(x)$ 于 $(0,\infty)$ 内上凸,又 $\lim\limits_{x\to\infty}\varphi(x)$ 存在且有限,证明 $\lim\limits_{x\to\infty}\varphi'(x) = 0$.

解　因为 $\varphi(x)$ 是上凸的,所以 $\varphi'(x)$ 是减函数,这样,为了证明结论,只需证明,存在单调的趋于无穷大的正数列 $\{\xi_n\}$,使得

$$\lim_{n\to+\infty}\varphi'(\xi_n) = 0. \tag{3.4}$$

事实上,由 Lagrange 中值定理,对于任意的正整数 n,存在 $\xi_n\in(n,n+1)$,使得

$$\varphi(n+1) - \varphi(n) = \varphi'(\xi_n),$$

由假设得,(3.4) 式成立.

【例 3.10】　设 $f(x)$ 是可微函数,导函数 $f'(x)$ 严格单调递增. 若 $f(a) = f(b)$,$a < b$,证明:对一切 $x\in(a,b)$ 均有 $f(x) < f(a) = f(b)$.(不得直接利用凸函数的性质)

解　(反证法) 若存在 $x_0\in(a,b)$,使得

$$f(x_0) \geqslant f(a) = f(b).$$

因为 $f(x)$ 是可微函数,由微分 Lagrange 中值定理,必有

$$\xi_1\in(a,x_0),\quad \xi_2\in(x_0,b),$$

使得

$$f(x_0) - f(a) = f'(\xi_1)(x_0-a) \geqslant 0,$$
$$f(x_0) - f(b) = f'(\xi_2)(x_0-b) \geqslant 0$$

成立. 由此可知 $f'(\xi_1)\geqslant 0$,$f'(\xi_2)\leqslant 0$,因而有

$$f'(\xi_2) \leqslant f'(\xi_1).$$

这与 $f'(x)$ 的严格单调性矛盾.

【例 3.11】　设函数 $f(x)$ 在闭区间 $[a,b]$ 上连续,在开区间 (a,b) 内可微,并且 $f(a) = f(b)$.证明:若在 $[a,b]$ 不等于一个常数,则必有两点 $\xi,\eta\in(a,b)$,使 $f'(\xi) < 0$,$f'(\eta) > 0$.

解　由题设,必有 $x_0\in(a,b)$,使 $f(x_0)\neq f(a)$,不妨设 $f(x_0) > f(a) =$

$f(b)$. 分别在 $[a,x_0]$ 与 $[x_0,b]$ 上应用 Lagrange 中值定理, 就有 $\xi \in (a,x_0), \eta \in (x_0,b)$ 使得

$$0 < f(x_0) - f(a) = f'(\xi)(x_0 - a), \quad a < \xi < x_0,$$
$$0 > f(b) - f(x_0) = f'(\eta)(b - x_0), \quad x_0 < \eta < b,$$

从而有

$$f'(\xi) < 0, \quad f'(\eta) > 0.$$

【例 3.12】 假定 $f(x)$ 在 $[a,b]$ 上可微, $f(a) = 0$, 且存在一个实数 $A > 0$, 使得在 $[a,b]$ 上对所有 x 有 $|f'(x)| \leqslant A|f(x)|$. 试证在 $[a,b]$ 上 $f(x) \equiv 0$.

解 作 $[a,b]$ 的一个分割 $\Delta: a = x_0 < x_1 < \cdots < x_n = b$, 使得 $\|\Delta\| = \max|x_i - x_{i-1}| < \dfrac{1}{2A}$. 对于 (x_0,x_1) 中任一固定点 ξ_1, 由题设及 Lagrange 中值定理, 知有 $\xi_2 \in (x_0,\xi_1)$, 使

$$|f(\xi_1)| = |f(\xi_1) - f(x_0)| = |f'(\xi_2)(\xi_1 - x_0)|$$
$$\leqslant A|f(\xi_2)| \|\Delta\| < \frac{1}{2}f(\xi_2).$$

用 ξ_2 代替上式中的 ξ_1, 知有 $\xi_3 \in (x_0,\xi_2)$, 使

$$|f(\xi_2)| \leqslant \frac{1}{2}|f(\xi_3)|.$$

继续做下去, 可得到 $[a,b]$ 中的一个点列 $\{\xi_n\}$, 使

$$|f(\xi_n)| \leqslant \frac{1}{2}|f(\xi_{n+1})|.$$

于是, 对于任意的 n, 有

$$|f(\xi_1)| \leqslant \frac{1}{2^n}|f(\xi_{n+1})| \leqslant \frac{M}{2^n}. \tag{3.5}$$

其中 M 是 $f(x)$ 在 $[a,b]$ 上的上界.

由 (3.5) 式可知 $f(\xi_1) = 0$. 由 ξ_1 的任意性, 可知在 $(x_0,x_1]$ 上 $f(x) \equiv 0$, 加上 $f(a) = 0$, 就应有 $f(x)$ 在 $[a,x_1]$ 上恒等于零的结果.

在 $[x_1,x_2], [x_2,x_3], \cdots, [x_{n-1},b]$ 上相继重复刚才的论证, 就可得到在每个 $[x_{i-1},x_i](i = 1,2,\cdots,n)$ 上 $f(x) \equiv 0$ 的结果.

【例 3.13】 设 n 是自然数, 函数 $f(x) = (x-1)^n(x+1)^n$. 证明 $f^{(n)}(x) = 0$ 在 $(-1,1)$ 中恰有 n 个相异实根.

解 显然 $x = 1, x = -1$ 分别是 $f(x) = 0$ 的 n 重根, $f(x)$ 是 $2n$ 次多项式,

$f'(x),f''(x),\cdots,f^{(n)}(x)$ 依次是 $2n-1,2n-2,\cdots,n$ 次多项式.

因为 $f(-1)=f(1)=0$,根据 Rolle 定理,$f'(x)=0$ 在 $(-1,1)$ 中有一实根,记为 c_1,此外,$x=1,x=-1$ 分别是 $f'(x)=0$ 的 $(n-1)$ 重根.仍由 Rolle 定理,$f''(x)=0$ 在 $(-1,c_1),(c_1,1)$ 中有实根,记为 $c_2^{(1)},c_2^{(2)}$,即 $f''(x)=0$ 在 $(-1,1)$ 中至少有两相异的实根.重复这一推理可知,$f^{(n-1)}(x)=0$ 在 $(-1,1)$ 中恰有 $(n-1)$ 个相异实根,而 $-1,+1$ 也分别为其单重根,而 $f^{(n-1)}(x)=0$ 为 $2n-(n-1)=n+1$ 次多项式,$f^{(n-1)}(x)=0$ 至多有 $n+1$ 个根,这就是说 $f^{(n-1)}(x)=0$ 恰有 $n+1$ 个实根,设它们是

$$-1, \quad c_{n-1}^{(1)}, \quad c_{n-1}^{(2)}, \quad \cdots, \quad c_{n-1}^{(n-1)}, \quad 1.$$

按 Rolle 定理,$(-1,c_{n-1}^{(1)}),(c_{n-1}^{(1)},c_{n-1}^{(2)}),\cdots,(c_{n-1}^{(n-1)},1)$ 这几个开区间之中至少各含有 $f^{(n)}(x)=0$ 的一个根,依由小到大顺序,记为 $c_n^{(1)},c_n^{(2)},\cdots c_n^{(n)}$.但 $f^{(n)}(x)$ 是 n 次多项式.所以 $c_n^{(1)},c_n^{(2)},\cdots,c_n^{(n)}$ 恰好是 $f^{(n)}(x)=0$ 的所有根.

【例 3.14】 设函数 $f(x)$ 在 $[a,+\infty)$ 连续,在 $(a,+\infty)$ 可微,并且 $f(a)<0$,试证:如果当 $x\in(a,+\infty)$ 时恒有 $f'(x)>c$,这里 c 是某个正数,那么,必有唯一的 $\xi\in(a,+\infty)$ 存在,使 $f(\xi)=0$.又问:若将条件 $f'(x)>c$ 减弱为 $f'(x)>0(a<x<+\infty)$,所述结论是否仍成立?

解 由题设条件,对任给的 $x\in(a,+\infty)$,$f(x)$ 在 $[a,x]$ 上满足 Lagrange 中值定理的条件,因而存在 $\eta\in(a,x)$,使

$$f(x)=f(a)+f'(\eta)(x-a).$$

取 $x=a-\dfrac{f(a)}{c}>a$,则存在 $\eta\in(a,x)$,使得

$$f(x)=f(a)+f'(\eta)(x-a)>f(a)+c(x-a)$$
$$=f(a)+c[a-\frac{f(a)}{c}-a]=0.$$

由连续函数的介值定理可知,存在 $\xi\in(a,+\infty)$,使 $f(\xi)=0$.

若将条件减弱为 $f'(x)>0(a<x<+\infty)$,所述结论不能成立.例如 $f(x)=-\dfrac{1}{x}(1<x<+\infty)$,由 $f'(x)=\dfrac{1}{x^2}$ 可知 $f'(x)>0(1,+\infty)$ 且题设其他条件都满足,而恒有 $f(x)<0$ 成立.

【例 3.15】 设 $f(x)$ 在开区间 $(0,1)$ 内可导,而且当 $x\in(0,1)$ 时,有 $|f'(x)|<k<+\infty$,若记 $a_n=f\left(\dfrac{1}{n}\right)(n=2,3,\cdots)$,试证明极限 $\lim\limits_{n\to\infty}a_n$ 存在.

解 因为 $f(x)$ 在 $(0,1)$ 内可导,由 Lagrange 中值定理,对任意的 $\dfrac{1}{n}$ 与 $\dfrac{1}{m}$,$n>$

m,都有 $\xi \in \left(\dfrac{1}{n}, \dfrac{1}{m}\right)$,使得

$$f\left(\frac{1}{n}\right) - f\left(\frac{1}{m}\right) = f'(\xi)\left(\frac{1}{n} - \frac{1}{m}\right) < k\left(\frac{1}{m} - \frac{1}{n}\right) \to 0, n > m \to \infty.$$

由 Cauchy 收敛准则可知极限 $\lim\limits_{n\to\infty} a_n$ 存在.

【例 3.16】 设在 $[0,a]$ 上,$|f''(x)| \leqslant M$,且 $f(x)$ 在 $(0,a)$ 内取得最大值.试证 $|f'(0)| + |f'(a)| \leqslant Ma$.

解 因为 $f(x)$ 在 $(0,a)$ 内取得最大值,故必存在 $c \in (0,a)$,使得 $f'(c) = 0$. 由 Lagrange 中值定理,有

$$f'(0) = f'(c) - f''(\xi_1)c = -f''(\xi_1)c, \quad \xi_1 \in (0,c),$$
$$f'(a) = f'(c) + f''(\xi_2)(a-c) = f''(\xi_2)(a-c), \quad \xi_2 \in (c,a),$$

于是
$$|f'(0)| = |f''(\xi_1)c| \leqslant Mc,$$
$$|f'(a)| = |f''(\xi_2)(a-c)| \leqslant M(a-c).$$

从而 $|f'(0)| + |f'(a)| \leqslant Ma$.

【例 3.17】 设 $f(x)$ 为非负函数,它在 $[a,b]$ 的任一小区间内不恒为零,在 $[a,b]$ 上二次可导,且 $f''(x) \geqslant 0$.证明:方程 $f(x) = 0$ 在 (a,b) 内如果有根,就只能有一个根.

证 (反证法)若 $f(x) = 0$ 在 (a,b) 内有根且不唯一,设 $x_1, x_2 \in (a,b)$ 且 $x_1 < x_2$ 是 $f(x) = 0$ 的根,由 Rolle 定理,存在 $c \in (x_1, x_2)$,使 $f'(c) = 0$.

由题设 $f(x)$ 在 (c, x_2) 中不恒为零,故存在 $x_0 \in (c, x_2)$,使 $f(x_0) > 0$. 由 Lagrange 中值定理,得到

$$f'(\xi) = \frac{f(x_2) - f(x_0)}{x_2 - x_0} = \frac{-f(x_0)}{x_2 - x_0} < 0,$$

其中 $\xi \in (x_0, x_2)$,从而 $c < \xi$ 且 $f'(c) > f'(\xi)$,但由 $f''(x) \geqslant 0$ 有 $f'(c) < f'(\xi)$, 产生矛盾.故如果 $f(x) = 0$ 在 (a,b) 内有根则必唯一.

【例 3.18】 设 $f(x)$ 在 $[a,b]$ 上连续,在 (a,b) 中有二阶导数,试证存在 $c \in (a,b)$,使

$$f(b) - 2f\left(\frac{a+b}{2}\right) + f(a) = \frac{(b-a)^2}{4}f''(c).$$

解 记 $g(x) = f\left(x + \dfrac{b-a}{2}\right) - f(x), x \in \left[a, \dfrac{a+b}{2}\right]$,由题设可知 $g(x)$ 在 $\left[a, \dfrac{a+b}{2}\right]$ 上连续,在 $\left(a, \dfrac{a+b}{2}\right)$ 上有二阶导数.由 Lagrange 中值定理,存在 $\xi \in$

$\left(a, \dfrac{a+b}{2}\right)$,使

$$g\left(a + \frac{b-a}{2}\right) - g(a) = g'(\xi)\frac{b-a}{2}. \qquad (3.6)$$

因为 $\left[\xi, \xi + \dfrac{b-a}{2}\right] \in (a, b)$,所以 $f'(x)$ 在 $\left[\xi, \xi + \dfrac{b-a}{2}\right]$ 上可导,再由 Lagrange 中值定理,有 $c \in \left(\xi, \xi + \dfrac{b-a}{2}\right)$,使

$$f'\left(\xi + \frac{b-a}{2}\right) - f'(\xi) = f''(c)\frac{b-a}{2}. \qquad (3.7)$$

由(3.6),(3.7)式可知,存在 $c \in (a, b)$,使

$$g\left(a + \frac{b-a}{2}\right) - g(a) = f''(c)\left(\frac{b-a}{2}\right)^2. \qquad (3.8)$$

有

$$g\left(a + \frac{b-a}{2}\right) = f\left(a + \frac{b-a}{2} + \frac{b-a}{2}\right) - f\left(a + \frac{b-a}{2}\right) = f(b) - f\left(\frac{a+b}{2}\right),$$

$$g(a) = f\left(a + \frac{b-a}{2}\right) - f(a) = f\left(\frac{a+b}{2}\right) - f(a).$$

所以

$$g\left(a + \frac{b-a}{2}\right) - g(a) = f(b) - 2f\left(\frac{a+b}{2}\right) + f(a), \qquad (3.9)$$

联合(3.8)式和(3.9)式,得到

$$f(b) - 2f\left(\frac{a+b}{2}\right) + f(a) = f''(c)\frac{(b-a)^2}{4}, \quad c \in (a, b).$$

【例 3.19】 设 c 是实数,而且,对每个正整数 n, n^c 是整数. 证明 c 是非负整数.

解 显然,c 是非负的. 由中值定理,对任何正整数 u,存在 $t, u < t < u + 1$,使得

$$ct^{c-1} = (u+1)^c - u^c.$$

如果 $0 < c < 1$,那么,当 u 充分大时,上式左端小于 1,而右端是整数,这是不可能的,因此,c 不可能是 0 与 1 之间的数.

记 $f(u) = u^c$,则 f 是任何区间 $[a, b]$ 上的 k 阶可微的函数,根据高阶微分中值定理,存在 $t(a < t < b)$,使

$$\Delta_h^k f(u) = f^{(h)}(t)h^k.$$

取 $h=1, a=N, b=N+k, k$ 是满足 $k-1 \leqslant c < k$ 的整数,则

$$\Delta_h^k f(N) = c(c-1)(c-2)\cdots(c-k+1)t^{c-k}, t \in (N, N+k).$$

当 N 是充分大的正整数时,上式左端是整数,右端则非负且小于 1. 因此,必是

$$c(c-1)(c-2)\cdots(c-k+1) = 0$$

即

$$c = k-1.$$

3.4 杂 题

【例 3.20】 设 $f:[0,2] \to \mathbf{R}$ 二次可微且满足 $|f(x)| \leqslant 1$ 及 $|f''(x)| \leqslant 1$ ($x \in [0,2]$),证明对一切 $x \in [0,2]$,$|f'(x)| \leqslant 2$ 成立.

解 对一切 $x \in [0,2]$,有

$$f(0) = f(x) + f'(x)(0-x) + \frac{f''(t_1)}{2}x^2, 0 < t_1 < x,$$

$$f(2) = f(x) + f'(x)(2-x) + \frac{f''(t_2)}{2}(2-x)^2, x < t_1 < 2,$$

因此,

$$2f'(x) = f(2) - f(0) - \frac{1}{2}(2-x)^2 f''(t_2) + \frac{1}{2}x^2 f''(t_1),$$

$$2|f'(x)| \leqslant |f(0)| + |f(2)| + \frac{1}{2}x^2|f''(t_1)| + \frac{1}{2}(2-x)^2|f''(t_2)|,$$

由题设,

$$2|f'(x)| \leqslant 2 + \frac{1}{2}[x^2 + (2-x)^2]. \tag{3.10}$$

容易验证,$g(x) = x^2 + (2-x)^2$ 的最大值为 4,代入(3.10) 式即可得到结论.

【例 3.21】 设 $f(x)$ 在 $[a,b]$ 上二次连续可微,且 $f\left(\frac{a+b}{2}\right) = 0$,证明

$$\left|\int_a^b f(x)\mathrm{d}x\right| \leqslant \frac{M(b-a)^3}{24}, M = \sup_{x \in [a,b]}|f''(x)|.$$

解 由题设及 Taylor 公式,有

$$f(x) = f\left(\frac{a+b}{2}\right) + f'\left(\frac{a+b}{2}\right)\left(x - \frac{a+b}{2}\right) + \frac{f''(\xi)}{2!}\left(x - \frac{a+b}{2}\right)^2$$

$$= f'\left(\frac{a+b}{2}\right)\left(x - \frac{a+b}{2}\right) + \frac{f''(\xi)}{2!}\left(x - \frac{a+b}{2}\right)^2$$

其中 ξ 是介于 x 与 $\dfrac{a+b}{2}$ 之间的某个数,因此

$$
\begin{aligned}
\left|\int_a^b f(x)\mathrm{d}x\right| &= \left|\int_a^b f'\left(\frac{a+b}{2}\right)\left(x-\frac{a+b}{2}\right)\mathrm{d}x + \int_a^b \frac{f''(\xi)}{2!}\left(x-\frac{a+b}{2}\right)^2\mathrm{d}x\right| \\
&\leqslant \left|\frac{1}{2}f'\left(\frac{a+b}{2}\right)\left(x-\frac{a+b}{2}\right)^2\bigg|_a^b\right| + \left|\int_a^b \frac{f''(\xi)}{2!}\left(x-\frac{a+b}{2}\right)^2\mathrm{d}x\right| \\
&= \left|\int_a^b \frac{f''(\xi)}{2!}\left(x-\frac{a+b}{2}\right)^2\mathrm{d}x\right| \leqslant \frac{1}{2}M\frac{1}{3}\left(x-\frac{a+b}{2}\right)^3\bigg|_a^b \\
&= \frac{1}{24}M(b-a)^3.
\end{aligned}
$$

【例 3.22】 给定方程 $x^2+y+\sin(xy)=0$.

(1) 说明在点 $(0,0)$ 的充分小的邻域内,此方程确定唯一的、连续的函数 $y=y(x)$,使得 $y(0)=0$.

(2) 讨论函数 $y=y(x)$ 在 $x=0$ 附近的可微性;

(3) 讨论函数 $y=y(x)$ 在 $x=0$ 附近的升降性;

(4) 在 $(0,0)$ 的充分小的邻域内,此方程是否确定唯一的单值函数 $x=x(y)$,使得 $x(0)=0$?为什么?

解　令 $F(x,y)=x^2+y+\sin(xy)$,则 $F(x,y)$ 及 $F_y{}'(x,y)=1+x\cos(xy)$ 都在点 $(0,0)$ 附近连续,且 $F(0,0)=0$,$F_y{}'(0,0)=1\neq 0$. 由隐函数存在定理,存在点 $(0,0)$ 的一个邻域,在此邻域中,$F(0,0)=0$ 确定唯一的、连续的函数 $y=y(x)$,使得 $y(0)=0$.

又因 $F_x{}'(x,y)=2x+y\cos(xy)$ 也在点 $(0,0)$ 附近连续,故 $y'(x)$ 在 $x=0$ 附近存在且连续,

$$
y'(x)=-\frac{F_x{}'(x,y)}{F_y{}'(x,y)}=-\frac{2x+y\cos(xy)}{1+x\cos(xy)}.
$$

由上式及 $y(0)=0$ 知 $y'(0)=0$,从而 $y=O(x)$,$(x\to 0)$,又知 $y'(x)\sim -2x(x\to 0)$,那么在 $x=0$ 的某个邻域内,当 $x<0$ 时,$y'(x)>0$,$y(x)$ 单调上升,当 $x>0$ 时,$y'(x)<0$,$y(x)$ 单调递减.

当 $y>0$,$|x|<1$ 时,$|\sin xy|\leqslant|xy|<y$,$F(x,y)=x^2+y+\sin(xy)>x^2\geqslant 0$;

当 $y>0$,$|x|\geqslant 1$ 时,$\sin(xy)\geqslant -1$,$x^2\geqslant 1$,$F(x,y)=x^2+y+\sin(xy)\geqslant y>0$;

总之,当 $y>0$ 时,对一切 $x\in(-\infty,+\infty)$,都有 $F(x,y)>0$. 由此可知,在 $(0,0)$ 的任何邻域内 $F(x,y)=0$ 不能确定唯一的单值函数 $x=x(y)$,使得 $x(0)=0$.

【例 3.23】 设函数 $f(x,y)$ 及其一阶偏导数在点 $(0,1)$ 附近存在、连续,且 $f_y{}'(0,1)\neq 0$,又 $f(0,1)=0$,证明:

$$f\left(x, \int_0^t \sin x \mathrm{d}x\right) = 0$$

在点 $\left(0, \dfrac{\pi}{2}\right)$ 附近确定一单值函数 $t = \varphi(x)$，并求 $\varphi'(0)$.

解 记 $F(x,t) = f\left(x, \int_0^t \sin x \mathrm{d}x\right)$，由于 $f(x,y)$ 及其一阶偏导数在点 $(0,1)$ 附近存在且连续，$\int_0^{\frac{\pi}{2}} \sin x \mathrm{d}x = 1$，$\int_0^t \sin x \mathrm{d}x$ 在 $t = \dfrac{\pi}{2}$ 附近有连续的一阶偏导数，由复合函数求导法则，$F(x,t)$ 在点 $\left(0, \dfrac{\pi}{2}\right)$ 附近有连续的一阶偏导数，从而 $F(x,t)$ 在点 $\left(0, \dfrac{\pi}{2}\right)$ 附近连续，并且

$$F\left(0, \frac{\pi}{2}\right) = f\left(0, \int_0^{\frac{\pi}{2}} \sin x \mathrm{d}x\right) = f(0,1) = 0,$$

$$F_t'\left(0, \frac{\pi}{2}\right) = f_y'\left(0, \int_0^{\frac{\pi}{2}} \sin x \mathrm{d}x\right) \sin \frac{\pi}{2} = f_y'(0,1) \neq 0.$$

由隐函数存在定理，$F(x,t) = 0$ 在点 $\left(0, \dfrac{\pi}{2}\right)$ 附近确定一单值函数 $t = \varphi(x)$，且

$$\varphi'(0) = -\frac{F_x'\left(0, \dfrac{\pi}{2}\right)}{F_t'\left(0, \dfrac{\pi}{2}\right)} = -\frac{f_x'\left(0, \int_0^{\frac{\pi}{2}} \sin x \mathrm{d}x\right)}{f_y'(0,1)} = -\frac{f_x'(0,1)}{f_y'(0,1)}.$$

【例 3.24】 证明：若 u 是 x, y, z 的函数，且

$$\varphi(u^2 - x^2, u^2 - y^2, u^2 - z^2) = 0,$$

其中 φ 是可微函数，则 $\dfrac{u_x'}{x} + \dfrac{u_y'}{y} + \dfrac{u_z'}{z} = \dfrac{1}{u}$.

证 方程两边分别对自变量 x, y, z 求偏导数，得

$$\varphi_1'(u \cdot u_x' - x) + \varphi_2' \cdot u \cdot u_x' + \varphi_3' \cdot u \cdot u_x' = 0,$$
$$\varphi_1' \cdot u \cdot u_y' + \varphi_2'(u \cdot u_y' - y) + \varphi_3' \cdot u \cdot u_y' = 0,$$
$$\varphi_1' \cdot u \cdot u_z' + \varphi_2' \cdot u \cdot u_z' + \varphi_3'(u \cdot u_z' - z) = 0,$$

即

$$u_x' = \frac{\varphi_1' x}{u(\varphi_1' + \varphi_2' + \varphi_3')}, u_y' = \frac{\varphi_2' y}{u(\varphi_1' + \varphi_2' + \varphi_3')}, u_z' = \frac{\varphi_3' z}{u(\varphi_1' + \varphi_2' + \varphi_3')}$$

于是，有

$$\frac{u_x'}{x} + \frac{u_y'}{y} + \frac{u_z'}{z} = \frac{1}{u}.$$

【例 3.25】　设 $f(x,y)$ 与 $f_y(x,y)$ 在点 (x_0,y_0) 的邻域内连续,证明:在 $x=x_0$ 的某个邻域内,由方程 $y=y_0+\displaystyle\int_{x_0}^{x}f(\xi,y)\mathrm{d}\xi$ 可以确定某个可导函数 $y=y(x)$,并求 $y'(x)$.

解　记 $F(x,y)=y-y_0-\displaystyle\int_{x_0}^{x}f(\xi,y)\mathrm{d}\xi$,由题设可知 $F(x,y)$ 在 (x_0,y_0) 的邻域内连续,

$$F_x'(x,y)=\left(-\int_{x_0}^{x}f(\xi,y)\mathrm{d}\xi\right)_x'=-f(x,y),$$

$$F_y'(x,y)=1-\int_{x_0}^{x}f_y'(\xi,y)\mathrm{d}\xi$$

在 (x_0,y_0) 的邻域内均连续. 又

$$F(x_0,y_0)=y_0-y_0-\int_{x_0}^{x_0}f(\xi,y_0)\mathrm{d}\xi=0,$$

$$F_y'(x_0,y_0)=1-\int_{x_0}^{x_0}f_y'(\xi,y_0)\mathrm{d}\xi=1.$$

由此可知方程

$$y-y_0-\int_{x_0}^{x}f(\xi,y)\mathrm{d}\xi=0$$

可在 (x_0,y_0) 的邻域内唯一地确定一个定义在 x_0 的邻域内的隐函数 $y=y(x)$,且有

$$y'(x)=-\frac{F_x'(x,y)}{F_y'(x,y)}=\frac{f(x,y)}{1-\displaystyle\int_{x_0}^{x}f_y'(\xi,y)\mathrm{d}\xi}.$$

【例 3.26】　证明:$\dfrac{x^2}{2}>1-\cos x>\dfrac{x^2}{\pi}\left(0<x<\dfrac{\pi}{2}\right)$.

解　对于任取的 $x\in\left(0,\dfrac{\pi}{2}\right)$,由 Cauchy 中值定理,存在 $\xi\in(0,x)$,使得

$$\frac{1-\cos x}{x^2}=\frac{(1-\cos x)-(1-\cos 0)}{x^2-0}=\frac{\sin\xi}{2\xi}.$$

根据 Jordan 不等式

$$\frac{2}{\pi}<\frac{\sin\xi}{\xi}<1,$$

所以

$$\frac{1}{2}>\frac{1-\cos x}{x^2}>\frac{1}{\pi},$$

即
$$\frac{x^2}{2} > 1 - \cos x > \frac{x^2}{\pi}.$$

【例 3.27】 设 $f''(x) > 0$, $x_i \in [a,b]$, $i = 1,2,\cdots,n$, 证明：

$$f\left(\frac{\sum_{i=1}^{n} x_i}{n}\right) \leqslant \frac{1}{n} \sum_{i=1}^{n} f(x_i).$$

解 令 $x_0 = \sum_{i=1}^{n} \frac{x_i}{n}$. 用 $f(x)$ 在 x_0 点的 Taylor 公式表示 $f(x_i)$, 由于 $f''(x) >$ 0, 则

$$f(x_i) \geqslant f(x_0) + f'(x_0)(x_i - x_0). \tag{3.11}$$

在 (3.11) 式中, 令 $i = 1,2,\cdots,n$, 将所得的 n 个不等式相加, 得到

$$\sum_{i=1}^{n} f(x_i) \geqslant nf(x_0) + f'(x_0) \sum_{i=1}^{n} (x_i - x_0)$$
$$= nf(x_0) + f'(x_0) \left(\sum_{i=1}^{n} x_i - nx_0\right) = nf(x_0).$$

这就是要证的结论.

注 取 $f(x) = -\ln x$, $x > 0$, 则 f 满足本题假设条件, 于是作为本例的推论, 有:

命题 设 $x_1, \cdots, x_n$ 是正数, n 是大于 1 的整数, 则

$$\left(\frac{1}{n}\left(\frac{1}{x_1} + \cdots + \frac{1}{x_n}\right)\right)^{-1} \leqslant \sqrt[n]{x_1 x_2 \cdots x_n}.$$

【例 3.28】 证明不等式 $e^x - 1 > (1+x)\ln(1+x)$, $x > 0$.

解 设 $F(x) = e^x - 1 - (1+x)\ln(1+x)$, 则

$$F(0) = 0,$$
$$F'(x) = e^x - 1 - \ln(1+x), x > 0,$$
$$F''(x) = e^x - \frac{1}{1+x},$$

在 $x > 0$ 时, $\frac{1}{1+x} < 1$, $e^x > 1$, 所以 $F''(x) > 0$. 又有 $F'(0) = 0$, 从而有 $F'(x) > 0$, 进而推得 $F(x)$ 在 $x > 0$ 时是单增的, 由此可知 $F(x) > 0 (x > 0)$, 即

$$e^x - 1 > (1+x)\ln(1+x), x > 0.$$

【例 3.29】 证明不等式 $\log(1+n) < 1 + \frac{1}{2} + \cdots + \frac{1}{n} < 1 + \log n (n \geqslant 2)$.

解 对于 $x > -1$, 先证明不等式

$$\frac{x}{1+x} < \log(1+x) < x. \tag{3.12}$$

设 $f(x) = \log(1+x) - \dfrac{x}{1+x}$，则

$$f'(x) = \frac{1}{1+x} - \frac{1}{(1+x)^2},$$

对于 $x > 0$，有 $\dfrac{1}{1+x} > \dfrac{1}{(1+x)^2}$，故 $f'(x) > 0$，由 $f(0) = 0$ 得到，$f(x) > 0(x>0)$.

对于 $-1 < x < 0$，有 $\dfrac{1}{1+x} < \dfrac{1}{(1+x)^2}$，故 $f'(x) < 0$，同样有 $f(x) > 0$. 这证明了（1）式的左半部分. 类似地，可以证明（1）式的右半部分.

在（1）式中，取 $x = \dfrac{1}{m}$，得到

$$\frac{1}{m+1} < \log(m+1) - \log m < \frac{1}{m}, m \geqslant 1,$$

所以

$$\sum_{m=1}^{n-1} \frac{1}{m+1} < \sum_{m=1}^{n-1} (\log(m+1) - \log m) < \sum_{m=1}^{n-1} \frac{1}{m},$$

由左端不等式得到

$$\sum_{m=1}^{n} \frac{1}{m} < \log n + 1 \tag{3.13}$$

由此及右端不等式得到 $\log n < \displaystyle\sum_{m=1}^{n-1} \frac{1}{m}$，即

$$\log(1+n) < \sum_{m=1}^{n} \frac{1}{m}. \tag{3.14}$$

由（3.13）、（3.14）两式，得到要证明的结论.

【例 3.30】　确定 $f(x,y) = x + xy^2 + y^2$ 在圆域 $x^2 + y^2 \leqslant 1$ 的最大值和最小值.

解　因为 $f'_x(x,y) = 1 + y^2 > 0$，所以 $f(x,y)$ 的最大值与最小值应在圆域的边界 $x^2 + y^2 = 1$ 上达到，因此，只要考虑函数

$$F(x) = f(x, \sqrt{1-x^2}) = x + x(1-x^2) + (1-x^2) = 2x - x^3 - x^2 + 1$$
$$= 2x - x^3 - x^2 + 1 = -x^3 - x^2 + 2x + 1, \quad -1 \leqslant x \leqslant 1$$

的最大值与最小值即可.

令 $F'(x) = -3x^2 - 2x + 2 = 0$，得到 $x = \dfrac{-1 \pm \sqrt{7}}{3}$，舍去 $x = -\dfrac{\sqrt{7}+1}{3}$，比较

$$F(-1) = -1, \quad F(1) = 1,$$

与

$$F\left(\frac{-1+\sqrt{7}}{3}\right) = -\left(\frac{\sqrt{7}-1}{3}\right)^3 - \left(\frac{\sqrt{7}-1}{3}\right)^2 + 2\left(\frac{\sqrt{7}-1}{3}\right) + 1 = \frac{14\sqrt{7}+7}{27},$$

可知 $f(x,y)$ 有最大值 $\dfrac{14\sqrt{7}+7}{27}$ 和最小值 -1.

【例 3.31】　求空间曲面 $4z = 3x^2 - 2xy + 3y^2$ 到平面 $x + y - 4z = 1$ 的最短距离.

解　点 (x,y,z) 到平面 $x + y - 4z = 1$ 的距离为 $\dfrac{x + y - 4z - 1}{\sqrt{1^2 + 1^2 + 4^2}}$ 的绝对值. 问题归为求 $\varphi(x) = \dfrac{1}{\sqrt{18}}(x + y - 4z - 1)$ 在约束 $4z = 3x^2 - 2xy + 3y^2$ 之下的相对极值.

我们用 λ 乘子法. 记

$$F = x + y - 4z - 1 + \lambda(3x^2 - 2xy + 3y^2 - 4z),$$

解方程组

$$\begin{cases}
\dfrac{\partial F}{\partial x} = 1 + \lambda(6x - 2y) = 0, \\[2mm]
\dfrac{\partial F}{\partial y} = 1 + \lambda(-2x + 6y) = 0, \\[2mm]
\dfrac{\partial F}{\partial z} = -4 - 4\lambda = 0, \\[2mm]
\dfrac{\partial F}{\partial \lambda} = 3x^2 - 2xy + 3y^3 - 4z = 0,
\end{cases}$$

得到唯一一组解：$x = \dfrac{1}{4}, y = \dfrac{1}{4}, z = \dfrac{1}{16}$. 据实际问题的解的存在性，所求最短距离必在 $\left(\dfrac{1}{4}, \dfrac{1}{4}, \dfrac{1}{16}\right)$ 点达到，此时 $\left|\dfrac{x + y - 4z - 1}{\sqrt{18}}\right| = \dfrac{\sqrt{2}}{8}$.

【例 3.32】　设 $f(x)$ 在 $[a,b]$ 上连续，在 (a,b) 内可微，$b > a > 0$. 证明：在 (a,b) 内存在 x_1, x_2, x_3，使得

$$\frac{f'(x_1)}{2x_1} = \frac{f'(x_2)}{4x_2^3}(a^2 + b^2) = \frac{\log \dfrac{b}{a}}{b^2 - a^2} x_3 f'(x_3).$$

解　设 $g_1(x) = x^2, g_2(x) = x^4, g_3(x) = \log x$，由题设可知 $f(x)$ 与 $g_1(x)$，$g_2(x), g_3(x)$ 都符合 Cauchy 中值定理的条件，于是有 $x_1, x_2, x_3 \in (a, b)$，使得

$$\frac{f(b) - f(a)}{b^2 - a^2} = \frac{f'(x_1)}{2x_1},$$

$$\frac{f(b) - f(a)}{b^4 - a^4} = \frac{f'(x_2)}{4x_2^3},$$

$$\frac{f(b) - f(a)}{\log \dfrac{b}{a}} = \frac{f'(x_3)}{\dfrac{1}{x_3}}$$

成立,于是

$$\frac{f(b) - f(a)}{b^2 - a^2} = \frac{f'(x_1)}{2x_1} = \frac{f'(x_2)}{4x_2^3}(a^2 + b^2) = \frac{\log \dfrac{b}{a}}{b^2 - a^2} x_3 f'(x_3).$$

【例 3.33】　证明不等式

$$\frac{x(1-x)}{\sin \pi x} < \frac{1}{\pi}, x \in (0, 1).$$

解　对于任何 $x \in \left(0, \dfrac{1}{2}\right]$，由 Cauchy 中值定理,有

$$\frac{x(1-x)}{\sin \pi x} = \frac{x(1-x) - 0}{\sin \pi x - 0} = \frac{1 - 2\xi}{\pi \cos \pi \xi}, 0 < \xi < x \leqslant \frac{1}{2}. \tag{3.15}$$

记 $y = 1 - 2\xi$,则 $0 < y < 1$. 利用 Jordan 不等式

$$\frac{2}{\pi} < \frac{\sin x}{x} < 1, 0 < x < \frac{\pi}{2},$$

得到

$$\frac{1 - 2\xi}{\pi \cos \pi \xi} = \frac{y}{\pi \cos \dfrac{\pi(1 - y)}{2}} = \frac{\dfrac{\pi y}{2}}{\sin \dfrac{\pi y}{2}} \cdot \frac{2}{\pi^2}$$

$$< \frac{\pi}{2} \cdot \frac{2}{\pi^2} = \frac{1}{\pi}, \tag{3.16}$$

由 (3.15) 式与 (3.16) 式,得到

$$\frac{x(1-x)}{\sin \pi x} < \frac{1}{\pi}, 0 < x \leqslant \frac{1}{2}.$$

对于 $\left(\dfrac{1}{2}, 1\right)$ 中的任一个 x,设 $t = 1 - x$,则 $0 < t < \dfrac{1}{2}$，

$$\frac{x(1-x)}{\sin\pi x} = \frac{t(1-t)}{\sin\pi t} < \frac{1}{\pi}.$$

结论得证.

【例 3.34】 证明不等式：

$$\frac{1}{2^{p-1}} \leqslant x^p + (1+x)^p \leqslant 1, 0 \leqslant x \leqslant 1, p > 1.$$

解 函数 $F(x) = x^p + (1-x)^p$ 在 $[0,1]$ 上连续,必有最大或最小值.

由 $F'(x) = px^{p-1} - p(1-x)^{p-1} = 0$,求得 $x = \frac{1}{2}$,这是 $F(x)$ 的唯一稳定点.

再由 $F(0) = F(1) = 1, F\left(\frac{1}{2}\right) = \frac{1}{2^{p-1}} < 1$,可知

$$\max_{0 \leqslant x \leqslant 1} F(x) = 1, \quad \max_{0 \leqslant x \leqslant 1} F(x) = \frac{1}{2^{p-1}},$$

结论得证.

【例 3.35】 设函数 $f(x)$ 在有穷或无穷的区间 (a,b) 中的任意一点 x 处有有限的导数 $f'(x)$,且 $\lim\limits_{x \to a^+} f(x) = \lim\limits_{x \to b^-} f(x)$,试证明在 (a,b) 中存在点 c,使 $f'(c) = 0$.

解 当 (a,b) 为有穷区间时,定义

$$F(x) = \begin{cases} f(x), & x \in (a,b), \\ A, & x = a \text{ 或 } b, \end{cases}$$

其中 $A = \lim\limits_{x \to a^+} f(x) = \lim\limits_{x \to b^-} f(x)$. 显然 $F(x)$ 在 $[a,b]$ 上连续,在 (a,b) 内导数存在,且有 $F(a) = F(b)$,故由 Rolle 定理可知,在 (a,b) 内至少存在一点 c,使 $F'(c) = 0$,而在 (a,b) 内 $F'(x) = f'(x)$,所以 $f'(c) = 0, a < c < b$.

若 $a \to -\infty, b \to +\infty$,令

$$x = \tan t, \quad -\frac{\pi}{2} < t < \frac{\pi}{2},$$

则由函数 $f(x)$ 与 $x = \tan t$ 组成的复合函数

$$g(t) = f(\tan t)$$

在有穷区间 $\left(-\frac{\pi}{2}, \frac{\pi}{2}\right)$ 内满足题设的条件. 仿前面的讨论易知：至少存在一点 $t_0 \in \left(-\frac{\pi}{2}, \frac{\pi}{2}\right)$,使 $g'(t_0) = f'(c)\sec^2 t_0 = 0$,其中 $c = \tan t_0$. 由于 $\sec^2 t_0 \neq 0$,故 $f'(c) = 0$.

若 a 为有限数,$b \to +\infty$. 令 $b_0 > \max\{a, 0\}$,$x = \dfrac{(b_0 - a)t}{b_0 - t}$,于是,复合函数

$g(t) = f\left(\dfrac{(b_0 - a)t}{b_0 - t}\right)$ 在有穷区间 (a, b_0) 上满足题设条件,仿前面的讨论,可知存在 $t_0 \in (a, b_0)$ 使

$$g'(t_0) = f'(c)\frac{b_0(b_0 - a)}{(b_0 - t_0)^2} = 0,$$

其中 $c = \dfrac{t_0(b_0 - a)}{b_0 - t_0}$,显然 $a < c < +\infty$. 由于

$$\frac{b_0(b_0 - a)}{(b_0 - t_0)^2} > 0,$$

故 $f'(c) = 0$.

对于 $a \to -\infty$,b 为有限数的情形,可类似地证明.

注 本题可以看作是 Rolle 定理的推广.

第4章　积　分　学

4.1　概　述

4.1.1　不定积分

1. 在某个区间 I 内，若有 $F'(x)=f(x)$，则称 $F(x)$ 是 $f(x)$ 的一个原函数，称 $F(x)+C(C$ 是任意常数$)$ 是 $f(x)$ 的不定积分，记为 $\int f(x)\mathrm{d}x$，于是

$$\int f(x)\mathrm{d}x = F(x)+C.$$

注1　函数 $f(x)$ 的不定积分是 $f(x)$ 的原函数的全体，是一族函数，而非一个函数；

注2　求原函数(不定积分) 的运算是求导数的逆运算，即从 $F(x)$ 的导数 $f(x)$ 出发求 $F(x)$；

注3　任一初等函数总可以按照一定的步骤求出其导函数，且导函数仍是初等函数.但求初等函数的不定积分不仅无一定的步骤可循，而且初等函数的原函数有可能不再是初等函数，这时就说积分积不出来，如 $\int \mathrm{e}^{-x^2}\mathrm{d}x, \int \dfrac{\sin x}{x}\mathrm{d}x$；

注4　有理函数(以及可以转化为有理函数的函数) 的原函数必是初等函数，并且可以按照一定的步骤和方法得到.

2. **基本积分公式**

$$\int \mathrm{d}x = x+C;$$

$$\int x^{\alpha}\mathrm{d}x = \frac{1}{\alpha+1}x^{\alpha+1}+C, \alpha \neq -1;$$

$$\int \frac{1}{x}\mathrm{d}x = \log|x|+C;$$

$$\int \cos x\mathrm{d}x = \sin x+C;$$

$$\int \sin x \mathrm{d}x = -\cos x + C;$$

$$\int \frac{\mathrm{d}x}{\cos^2 x} = \tan x + C;$$

$$\int \frac{\mathrm{d}x}{\sin^2 x} = -\cot x + C;$$

$$\int \frac{\mathrm{d}x}{1 + x^2} = \arctan x + C;$$

$$\int a^x \mathrm{d}x = \frac{1}{\log a}a^x + C, a > 0, a \neq 1;$$

$$\int f'(x)\mathrm{d}x = f(x) + C.$$

3. 常用的求不定积分的方法

(1) $\int (f(x) \pm g(x))\mathrm{d}x = \int f(x)\mathrm{d}x \pm \int g(x)\mathrm{d}x.$

(2) 对任意常数 $c(c \neq 0)$,

$$\int cf(x)\mathrm{d}x = c \int f(x)\mathrm{d}x.$$

(3)(换元法)　由

$$\int f(t)\mathrm{d}t = F(t) + C \tag{4.1}$$

可知

$$\int f(g(x))g'(x)\mathrm{d}x = F(g(x)) + C. \tag{4.2}$$

反之,若已知(4.2)式,那么

$$\int f(t)\mathrm{d}t = F(g^{-1}(t))\mathrm{d}t + C,$$

其中 $g^{-1}(x)$ 表示 $t = g(x)$ 的反函数 $x = g^{-1}(t)$.

由上可知,若(4.1)式成立,则

$$\int f(ax + b)\mathrm{d}x = \frac{1}{a}F(ax + b) + C.$$

一般地, 为了求 $\int f(x)\mathrm{d}x$, 常先作代换 $x = \varphi(t)$, 于是 $\int f(x)\mathrm{d}x$ 化为 $\int f(\varphi(t))\varphi'(t)\mathrm{d}t$. 如果可求出

$$\int f(\varphi(t))\varphi'(t)\mathrm{d}t = F(t) + C,$$

那么

$$\int f(x)\mathrm{d}x = F(\varphi^{-1}(x)) + C.$$

（4）（分部积分法）

$$\int f(x)g'(x)\mathrm{d}x = f(x)g(x) - \int g(x)f'(x)\mathrm{d}x.$$

一般地，下列类型的不定积分可以考虑用分部积分来求：

$$\left.\begin{array}{l}
\displaystyle\int x^k \sin bx\,\mathrm{d}x\,,\int P(x)\sin bx\,\mathrm{d}x \\[2mm]
\displaystyle\int x^k \cos bx\,\mathrm{d}x\,,\int P(x)\cos bx\,\mathrm{d}x \\[2mm]
\displaystyle\int x^k \mathrm{e}^{ax}\,\mathrm{d}x\,,\quad \int P(x)\mathrm{e}^{ax}\,\mathrm{d}x
\end{array}\right\}（将 \sin bx\,,\cos bx\,,\mathrm{e}^{ax} \text{ 凑微分}），$$

$$\left.\begin{array}{l}
\displaystyle\int x^k \arcsin bx\,\mathrm{d}x\,,\int P(x)\arcsin bx\,\mathrm{d}x \\[2mm]
\displaystyle\int x^k \arctan bx\,\mathrm{d}x\,,\int P(x)\arctan bx\,\mathrm{d}x \\[2mm]
\displaystyle\int x^k \log^m x\,\mathrm{d}x\,,\quad \int P(x)\log^m x\,\mathrm{d}x
\end{array}\right\}（将 x^k \text{ 凑微分}），$$

其中 m 是正整数，a,b 是常数，$P(x)$ 是多项式.

有时也可以通过分部积分得到一个关于所求积分的方程，从而解此方程得到所求积分.

如

$$\int \mathrm{e}^{ax}\cos bx\,\mathrm{d}x = \frac{1}{a}\mathrm{e}^{ax}\cos bx + \frac{b}{a}\int \mathrm{e}^{ax}\sin bx\,\mathrm{d}x,$$

$$\int \mathrm{e}^{ax}\sin bx\,\mathrm{d}x = \frac{1}{a}\mathrm{e}^{ax}\sin bx - \frac{b}{a}\int \mathrm{e}^{ax}\cos bx\,\mathrm{d}x,$$

可以导出

$$\int \mathrm{e}^{ax}\cos bx\,\mathrm{d}x = \frac{b\sin bx + a\cos bx}{a^2 + b^2}\mathrm{e}^{ax} + C.$$

（5）（关于有理函数的积分）　设 $q(x)$ 与 $p(x)$ 是多项式，$p(x)$ 的次数低于 $q(x)$ 的次数. 又设

$$q(x) = a\prod_{i=1}^{K}(x - \alpha_i)^{n_i}\prod_{j=1}^{L}(x^2 + \beta_j x + \gamma_j)^{m_j},$$

其中 $\alpha_i,\beta_j,\gamma_j$ 是实数，$n_i,m_j(1\leqslant i\leqslant K,1\leqslant j\leqslant L)$ 是正整数，并且 $\beta_j^2 - 4\gamma_j < 0(1\leqslant j\leqslant L)$，那么，可以有下面的等式：

$$\frac{p(x)}{q(x)} = \sum_{i=1}^{K} \sum_{r=1}^{n_i} \frac{a_{ir}}{(x-a_i)^r} + \sum_{j=1}^{L} \sum_{s=1}^{m_j} \frac{b_{js}x + c_{js}}{(x^2 + \beta_j x + \gamma_j)^s},$$

其中 $a_{ir}(1 \leqslant i \leqslant K, 1 \leqslant r \leqslant n_i), b_{js}, c_{js} (1 \leqslant j \leqslant L, 1 \leqslant s \leqslant m_j)$ 是待定系数. 利用这一分解式, 就可将有理函数的不定积分化成下面四个简单类型积分之和:

$$\int \frac{\mathrm{d}x}{x-a}, \int \frac{\mathrm{d}x}{(x-a)^n}, n \geqslant 2,$$

$$\int \frac{bx+c}{x^2 + \beta x + \gamma} \mathrm{d}x, \int \frac{bx+c}{(x^2 + \beta x + \gamma)^n} \mathrm{d}x, \ n \geqslant 2, \beta^2 - 4\gamma < 0.$$

举例　求 $\displaystyle\int \frac{\mathrm{d}x}{x(x^5+1)^2}$.

解　令 $t = x^5$, 则

$$\int \frac{\mathrm{d}x}{x(x^5+1)^2} = \frac{1}{5} \int \frac{\mathrm{d}t}{t(t+1)^2}.$$

令

$$\frac{1}{t(t+1)^2} = \frac{A}{t} + \frac{B}{t+1} + \frac{C}{(t+1)^2},$$

则

$$1 = A(t+1)^2 + Bt(t+1) + Ct.$$

在上式中分别令 $t = 0, -1, 1$, 则得到 $A = 1, B = -1, C = -1$. 因此,

$$\int \frac{\mathrm{d}x}{x(x^5+1)^2} = \frac{1}{5} \int \frac{\mathrm{d}t}{t(t+1)^2} = \frac{1}{5} \int \left(\frac{1}{t} - \frac{1}{t+1} - \frac{1}{(t+1)^2} \right) \mathrm{d}t$$

$$= \frac{1}{5} \left(\log|t| - \log|t+1| + \frac{1}{t+1} \right) + C$$

$$= \log|x| - \frac{1}{5} \log(|x^5|+1) + \frac{1}{5(x^5+1)} + C.$$

(6) 某些特殊类型的不定积分, 可以通过变换化成有理函数的不定积分, 例如 $\displaystyle\int R\left(x, \sqrt[n]{\frac{ax+b}{cx+d}}\right) \mathrm{d}x$, 其中 $R(u,v)$ 是两个变量 u, v 的有理函数, 即 $R(u,v) = \dfrac{p(u,v)}{q(u,v)}$, 其中 $p(u,v)$ 与 $q(u,v)$ 是关于 u, v 的多项式, 作代换

$$t = \sqrt[n]{\frac{ax+b}{cx+d}},$$

则

$$x = \varphi(t) = \frac{b - dt^n}{ct^n - a}.$$

是 t 的有理函数. 当然 $\varphi'(t)$ 也是 t 的有理函数,从而 $R(\varphi(t),t)\varphi'(t)\mathrm{d}t$ 是 t 的有理函数,这就将 $\int R\left(x,\sqrt[n]{\dfrac{ax+b}{cx+d}}\right)\mathrm{d}x$ 化成有理函数的不定积分.

对形如 $\int R(x,\sqrt[n]{ax+b},\sqrt[m]{ax+b})\mathrm{d}x$ 的不定积分,其中 m,n 为自然数,可用 $t=\sqrt[p]{ax+b}$,其中 p 是 m,n 的最小公倍数,将其化为有理函数的不定积分.

又如 $\int R(\cos x,\sin x)\mathrm{d}x$,作代换 $t=\tan\dfrac{x}{2}$,则

$$\sin x=\frac{2t}{1+t^2},\cos x=\frac{1-t^2}{1+t^2},\mathrm{d}x=\frac{2\mathrm{d}t}{1+t^2},$$

于是

$$\int R(\cos x,\sin x)\mathrm{d}x=\int R\left(\frac{1-t^2}{1+t^2},\frac{2t}{1+t^2}\right)\frac{2}{1+t^2}\mathrm{d}t$$

成为有理函数的不定积分.

4.1.2　定积分

1. 定义

对于 $[a,b]$ 的任一分法 T: $a=x_0<x_1<\cdots<x_n=b$,记 $d(T)=\max\limits_{1\leqslant i\leqslant n}\Delta x_i$, $\Delta x_i=x_i-x_{i-1}$,$1\leqslant i\leqslant n$,又设 $\xi_i\in[x_{i-1},x_i]$ 是任意选取的,若极限

$$\lim_{d(T)\to 0}\sum_{i=1}^{n}f(\xi_i)\Delta x_i=I$$

存在有限,则称 $f(x)$ 在 $[a,b]$ 上可积,称 I 是 $f(x)$ 在 $[a,b]$ 上的定积分,记为 $\int_a^b f(x)\mathrm{d}x=I$.

注 1　极限的存在与否与 $[a,b]$ 的分法无关,与 $\xi_i\in[x_{i-1},x_i]$ 的取法无关.

注 2　和式 $\sum\limits_{i=1}^{n}f(\xi_i)\Delta x_i$ 称为黎曼和. 因此,$[a,b]$ 上的定积分是黎曼和的极限.

注 3　若 $f(x)$ 在 $[a,b]$ 上可积,则必在 $[a,b]$ 上有界;但反之不然,例如, Dirichlet 函数

$$D(x)=\begin{cases}1, & x\text{ 为有理数},\\ 0, & x\text{ 为无理数},\end{cases}$$

在 $[0,1]$ 上有界,但不可积.

2. 函数可积的充分必要条件

设 $f(x)$ 是 $[a,b]$ 上的有界函数,对于 $[a,b]$ 的分法 T:

$$a = x_0 < x_1 < \cdots < x_{n-1} < x_n = b,$$

记

$$M_i = \sup_{x \in [x_{i-1}, x_i]} f(x), m_i = \inf_{x \in [x_{i-1}, x_i]} f(x), w_i = M_i - m_i, 1 \leqslant i \leqslant n,$$

$$S = \sum_{i=1}^{n} M_i \Delta x_i, s = \sum_{i=1}^{n} m_i \Delta x_i.$$

则下面两个条件都是 $f(x)$ 在 $[a,b]$ 上可积的充分必要条件:

(1) $\lim\limits_{d(T) \to 0} (S - s) = \lim\limits_{d(T) \to 0} \sum_{i=1}^{n} w_i \Delta x_i = 0.$

此时, $\lim\limits_{d(T) \to 0} S = \lim\limits_{d(T) \to 0} s = \int_a^b f(x) \mathrm{d}x.$

(2) 对任意给定的 $\varepsilon > 0$ 及 $\sigma > 0$,存在 $\delta > 0$,使得当 $d(T) < \delta$ 时,对应于 $w_i \geqslant \varepsilon$ 的那些区间的长度之和小于 σ,即 $\sum\limits_{w_i \geqslant \varepsilon} \Delta x_i < \sigma.$

3. 常见的可积函数

(1) $[a,b]$ 上的连续函数 $f(x)$ 在 $[a,b]$ 上是可积的.

(2) 若 $f(x)$ 在 $[a,b]$ 上有界,而且除去有限个点外,$f(x)$ 是连续的,则 $f(x)$ 在 $[a,b]$ 上可积.

(3) 若 $f(x)$ 在 $[a,b]$ 上是单调函数,则它在 $[a,b]$ 上可积.

4. 定积分的基本性质

(1) 若 $f(x)$ 与 $g(x)$ 在 $[a,b]$ 上可积,则 $f(x) \pm g(x), f(x)g(x)$ 以及 $cf(x)(c$ 是常数$)$ 都在 $[a,b]$ 上可积,而且

$$\int_a^b (f(x) \pm g(x)) \mathrm{d}x = \int_a^b f(x) \mathrm{d}x \pm \int_a^b g(x) \mathrm{d}x,$$

$$\int_a^b cf(x) \mathrm{d}x = c \int_a^b f(x) \mathrm{d}x.$$

(2) 若 $f(x)$ 于 $[a,b]$ 上可积,$a < c < d$,则 $f(x)$ 在 $[a,c]$ 与 $[c,b]$ 上都可积;反之,若 $f(x)$ 在 $[a,c]$ 与 $[c,b]$ 上可积,则它在 $[a,b]$ 上可积. 此外,有

$$\int_a^b f(x) \mathrm{d}x = \int_a^c f(x) \mathrm{d}x + \int_c^b f(x) \mathrm{d}x.$$

(3) 若 $f(x)$ 在 $[a,b]$ 上可积,则 $|f(x)|$ 亦在 $[a,b]$ 上可积,而且 $\int_a^b f(x) \mathrm{d}x \leqslant \int_a^b |f(x)| \mathrm{d}x.$

由 $|f(x)|$ 的可积性,不一定可以推得 $f(x)$ 的可积性. 例如,$[0,1]$ 上所定义的 Dirichlet 函数

$$D(x) = \begin{cases} 1, & x \text{ 为有理数,} \\ -1, & x \text{ 为无理数,} \end{cases}$$

就是一例.

(4) 若 $f(x)$ 与 $g(x)$ 在 $[a,b]$ 上可积,而且

$$f(x) \leqslant g(x), x \in [a,b], \tag{4.3}$$

则

$$\int_a^b f(x)\mathrm{d}x \leqslant \int_a^b g(x)\mathrm{d}x. \tag{4.4}$$

此外,若 (4.3) 式中等号不成立,那么 (4.4) 式中的等号亦可去掉. 由此性质可知,若 $f(x)$ 在 $[a,b]$ 上可积且 $m \leqslant f(x) \leqslant M, x \in [a,b]$,则 $m(b-a) \leqslant \int_a^b f(x)\mathrm{d}x \leqslant M(b-a)$.

(5) (积分第一中值定理) 设 $f(x)$ 与 $g(x)$ 在 $[a,b]$ 上可积,并且 $g(x)$ 在 $[a,b]$ 上不变号,则存在数 μ: $m \leqslant \mu \leqslant M$,其中

$$m = \inf_{x \in [a,b]} f(x), M = \sup_{x \in [a,b]} f(x),$$

使得

$$\int_a^b f(x)g(x)\mathrm{d}x = \mu \int_a^b g(x)\mathrm{d}x.$$

此外,若 $f(x)$ 在 $[a,b]$ 上连续,那么必存在 $\xi \in [a,b]$,使得

$$\int_a^b f(x)g(x)\mathrm{d}x = f(\xi) \int_a^b g(x)\mathrm{d}x.$$

(6) (积分第二中值定理) 设 $f(x)$ 在 $[a,b]$ 上可积,$g(x)$ 在 $[a,b]$ 上单调有界,则必有 $\xi \in [a,b]$,使得

$$\int_a^b f(x)g(x)\mathrm{d}x = g(a) \int_a^\xi f(x)\mathrm{d}x + g(b) \int_\xi^b f(x)\mathrm{d}x.$$

特别地,当 $g(x)$ 单调增加且 $g(a) \geqslant 0$ 时,有 $\xi \in [a,b]$,使得

$$\int_a^b f(x)g(x)\mathrm{d}x = g(b-0) \int_\xi^b f(x)\mathrm{d}x;$$

当 $g(x)$ 单调减少且 $g(b) \geqslant 0$ 时,有 $\xi \in [a,b]$,使得

$$\int_a^b f(x)g(x)\mathrm{d}x = g(a+0) \int_a^\xi f(x)\mathrm{d}x.$$

5. 微积分学的基本定理

(1) 设 $f(x)$ 在 $[a,b]$ 上可积, 记 $F(x) = \int_a^x f(t)\mathrm{d}t, x \in [a,b]$, 则当 $f(x)$ 在 $[a,b]$ 连续时, 有 $F'(x) = f(x)$.

(2) (微积分基本定理)　设 $f(x)$ 在 $[a,b]$ 可积, $F(x)$ 是 $f(x)$ 在 $[a,b]$ 上的一个原函数, 则

$$\int_a^b f(x)\mathrm{d}x = F(b) - F(a). \tag{4.5}$$

注　(4.5) 式就是所谓的牛顿-莱布尼茨 (Newton – Leibniz) 公式. 微积分基本定理的意义: ① 它把求定积分转化为求原函数在 a 和 b 的差, 从而把定积分和不定积分统一起来; ② 在计算上, 它把求黎曼和的极限转化为求不定积分, 使定积分的计算成为可能, 而且可以机械化地进行.

6. 换元法与分部积分法

(1) 设 $\varphi'(t)$ 在 $[\alpha, \beta]$ 上连续, $f(x)$ 在 $[a,b]$ 上连续, 而且

$$\varphi(\alpha) = a, \psi(\beta) = b, a \leqslant \varphi(t) \leqslant b, \quad \alpha \leqslant t \leqslant \beta,$$

则

$$\int_a^b f(x)\mathrm{d}x = \int_\alpha^\beta f(\varphi(t))\varphi'(t)\mathrm{d}t.$$

(2) 设 $f(x)$ 与 $g(x)$ 在 $[a,b]$ 上连续, $g(x)$ 是严格增加, 以 $h(x)$ 表示 $g(x)$ 的反函数, 且记 $c = g(a), d = g(b)$, 则

$$\int_a^b f(x)\mathrm{d}x = \int_c^d f(h(t))\mathrm{d}h(t).$$

(3) 设 $f(x)$ 与 $g(x)$ 在 $[a,b]$ 上有连续导函数, 则

$$\int_a^b f(x)g'(x)\mathrm{d}x = f(x)g(x)\Big|_a^b - \int_a^b f'(x)g(x)\mathrm{d}x.$$

利用简单的换元和计算可以得到下面一些有用的结论:

(4) 设 $f(x)$ 在 $[a,b]$ 上可积, 则下式成立:

$$\int_a^b f(x)\mathrm{d}x = \int_a^b f(a+b-x)\mathrm{d}x,$$

特别地, $\int_0^a f(x)\mathrm{d}x = \int_0^a f(a-x)\mathrm{d}x$.

(5) 若 $f(x)$ 在 $[-a,a]$ 上可积, 且为奇函数 (或偶函数), 则

$$\int_{-a}^a f(x)\mathrm{d}x = \begin{cases} 0, & f(x) \text{为奇函数}, \\ 2\int_0^a f(x)\mathrm{d}x, & f(x) \text{为偶函数}. \end{cases}$$

（6）若 $f(x)$ 为 $(-\infty,+\infty)$ 上以 T 为周期的周期函数,且在任何有限区间 $[a,a+T]$ 上可积,则

$$\int_a^{a+T} f(x)\,\mathrm{d}x = \int_0^T f(x)\,\mathrm{d}x.$$

（7）设 $f(x)$ 在 $[0,1]$ 上连续,则

$$\int_0^{\frac{\pi}{2}} f(\sin x)\,\mathrm{d}x = \int_0^{\frac{\pi}{2}} f(\cos x)\,\mathrm{d}x,$$

$$\int_0^{\pi} x f(\sin x)\,\mathrm{d}x = \frac{\pi}{2}\int_0^{\pi} f(\sin x)\,\mathrm{d}x.$$

由此结论可得

$$\int_0^{\pi} \frac{x\sin x}{1+\cos^2 x}\,\mathrm{d}x = \frac{\pi}{2}\int_0^{\pi} \frac{x\sin x}{1+\cos^2 x}\,\mathrm{d}x = \frac{\pi}{2}\left[-\arctan(\cos x)\right]_0^{\pi} = \frac{\pi^2}{4}.$$

7. 定积分的应用

（1）求平面图形的面积.

（2）**弧长公式**　若曲线段 l 的方程是 $x = x(t)$,$y = y(t)$,$\alpha \leqslant t \leqslant \beta$,其中 $x'(t)$ 与 $y'(t)$ 都是连续函数,则 l 的弧长为

$$s = \int_{\alpha}^{\beta} \sqrt{x'^2(t) + y'^2(t)}\,\mathrm{d}t.$$

特别地,若 l 的方程是 $y = f(x)$,$a \leqslant x \leqslant b$,其中 $f(x)$ 在 $[a,b]$ 上有连续的导函数,则弧长

$$s = \int_a^b \sqrt{1 + f'(x)^2}\,\mathrm{d}x;$$

若曲线 l 的方程是极坐标形式

$$r = r(\theta),\alpha \leqslant \theta \leqslant \beta,$$

且 $r(\theta)$ 在 $[\alpha,\beta]$ 上有连续的导函数,则弧长

$$s = \int_{\alpha}^{\beta} \sqrt{r^2 + r'^2}\,\mathrm{d}\theta.$$

（3）**旋转体的体积与侧面积**　设 $f(x)$ 在 $[a,b]$ 上连续,则由曲线绕 x 轴旋转所得到的旋转体的体积是

$$V = \pi \int_a^b f^2(x)\,\mathrm{d}x.$$

如果 $f'(x)$ 在 $[a,b]$ 上连续,那么这一旋转体的侧面积是

$$S = 2\pi \int_a^b f(x)\sqrt{1 + (f'(x))^2}\,\mathrm{d}x.$$

4.1.3　几个重要的逼近定理与不等式

1. (Weierstrass 定理)　设 $f(x)$ 在 $[a,b]$ 上连续,则对于任意的 $\varepsilon > 0$,存在多项式 $p(x)$,使得

$$|f(x) - p(x)| < \varepsilon, x \in [a,b].$$

2. 设 $f(x)$ 在 $[a,b]$ 上可积,则对任意的 $\varepsilon > 0$,存在阶梯函数 $\varphi(x)$ 与 $\psi(x)$,使得

$$\varphi(x) \leqslant f(x) \leqslant \psi(x), x \in [a,b],$$

并且

$$\int_a^b (\psi(x) - \varphi(x)) \mathrm{d}x < \varepsilon.$$

3. 设 $f(x)$ 在 $[a,b]$ 上可积,则对任意的 $\varepsilon > 0$,存在多项式 $p(x)$ 与 $P(x)$,使得

$$p(x) \leqslant f(x) \leqslant P(x), x \in [a,b],$$

并且

$$\int_a^b (P(x) - p(x)) \mathrm{d}x < \varepsilon.$$

4. (Cauchy 不等式)　若 $f(x)$ 与 $g(x)$ 都在 $[a,b]$ 上可积,则

$$\left(\int_a^b f(x)g(x)\mathrm{d}x \right)^2 \leqslant \int_a^b f^2(x)\mathrm{d}x \int_a^b g^2(x)\mathrm{d}x.$$

5. (Hölder 不等式)　若 $f(x)$ 与 $g(x)$ 都在 $[a,b]$ 上可积,$p > 1, q > 1, \dfrac{1}{p} + \dfrac{1}{q} = 1$,则

$$\left| \int_a^b f(x)g(x)\mathrm{d}x \right| \leqslant \left(\int_a^b |f(x)|^p \mathrm{d}x \right)^{\frac{1}{p}} \left(\int_a^b |g(x)|^q \mathrm{d}x \right)^{\frac{1}{q}}.$$

取 $p = q = 2$,Hölder 不等式即为 Cauchy 不等式.

6. (Minkowski 不等式)　设 $p > 1$,$f(x)$ 与 $g(x)$ 都在 $[a,b]$ 上可积,则

$$\left(\int_a^b |f(x) + g(x)|^p \mathrm{d}x \right)^{\frac{1}{p}} \leqslant \left(\int_a^b |f(x)|^p \mathrm{d}x \right)^{\frac{1}{p}} + \left(\int_a^b |g(x)|^p \mathrm{d}x \right)^{\frac{1}{p}}.$$

注　Hölder 不等式和 Minkowski 不等式是建立 L^p 空间诸多重要结论的基本工具. 对于离散情形也有相应的结论成立.

4.2 积分的计算

【例 4.1】 若 $f(x)$ 在 $[a,b]$ 上严格单调连续，$\varphi(x)$ 为 $f(x)$ 的反函数，且设 $\alpha = f(a),\beta = f(b)$，则

$$\int_{\alpha}^{\beta}\varphi(y)\mathrm{d}y = b\beta - a\alpha - \int_{a}^{b}f(x)\mathrm{d}x.$$

解 从几何意义上看（图 4.1）上述结论是十分明显的。通过对几何图形的分析和研究，容易得出以下严格的证明：

取 $[a,b]$ 的任一分法 T：

$a = x_0 < x_1 < \cdots < x_{n-1} < x_n = b$，

由于 $f(x)$ 是严格单调增加的，所以，相应地就有 $[\alpha,\beta]$ 的一个分法 T'：

$\alpha = y_0 < y_1 < \cdots < y_{n-1} < y_n = \beta$，其中 $y_i = f(x_i),(0 \leqslant i \leqslant n)$. 由 $f(x)$ 的连续性可知，当 $d(T) \to 0$ 时必有 $d(T') \to 0$.

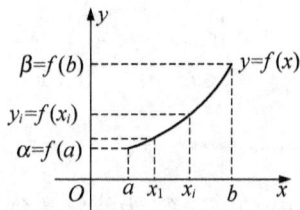

图 4.1

我们有

$$\sum_{i=0}^{n-1}f(x_{i-1})\Delta x_i = f(x_0)(x_1 - x_0) + f(x_1)(x_2 - x_1) + \cdots + f(x_{n-1})(x_n - x_{n-1})$$
$$= x_n f(x_{n-1}) - x_0 f(x_0) - x_1(f(x_1) - f(x_0)) - \cdots - x_{n-1}(f(x_{n-1}) - f(x_{n-2}))$$
$$= bf(x_{n-1}) - a\alpha - (\varphi(y_1)(y_1 - y_0) + \varphi(y_2)(y_2 - y_1) + \cdots + \varphi(y_{n-1})(y_{n-1} - y_{n-2}))$$
$$= bf(x_{n-1}) - a\alpha - \sum_{i=1}^{n-1}\varphi(y_i)\Delta y_i.$$

在上式两边取极限（$d(T) \to 0, d(T') \to 0$），得到

$$\int_{a}^{b}f(x)\mathrm{d}x = b\beta - a\alpha - \int_{\alpha}^{\beta}\varphi(y)\mathrm{d}y.$$

【例 4.2】 求不定积分 $\int f(x)\mathrm{d}x$，其中

(1) $f(x) = \max(1,x^2)$； (2) $f(x) = \begin{cases} 1 - x^2, & |x| \leqslant 1 \\ 1 - |x|, & |x| > 1. \end{cases}$

解 (1) 由于

$$f(x) = \max(1,x^2) = \begin{cases} 1, & -1 \leqslant x \leqslant 1, \\ x^2, & |x| > 1, \end{cases}$$

在任何区间连续,故其原函数在$(-\infty,+\infty)$上是存在的,并且必定是连续的.现求 $f(x)$ 的一个原函数 $F(x)$.由于

当 $-1 \leqslant x \leqslant 1$ 时,　$\int f(x)\mathrm{d}x = \int \mathrm{d}x = x + C_1$,

当 $x \geqslant 1$ 时,　$\int f(x)\mathrm{d}x = \int x^2\mathrm{d}x = \dfrac{1}{3}x^3 + C_2$,

当 $x \leqslant -1$ 时,　$\int f(x)\mathrm{d}x = \dfrac{1}{3}x^3 + C_3$,

故 $F(x)$ 必为如下形状

$$F(x) = \begin{cases} x + C_1, & -1 \leqslant x \leqslant 1, \\ \dfrac{1}{3}x^3 + C_2, & x \geqslant 1, \\ \dfrac{1}{3}x^3 + C_3, & x \leqslant -1, \end{cases}$$

其中 C_1, C_2, C_3 为待定常数.

由于 $F(x)$ 在 $(-\infty,+\infty)$ 内连续,故亦在 $x = 1$ 处连续.因此

$$\lim_{x \to 1-0} F(x) = 1 + C_1 = \lim_{x \to 1+0} F(x) = \frac{1}{3} + C_2,$$

即有

$$C_2 = C_1 + \frac{2}{3}.$$

同样地,由 $F(x)$ 在 $x = -1$ 的连续性,得到

$$C_3 = C_1 - \frac{2}{3}.$$

令 $C_1 = 0$,即得函数 $f(x) = \max(1, x^2)$ 在 $(-\infty,+\infty)$ 上的一个原函数为

$$F(x) = \begin{cases} x, & -1 \leqslant x \leqslant 1, \\ \dfrac{1}{3}x^3 + \dfrac{2}{3}, & x \geqslant 1, \\ \dfrac{1}{3}x^3 - \dfrac{2}{3}, & x \leqslant -1, \end{cases}$$

从而 $\int \max(1, x^2)\mathrm{d}x = F(x) + C$,其中 C 是任何常数.

(2) 由于 $f(x)$ 在 $(-\infty,+\infty)$ 连续,故存在原函数 $F(x)$.与解(1)同样方法,可得 $F(x)$ 具有下述形式:

$$F(x) = \begin{cases} x - \dfrac{x^3}{3} + C_1, & -1 \leqslant x \leqslant 1, \\[2mm] x - \dfrac{x^2}{2} + C_2, & x > 1, \\[2mm] x + \dfrac{x^2}{2} + C_3, & x < -1. \end{cases}$$

利用 $F(x)$ 在 $x = 1$ 与 $x = -1$ 处的连续性,得到

$$C_2 = C_1 + \frac{1}{6}, C_3 = C_1 - \frac{1}{6}.$$

令 $C_1 = 0$,即得 $f(x)$ 的一个原函数:

$$F(x) = \begin{cases} x - \dfrac{x^3}{3}, & -1 \leqslant x \leqslant 1, \\[2mm] x - \dfrac{x^2}{2} + \dfrac{1}{6}, & x > 1, \\[2mm] x + \dfrac{x^2}{2} - \dfrac{1}{6}, & x < -1. \end{cases}$$

从而 $\displaystyle\int f(x)\mathrm{d}x = F(x) + C$,其中 C 是任何常数.

【例 4.3】 设 $f(x) = \dfrac{1}{x} - \left[\dfrac{1}{x}\right] (0 < x \leqslant 1)$,$f(0) = 0$. 证明 $f(x)$ 在 $[0,1]$ 上可积,并求 $\displaystyle\int_0^1 f(x)\mathrm{d}x$ 的值.

解 (1) 由于 $f(x) = \left\{\dfrac{1}{x}\right\}$ 表示 $\dfrac{1}{x}$ 的小数部分,所以有界并有间断点 $\dfrac{1}{n} (n = 1, 2, \cdots)$. 对任意的 $0 < \varepsilon < 1$,将 $[0,1]$ 分成 $\left[0, \dfrac{\varepsilon}{3}\right]$ 和 $\left[\dfrac{\varepsilon}{3}, 1\right]$ 两个部分. 因为 $f(x)$ 在 $\left[\dfrac{\varepsilon}{3}, 1\right]$ 上有界且只有有限个间断点,所以 $f(x)$ 在 $\left[\dfrac{\varepsilon}{3}, 1\right]$ 可积. 于是,存在 $\delta_1 > 0$,对 $\left[\dfrac{\varepsilon}{3}, 1\right]$ 的任一划分 T_1,只要 $d(T_1) < \delta_1$,其对应的和 $\displaystyle\sum'' \omega_i \Delta x_i < \dfrac{\varepsilon}{3}$.

若取 $\delta = \min\left(\dfrac{\varepsilon}{3}, \delta_1\right)$,则对 $[0,1]$ 的任意划分 T,只要 $d(T) < \delta$,就有 $\displaystyle\sum \omega_i \Delta x_i < \varepsilon$. 事实上,当 $\dfrac{\varepsilon}{3}$ 为 T 的一个分点时,显然有 $\displaystyle\sum \omega_i \Delta x_i < \varepsilon$. 而当 $\dfrac{\varepsilon}{3}$ 不是 T 的分点时,有

$$\sum \omega_i \Delta x_i = \sum' \omega_i \Delta x_i + \sum'' \omega_i \Delta x_i + \omega_{i0} \Delta x_{i0},$$

其中 $\sum'$ 为包含在 $\left[0,\dfrac{\varepsilon}{3}\right]$ 内的所有子区间对应的和，$\sum''$ 为包含在 $\left[\dfrac{\varepsilon}{3},1\right]$ 内的所有子区间对应的和，而 ω_{i0} 与 Δx_{i0} 为包含分点 $\dfrac{\varepsilon}{3}$ 的子区间上的振幅和该子区间的长度. 由于所有 $\omega_i \leqslant 1$，故有 $\sum'\omega_i\Delta x_i < \dfrac{\varepsilon}{3}$，$\omega_{i0}\Delta x_i < \dfrac{\varepsilon}{3}$. 再将 $\dfrac{\varepsilon}{3}$ 补充为分点后，显然也有 $\sum''\omega_i\Delta x_i < \dfrac{\varepsilon}{3}$. 因而，$\sum\omega_i\Delta x_i < \varepsilon$，这就证明了 $f(x)$ 在 $[0,1]$ 上可积.

(2) $\displaystyle\int_0^1 f(x)\mathrm{d}x = \sum_{m=1}^{\infty}\int_{\frac{1}{m+1}}^{\frac{1}{m}}\left(\frac{1}{x}-\left[\frac{1}{x}\right]\right)\mathrm{d}x$

$\displaystyle\qquad\qquad = \sum_{m=1}^{\infty}\int_{\frac{1}{m+1}}^{\frac{1}{m}}\left(\frac{1}{x}-m\right)\mathrm{d}x = \sum_{m=1}^{\infty}\left(\ln\frac{m+1}{m}-\frac{1}{m+1}\right)$

$\displaystyle\qquad\qquad = \lim_{n\to\infty}\sum_{m=1}^{n-1}\left(\ln\frac{m+1}{m}-\frac{1}{m+1}\right) = \lim_{n\to\infty}\left(\ln n - \frac{1}{2}-\cdots-\frac{1}{n}\right)$

$\displaystyle\qquad\qquad = 1-\lim_{n\to\infty}\left(1+\frac{1}{2}+\frac{1}{3}+\cdots+\frac{1}{n}-\ln n\right) = 1-\gamma,$

其中 γ 为 Euler 常数.

【例 4.4】 设 $I_n = \displaystyle\int_0^{\frac{\pi}{4}}\tan^n x\,\mathrm{d}x, n=1,2,\cdots,$

(1) 求 $I_n + I_{n-2}$ 之值；　　　　(2) 证明 $\dfrac{1}{2(n+1)} < I_n < \dfrac{1}{2(n-1)}$.

解　(1) $I_n + I_{n-2} = \displaystyle\int_0^{\frac{\pi}{4}}\tan^n x\,\mathrm{d}x + \int_0^{\frac{\pi}{4}}\tan^{n-2}x\,\mathrm{d}x = \int_0^{\frac{\pi}{4}}\tan^{n-2}x(\tan^2 x+1)\mathrm{d}x$

$\displaystyle\qquad\qquad\qquad = \int_0^{\frac{\pi}{4}}\tan^{n-2}x\,\mathrm{d}(\tan x) = \frac{1}{n-1},$

即 $I_n + I_{n-2} = \dfrac{1}{n-1}$.

(2) 由于 $x \in \left[0,\dfrac{\pi}{4}\right]$ 时 $0 \leqslant \tan x \leqslant 1$，故函数列 $\tan^n x$ 是在 $\left[0,\dfrac{\pi}{4}\right]$ 上关于 n 的减函数列，即当 $n > 1$ 时

$$\tan^n x < \tan^{n-2}x, x \in \left(0,\frac{\pi}{4}\right).$$

于是 $I_n < I_{n-2}$，并且

$$2I_n < I_n + I_{n-2} = \frac{1}{n-1},$$

即

$$I_n < \frac{1}{2(n-1)}.$$

同理从

$$2I_n > I_n + I_{n+2} = \frac{1}{n+1},$$

可得

$$I_n > \frac{1}{2(n+1)}.$$

【例 4.5】 计算下列定积分：

(1) $\int_0^a \frac{\mathrm{d}x}{x + \sqrt{a^2 - x^2}}, a > 0$； (2) $\int_{\frac{1}{2}}^2 \left(1 + x - \frac{1}{x}\right) \mathrm{e}^{x+\frac{1}{x}} \mathrm{d}x$.

解 (1) 令 $x = a\sin t$，则

$$I = \int_0^a \frac{\mathrm{d}x}{x + \sqrt{a^2 - x^2}} = \int_0^{\frac{\pi}{2}} \frac{a\cos t \mathrm{d}t}{a\sin t + a\cos t}$$

$$= \int_0^{\frac{\pi}{2}} \frac{\cos t + \sin t - \sin t}{\sin t + \cos t} \mathrm{d}t = \frac{\pi}{2} - \int_0^{\frac{\pi}{2}} \frac{\sin t}{\sin t + \cos t} \mathrm{d}t.$$

再令 $t = \frac{\pi}{2} - u$，则

$$\int_0^{\frac{\pi}{2}} \frac{\sin t}{\sin t + \cos t} \mathrm{d}t = \int_{\frac{\pi}{2}}^0 \frac{\cos u}{\sin u + \cos u} (-\mathrm{d}u) = \int_0^{\frac{\pi}{2}} \frac{\cos u}{\sin u + \cos u} \mathrm{d}u = I.$$

再由前一式，得 $I = \frac{\pi}{4}$.

(2) 令 $u = \frac{1}{x}$，则

$$I = \int_{\frac{1}{2}}^2 \left(1 + x - \frac{1}{x}\right) \mathrm{e}^{x+\frac{1}{x}} \mathrm{d}x = \int_2^{\frac{1}{2}} \left(1 + \frac{1}{u} - u\right) \mathrm{e}^{u+\frac{1}{u}} \left(-\frac{1}{u^2}\right) \mathrm{d}u$$

$$= \int_2^{\frac{1}{2}} \left(1 + \frac{1}{u} - u\right) \mathrm{e}^u \mathrm{d}(\mathrm{e}^{\frac{1}{u}})$$

$$= \left(1 + \frac{1}{u} - u\right) \mathrm{e}^{u+\frac{1}{u}} \Big|_2^{\frac{1}{2}} - \int_2^{\frac{1}{2}} \mathrm{e}^{u+\frac{1}{u}} \left(1 + \frac{1}{u} - u\right) \mathrm{d}u - \int_2^{\frac{1}{2}} \mathrm{e}^{u+\frac{1}{u}} \left(-1 - \frac{1}{u^2}\right) \mathrm{d}u$$

$$\tag{4.6}$$

$$= 3\mathrm{e}^{\frac{5}{2}} - \int_2^{\frac{1}{2}} \mathrm{e}^{u+\frac{1}{u}} \left(-1 + \frac{1}{u} - u\right) \mathrm{d}u - \int_2^{\frac{1}{2}} \mathrm{e}^{u+\frac{1}{u}} \left(1 - \frac{1}{u^2}\right) \mathrm{d}u \tag{4.7}$$

$$= 3\mathrm{e}^{\frac{5}{2}} - I - \int_2^{\frac{1}{2}} \mathrm{e}^{u+\frac{1}{u}} \left(1 - \frac{1}{u^2}\right) \mathrm{d}u = 3\mathrm{e}^{\frac{5}{2}} - I - \int_2^{\frac{1}{2}} \mathrm{e}^{u+\frac{1}{u}} \mathrm{d}u - \int_2^{\frac{1}{2}} \mathrm{e}^u \mathrm{d}\mathrm{e}^{\frac{1}{u}}$$

$$= 3\mathrm{e}^{\frac{5}{2}} - I - \int_2^{\frac{1}{2}} \mathrm{e}^{u + \frac{1}{u}} \mathrm{d}u - \left(\mathrm{e}^{u + \frac{1}{u}} \Big|_2^{\frac{1}{2}} - \int_2^{\frac{1}{2}} \mathrm{e}^{u + \frac{1}{u}} \mathrm{d}u \right) = 3\mathrm{e}^{\frac{5}{2}} - I,$$

所以 $I = \dfrac{3}{2}\mathrm{e}^{\frac{5}{2}}$.

注　从(4.6)式到(4.7)式,是为了"凑"出积分 I,这种技巧值得注意.

【**例 4.6**】　设 $f(x)$ 在 $[0,1]$ 连续,则

$$\int_0^{\frac{\pi}{2}} f(|\cos x|) \mathrm{d}x = \frac{1}{4} \int_0^{2\pi} f(|\cos x|) \mathrm{d}x.$$

解　令 $y = \pi - x$,则

$$\int_{\frac{\pi}{2}}^{\pi} f(|\cos x|) \mathrm{d}x = \int_{\frac{\pi}{2}}^0 f(|\cos(\pi - y)|)(-\mathrm{d}y) = \int_0^{\frac{\pi}{2}} f(|\cos x|) \mathrm{d}x.$$

令 $y = x - \pi$,则

$$\int_{\pi}^{\frac{3\pi}{2}} f(|\cos x|) \mathrm{d}x = \int_0^{\frac{\pi}{2}} f(|\cos(\pi + y)|) \mathrm{d}y = \int_0^{\frac{\pi}{2}} f(|\cos x|) \mathrm{d}x.$$

令 $y = 2\pi - x$,则

$$\int_{\frac{3\pi}{2}}^{2\pi} f(|\cos x|) \mathrm{d}x = \int_{\frac{\pi}{2}}^0 f(|\cos(2\pi - y)|)(-\mathrm{d}y) = \int_0^{\frac{\pi}{2}} f(|\cos x|) \mathrm{d}x.$$

综上即得所需结论.

【**例 4.7**】　在区间 $(0,\pi)$ 上定义 $D_n(x) = \dfrac{\sin\dfrac{2n+1}{2}x}{2\sin\dfrac{x}{2}}, n = 1, 2, \cdots,$ 计算

$\int_0^{\pi} D_n(x) \mathrm{d}x$ 的值.

解　利用三角恒等式

$$2\sin\frac{x}{2} \left(\frac{1}{2} + \sum_{k=1}^n \cos kx \right) = \sin\frac{2n+1}{2}x,$$

可知 $D_n(x) = \dfrac{1}{2} + \sum_{k=1}^n \cos kx$. 从而

$$\int_0^{\pi} D_n(x) \mathrm{d}x = \int_0^{\pi} \left(\frac{1}{2} + \sum_{k=1}^n \cos kx \right) \mathrm{d}x = \frac{\pi}{2} + \sum_{k=1}^n \int_0^{\pi} \cos kx \, \mathrm{d}x = \frac{\pi}{2}.$$

注　例 4.7 中定义的函数 $D_n(x)$ 称为 Dirichlet 核函数,其积分即所谓的 Dirichlet 积分. 两者在 Fourier 分析和逼近论中有着广泛的应用.

【**例 4.8**】　计算 $I_n = \displaystyle\int_0^{\frac{\pi}{2}} \sin^n x \, \mathrm{d}x = \int_0^{\frac{\pi}{2}} \cos^n x \, \mathrm{d}x.$

解　利用变换 $t = \dfrac{\pi}{2} - x$ 易知题中两个积分是相等的. 由分部积分得到

$$I_n = \int_0^{\frac{\pi}{2}} \sin^{n-1}x \mathrm{d}(-\cos x) = -\sin^{n-1}x \cos x \Big|_0^{\frac{\pi}{2}} + \int_0^{\frac{\pi}{2}} \cos x \mathrm{d}\sin^{n-1}x$$

$$= (n-1)\int_0^{\frac{\pi}{2}} \sin^{n-2}x \cos^2 x \mathrm{d}x = (n-1)I_{n-2} - (n-1)I_n,$$

$$I_n = \frac{n-1}{n}I_{n-2}, n \geqslant 2.$$

直接计算可知

$$I_0 = \int_0^{\frac{\pi}{2}} \mathrm{d}x = \frac{\pi}{2}, I_1 = \int_0^{\frac{\pi}{2}} \sin x \mathrm{d}x = 1,$$

因此

$$I_n = \begin{cases} \dfrac{(n-1)!!}{n!!}, & n \text{ 为奇数}, \\[3mm] \dfrac{(n-1)!!}{n!!}\dfrac{\pi}{2}, & n \text{ 为偶数}. \end{cases}$$

【例 4.9】　计算含双参数的积分 $B(m,n) = \displaystyle\int_0^1 x^{m-1}(1-x)^{n-1}\mathrm{d}x$, 其中 m,n 为自然数.

解　利用分部积分公式得

$$B(m,n) = \frac{x^m(1-x)^{n-1}}{m}\Big|_0^1 + \frac{n-1}{m}\int_0^1 x^m(1-x)^{n-2}\mathrm{d}x$$

$$= \frac{n-1}{m}B(m+1,n-1).$$

重复应用上述结果得到

$$B(m,n) = \frac{(n-1)!}{m(m+1)\cdots(m+n-2)}B(m+n-1,1)$$

$$= \frac{(n-1)!}{m(m+1)\cdots(m+n-2)}\int_0^1 x^{m+n-2}\mathrm{d}x = \frac{(n-1)!(m-1)!}{(m+n-1)!}.$$

注　在例 4.8 和例 4.9 中, 我们应用了递推的方法求积分, 这是计算形如 $\displaystyle\int_a^b f_n(x)\mathrm{d}x$ 类型积分时的一种常用方法.

【例 4.10】　设 $f(x)$ 是定义在 $[a,b]$ 上的单调函数, 若 $f(x)$ 在 $[a,b]$ 上不连续, 则 $f(x)$ 在 $[a,b]$ 上的不定积分不存在.

解　设 $x_0 \in (a,b)$ 是 $f(x)$ 的一个不连续点, 则有

$$f(x_0+0) \neq f(x_0-0)$$

设 $h > 0$, 由微分中值定理, 有

$$\frac{F(x_0 + h) - F(x_0)}{h} = F'(x_0 + \theta h) = f(x_0 + \theta h) \to f(x_0 + 0),$$

所以

$$F'_+ (x_0) = \lim_{h \to 0+} \frac{F(x_0 + h) - F(x_0)}{h} = f(x_0 + 0);$$

同理

$$F'_- (x_0) = f(x_0 - 0),$$

因为 $F'_+ (x_0) \neq F'_- (x_0)$, 所以 $F(x)$ 在点 x_0 不可导与 $F(x)$ 是原函数相矛盾.

注　例 4.10 说明, 可积函数不一定有原函数.

4.3　Riemann 引理

【**例 4.11**】(**Riemann 引理**)　设 $f(x)$ 在 $[a, b]$ 上可积, 则

$$\lim_{n \to +\infty} \int_a^b f(x) \sin nx \, dx = 0,$$

$$\lim_{n \to +\infty} \int_a^b f(x) \cos nx \, dx = 0.$$

解　因为 $f(x)$ 可积, 故有界, 即存在常数 $M > 0$ 使得

$$|f(x)| \leqslant M, x \in [a, b].$$

令 $K = \sqrt{n}$,

$$x_i = a + \frac{i}{K}(b - a),$$

$$\omega_i = \sup_{x', x'' \in [x_i, x_{i+1}]} |f(x') - f(x'')|, i = 0, 1, 2, \cdots, K.$$

根据可积的充要条件, 有

$$\lim_{K \to \infty} \sum_{i=0}^{K-1} \omega_i \Delta x_i = 0,$$

从而

$$
\begin{aligned}
\int_a^b f(x) \sin nx \, dx &= \sum_{i=0}^{K-1} \int_{x_i}^{x_{i+1}} f(x) \sin nx \, dx \\
&= \sum_{i=0}^{K-1} \int_{x_i}^{x_{i+1}} (f(x) - f(x_i)) \sin nx \, dx + \sum_{i=0}^{K-1} f(x_i) \int_{x_i}^{x_{i+1}} \sin nx \, dx \\
&= O\left(\sum_{i=0}^{K-1} \omega_i \Delta x_i\right) + O\left(\frac{K}{n}\right) = o(1), n \to \infty.
\end{aligned}
$$

同理可证

$$\lim_{n \to +\infty} \int_a^b f(x)\cos nx\,\mathrm{d}x = 0.$$

注 如果使用"$\varepsilon - N$"语言也可以给出证明. 读者可以比较一下两者的差别.

【例 4.12】 设 $f(x)$ 在 $[a,b]$ 上可积, 则

$$\lim_{n \to +\infty} \int_a^b f(x)\,|\sin nx|\,\mathrm{d}x = \frac{2}{\pi}\int_a^b f(x)\,\mathrm{d}x.$$

解 只须取 $[a,b] = [0,2\pi]$ 时证明即可. 我们有

$$\int_0^{2\pi} f(x)\,|\sin nx|\,\mathrm{d}x = \sum_{k=1}^n \int_{\frac{2(k-1)}{n}\pi}^{\frac{2k\pi}{n}} f(x)\,|\sin nx|\,\mathrm{d}x$$

$$= \sum_{k=1}^n f(k_n)\int_{\frac{2(k-1)}{n}\pi}^{\frac{2k\pi}{n}} |\sin nx|\,\mathrm{d}x,$$

其中

$$\inf\left\{f(x): \frac{2(k-1)\pi}{n} \leqslant x \leqslant \frac{2k\pi}{n}\right\} \leqslant f(k_n)$$

$$\leqslant \sup\left\{f(x): \frac{2(k-1)\pi}{n} \leqslant x \leqslant \frac{2k\pi}{n}\right\}.$$

因为

$$\int_{\frac{2(k-1)}{n}\pi}^{\frac{2k\pi}{n}} |\sin nx|\,\mathrm{d}x = \frac{2}{n}\int_0^\pi \sin u\,\mathrm{d}u = \frac{4}{n},$$

所以利用 Riemann 积分的定义可得

$$\lim_{n \to \infty} \int_0^{2\pi} f(x)\,|\sin nx|\,\mathrm{d}x = \lim_{n \to \infty} \frac{2}{\pi}\sum_{k=1}^n f(k_n)\frac{2\pi}{n} = \frac{2}{\pi}\int_0^{2\pi} f(x)\,\mathrm{d}x.$$

【例 4.13】 设 $f(x)$ 在 $[0, +\infty)$ 上连续, 广义积分 $\displaystyle\int_0^{+\infty} f(x)\,\mathrm{d}x$ 绝对收敛, 试证:

$$\lim_{n \to +\infty} \int_0^{+\infty} f(x)\sin^4 nx\,\mathrm{d}x = 0 \Leftrightarrow \int_0^{+\infty} f(x)\,\mathrm{d}x = 0.$$

解 利用

$$\sin^4 nx = \frac{3}{8} - \frac{1}{2}\cos 2nx + \frac{1}{8}\cos 4nx$$

及 Riemann 引理即得.

【例 4.14】(推广的 Riemann 引理) 设 $f(x)$ 在 $[a,b]$ 上可积并绝对可积, $g(x)$ 以 T 为周期, 且在 $[0,T]$ 上可积, 则

$$\lim_{n \to +\infty} \int_a^b f(x)g(nx)\mathrm{d}x = \frac{1}{T}\int_0^T g(x)\mathrm{d}x \int_a^b f(x)\mathrm{d}x. \tag{4.8}$$

注　这个结论的证明比较复杂,在此略去.需要指出的是在推广的 Riemann 引理中,将正整数 n 换成任意的正数 λ 时结论仍然成立.推广的 Riemann 引理有很广的应用,下面是几个例子.

【例 4.15】　设 $\int_0^h \dfrac{|\varphi(t)|}{t}\mathrm{d}t$ 存在,则

$$\lim_{n \to +\infty} \frac{1}{\pi}\int_0^\pi \varphi(t)\frac{\sin\left(n+\dfrac{1}{2}\right)t}{\sin\dfrac{1}{2}t}\mathrm{d}t = 0.$$

解　因为 $\dfrac{\varphi(t)}{t}$ 绝对可积,所以

$$\frac{\varphi(t)}{t}\cdot\frac{\dfrac{1}{2}t}{\sin\dfrac{1}{2}t}\cdot\sin\frac{1}{2}t \qquad 与 \qquad \frac{\varphi(t)}{t}\cdot\frac{\dfrac{1}{2}t}{\sin\dfrac{1}{2}t}\cdot\cos\frac{1}{2}t$$

也绝对可积.利用例 4.14 中的 (4.8) 式,有

$$\lim_{n \to +\infty} \frac{1}{\pi}\int_0^\pi \varphi(t)\frac{\sin\left(n+\dfrac{1}{2}\right)t}{\sin\dfrac{1}{2}t}\mathrm{d}t$$

$$= 2\lim_{n \to +\infty} \frac{1}{\pi}\int_0^\pi \frac{\varphi(t)}{t}\frac{\dfrac{1}{2}t}{\sin\dfrac{1}{2}t}\sin\left(n+\frac{1}{2}\right)t\mathrm{d}t$$

$$= \lim_{n \to +\infty} \frac{1}{\pi}\int_0^\pi \frac{\varphi(t)}{t}\frac{\dfrac{1}{2}t}{\sin\dfrac{1}{2}t}\left(\sin\frac{1}{2}t\cos nt + \cos\frac{1}{2}t\sin nt\right)\mathrm{d}t = 0.$$

【例 4.16】　设 $g(x) = 4[x] - 2[2x] + 1$,$f(x)$ 在 $[a,b]$ 上连续,则

$$\lim_{n \to +\infty} \int_a^b f(x)g(nx)\mathrm{d}x = 0.$$

解　因为

$$g(x+1) = 4[x+1] - 2[2(x+1)] + 1$$
$$= 4[x] - 2[2x] + 1 = g(x),$$

所以 $g(x)$ 是以 1 为周期的周期函数.于是,利用例 4.14 中的 (4.8) 式,有

$$\lim_{n \to +\infty} \int_a^b f(x) g(nx) \, \mathrm{d}x = \int_0^1 g(x) \, \mathrm{d}x \int_a^b f(x) \, \mathrm{d}x = 0 \cdot \int_a^b f(x) \, \mathrm{d}x = 0.$$

【例 4.17】　证明：

$$\lim_{n \to +\infty} \int_0^1 \frac{\sin^2(nx)}{1+x^2} \, \mathrm{d}x = \frac{\pi}{8}.$$

解　利用例 4.14 中的 (4.8) 式，有

$$\lim_{n \to +\infty} \int_0^1 \frac{\sin^2(nx)}{1+x^2} \, \mathrm{d}x = \frac{1}{2\pi} \int_0^{2\pi} \sin^2 x \, \mathrm{d}x \int_0^1 \frac{\mathrm{d}x}{1+x^2} = \frac{\pi}{8}.$$

【例 4.18】　设 $f(x)$ 在 $[0,a]$ 上非负且单调增加，则

$$\lim_{p \to +\infty} \int_0^a f(x) \frac{\sin px}{x} \, \mathrm{d}x = \frac{1}{2} f(0+).$$

解　我们有

$$\frac{1}{\pi} \int_0^a f(x) \frac{\sin px}{x} \, \mathrm{d}x$$

$$= \frac{1}{\pi} \int_0^a (f(x) - f(0+)) \frac{\sin px}{x} \, \mathrm{d}x + \frac{f(0+)}{\pi} \int_0^a \frac{\sin px}{x} \, \mathrm{d}x$$

$$= I_1 + I_2,$$

其中

$$I_2 = \frac{f(0+)}{\pi} \int_0^a \frac{\sin px}{x} \, \mathrm{d}x \xrightarrow{t = px} \frac{f(0+)}{\pi} \int_0^{ap} \frac{\sin t}{t} \, \mathrm{d}t \to \frac{1}{2} f(0+), \quad p \to +\infty.$$

于是，只要证明 $p \to +\infty$ 时 $I_1 \to 0$ 即可. 记 $g(x) = f(x) - f(0+)$，则 $g(x)$ 亦为单调增加函数，且 $g(0+) = 0$. 对任给的 $\varepsilon > 0$，可以取定 η，$0 < \eta < a$，使得当 $0 \leqslant x \leqslant \eta$ 时有 $0 \leqslant g(x) < \varepsilon$. 此时

$$I_1 = \frac{1}{\pi} \int_0^a g(x) \frac{\sin px}{x} \, \mathrm{d}x = \frac{1}{\pi} \int_\eta^a g(x) \frac{\sin px}{x} \, \mathrm{d}x + \frac{1}{\pi} \int_0^\eta g(x) \frac{\sin px}{x} \, \mathrm{d}x.$$

由 Riemann 引理可知当 $p \to +\infty$ 时，右端第一个积分的极限为 0. 对于第二个积分，利用第二积分中值定理，有

$$\frac{1}{\pi} \int_0^\eta g(x) \frac{\sin px}{x} \, \mathrm{d}x = \frac{1}{\pi} g(\eta) \int_\xi^\eta \frac{\sin px}{x} \, \mathrm{d}x,$$

而

$$\left| \int_\xi^\eta \frac{\sin px}{x} \, \mathrm{d}x \right| = \left| \int_{p\xi}^{p\eta} \frac{\sin t}{t} \, \mathrm{d}t \right| \leqslant A\pi,$$

其中 A 为一个绝对正常数. 从而

$$\left| \frac{1}{\pi} g(\eta) \int_\xi^\eta \frac{\sin px}{x} \mathrm{d}x \right| \leqslant \frac{\varepsilon}{\pi} \cdot A\pi = A\varepsilon.$$

所以当 $p \to +\infty$ 时,第二个积分的极限也为 0.综上,结论得证.

另解　下面只证明,当 $p \to +\infty$ 时,$I_1 \to 0$.记 $g(x) = f(x) - f(0+)$.

取 $0 < \alpha < 1$.由积分中值定理,我们知道,存在 $\xi, \eta, p^{-\alpha} < \xi < a, 0 < \eta < p^{-\alpha}$,使得

$$\int_0^a g(x) \frac{\sin px}{x} \mathrm{d}x = \int_{p^{-\alpha}}^a g(x) \frac{\sin px}{x} \mathrm{d}x + \int_0^{p^{-\alpha}} g(x) \frac{\sin px}{x} \mathrm{d}x$$

$$= g(a) \int_\xi^a \frac{\sin px}{x} \mathrm{d}x + g(p^{-\alpha}) \int_\eta^{p^{-\alpha}} \frac{\sin px}{x} \mathrm{d}x$$

$$= g(a) \int_{p\xi}^{pa} \frac{\sin x}{x} \mathrm{d}x + g(p^{-\alpha}) \int_{p\eta}^{p^{1-\alpha}} \frac{\sin x}{x} \mathrm{d}x. \tag{4.9}$$

由于

$$p\xi > p^{1-\alpha} \to \infty, \quad g(p^{-\alpha}) = o(1), \quad \int_{p\eta}^{p^{1-\alpha}} \frac{\sin x}{x} \mathrm{d}x = O(1),$$

所以,(4.9)式成为

$$\int_0^a g(x) \frac{\sin px}{x} \mathrm{d}x = g(a)o(1) + o(1)O(1) = o(1).$$

4.4　可积函数的逼近

【例 4.19】　设 $f(x)$ 是实数集 R 上的连续函数,证明:若 $f(x)$ 能在整个 R 上用多项式一致逼近,则 $f(x)$ 只能是多项式.

解　若多项式 $P_n(x)$ 可以一致逼近 $f(x)$,则对于某个 n,以及所有的 $i \geqslant n$,$x \in \mathbf{R}$,有 $|P_i(x) - f(x)| < 1$. 于是,对所有的 $i \geqslant n, x \in \mathbf{R}$,有 $|P_i(x) - P_n(x)| < 2$. 这说明 $P_i - P_n$ 是有界多项式,从而是常数. 因此,$f - P_n = \lim_{i \to \infty}(P_i - P_n)$ 为常数,亦即 $f = P_n + C$ 是多项式.

【例 4.20】　设 $f(x)$ 是 $[a,b]$ 上的可积函数,则对任意 $\varepsilon > 0$,存在 $[a,b]$ 上的阶梯函数 $p(x)$ 和 $q(x)$,使得对所有 $x \in [a,b]$ 成立

$$p(x) \leqslant f(x) \leqslant q(x),$$

且

$$\int_a^b (q(x) - p(x)) \mathrm{d}x < \varepsilon.$$

解　因为 $f(x)$ 是 $[a,b]$ 上的可积函数,所以对任意给定的 $\varepsilon > 0$,存在达布上

和与达布下和

$$\overline{S} = \sum_{k=1}^{n} M_k (x_k - x_{k-1}) \text{与} \underline{S} = \sum_{k=1}^{n} m_k (x_k - x_{k-1}),$$

使得

$$\overline{S} - \underline{S} < \varepsilon,$$

其中 $M_k = \sup\limits_{x_{k-1} \leqslant x \leqslant x_k} f(x), m_k = \inf\limits_{x_{k-1} \leqslant x \leqslant x_k} f(x).$ 定义

$$p(x) = \begin{cases} m_k, & x_{k-1} \leqslant x < x_k, \\ m_n, & x_{n-1} \leqslant x \leqslant x_n, \end{cases} k = 1, 2, \cdots, n-1,$$

$$q(x) = \begin{cases} M_k, & x_{k-1} \leqslant x < x_k, \\ M_n, & x_{n-1} \leqslant x \leqslant x_n, \end{cases} k = 1, 2, \cdots, n-1.$$

则 $p(x)$ 和 $q(x)$ 就满足结论中的条件.

【例 4.21】 设 $f(x)$ 是 $[a,b]$ 上的可积函数,则对任意 $\varepsilon > 0$,存在两个多项式 $p(x)$ 和 $q(x)$,使得对所有 $x \in [a,b]$ 成立

$$p(x) \leqslant f(x) \leqslant q(x),$$

且

$$\int_a^b (q(x) - p(x)) \mathrm{d}x < \varepsilon.$$

解　由例 4.20,只要证明结论对阶梯函数成立即可.根据阶梯函数的构造,不妨设

$$f(x) = \begin{cases} 1, & x \in [\alpha, \beta], \\ 0, & \text{其他}, \end{cases} a < \alpha < \beta < b.$$

对充分小的 $\eta > 0$,定义

$$f_\eta(x) = \begin{cases} 1 + \eta, & \alpha \leqslant x \leqslant \beta, \\ \eta, & a \leqslant x \leqslant \alpha - \eta \text{ 或 } \beta + \eta \leqslant x \leqslant b, \\ \text{线性}, & \alpha - \eta \leqslant x \leqslant \alpha \text{ 或 } \beta \leqslant x \leqslant \beta + \eta. \end{cases}$$

容易看出,

$$f_\eta(x) - f(x) \geqslant \eta, x \in [a,b],$$

$$0 < \int_a^b (f_\eta(x) - f(x)) \mathrm{d}x = \eta(\alpha - \eta - a) + \eta(b - \beta - \eta) + \eta(1 + 2\eta)$$

$$+ \eta(\beta - \alpha) = \eta(b - a + 1).$$

现在,选取 η 充分小,使得

$$\eta(b-a+1)<\frac{\varepsilon}{4},$$

$$0<\int_a^b(f_\eta(x)-f(x))\mathrm{d}x<\frac{\varepsilon}{4}.$$

显然，$f_\eta(x)$ 是 $[a,b]$ 上的连续函数，所以根据 Weierstrass 定理，存在多项式 $q(x)$ 使得对一切 $x\in[a,b]$ 有

$$|f_\eta(x)-q(x)|<\eta,$$

从而

$$f(x)\leqslant f_\eta(x)-\eta\leqslant q(x).$$

于是

$$\int_a^b|q(x)-f(x)|\mathrm{d}x\leqslant\int_a^b|q(x)-f_\eta(x)|\mathrm{d}x+\int_a^b|f_\eta(x)-f(x)|\mathrm{d}x$$

$$\leqslant\eta(b-a)+\frac{\varepsilon}{4}<\frac{\varepsilon}{2}.$$

同理可知存在多项式 $p(x)$，使得对一切 $x\in[a,b]$ 有

$$p(x)\leqslant f(x)$$

且

$$\int_a^b(f(x)-p(x))\mathrm{d}x<\frac{\varepsilon}{4}.$$

因此，

$$\int_a^b(q(x)-p(x))\mathrm{d}x\leqslant\int_a^b(q(x)-f(x))\mathrm{d}x+\int_a^b(f(x)-p(x))\mathrm{d}x<\varepsilon.$$

【例 4.22】 设 $f(x)$ 是 $[a,b]$ 上的连续函数，且其任意阶矩都为 0，即

$$\int_a^b f(t)t^n\mathrm{d}t=0, n=0,1,2,\cdots,$$

证明：$f(x)\equiv0$。

解 由于 $f(x)$ 是 $[a,b]$ 上的连续函数，由 Weierstrass 定理知，存在多项式 $p(x)$ 使得

$$|f(x)-p(x)|<\varepsilon, x\in[a,b]. \tag{4.10}$$

另一方面，由于 $f(x)$ 的任意阶矩都为 0，所以

$$\int_a^b f(x)p(x)\mathrm{d}x=0. \tag{4.11}$$

结合 (4.10) 式、(4.11) 式可以推得

$$\int_a^b f^2(x)\mathrm{d}x = \int_a^b f(x)(f(x)-p(x))\mathrm{d}x + \int_a^b f(x)p(x)\mathrm{d}x$$

$$= \int_a^b f(x)(f(x)-p(x))\mathrm{d}x$$

$$\leqslant \max_{x\in[a,b]}|f(x)-p(x)|\int_a^b |f(x)|\mathrm{d}x$$

$$< \varepsilon\int_a^b |f(x)|\mathrm{d}x.$$

令 $\varepsilon \to 0$,得到

$$\int_a^b f^2(x)\mathrm{d}x = 0.$$

利用 $f^2(x)$ 的连续性可知:$f^2(x)\equiv 0,x\in[a,b]$,从而 $f(x)\equiv 0,x\in[a,b]$.

【**例 4.23**】 设 $f(x)$ 在 $[A,B]$ 上可积,且 $A<a<b<B$,则

$$\lim_{h\to 0}\int_a^b |f(x+h)-f(x)|\mathrm{d}x = 0.$$

解 只需证明当 $h\to 0^+$ 时结论成立即可($h\to 0^-$ 同理可证).对任意 $\varepsilon>0$,由本节例 4.21 知,存在连续函数 $g(x)$ 使得

$$\int_A^B |f(x)-g(x)|\mathrm{d}x < \varepsilon.$$

从而当 $|h|<\min(a-A,B-b)$ 时就有

$$\int_A^B |f(x+h)-g(x+h)|\mathrm{d}x < \int_A^B |f(x)-g(x)|\mathrm{d}x < \varepsilon.$$

由于 $g(x)$ 在 $[A,B]$ 上一致连续,故对上述 $\varepsilon>0$,存在 $\delta'>0$,使得当 $|x'-x''|<\delta',x',x''\in[A,B]$ 时有

$$|g(x')-g(x'')|<\varepsilon.$$

若取 $\delta=\min(\delta',a-A,B-b)$,则当 $|h|<\delta$ 时,

$$\int_a^b |g(x+h)-g(x)|\mathrm{d}x < (b-a)\varepsilon.$$

因而

$$\int_a^b |f(x+h)-f(x)|\mathrm{d}x$$

$$\leqslant \int_a^b |f(x+h)-g(x+h)|\mathrm{d}x + \int_a^b |g(x+h)-g(x)|\mathrm{d}x$$

$$+ \int_a^b |g(x)-f(x)|\mathrm{d}x$$

$$< (2+(b-a))\varepsilon.$$

由于 ε 可以任意小，就证明了

$$\lim_{h\to0^+}\int_a^b\left|f(x+h)-f(x)\right|\mathrm{d}x=0.$$

4.5　杂　　　题

本节主要讨论定积分及其性质的应用.

【例 4.24】 求

(1) $\displaystyle\lim_{n\to\infty}\frac{1^p+2^p+\cdots+n^p}{n^{p+1}},p>0$；　　　　(2) $\displaystyle\lim_{x\to0}\frac{1}{x}\int_0^x\cos\frac{1}{t}\mathrm{d}t$.

解 （1）我们给出三个解法：

方法一 $\displaystyle\lim_{n\to\infty}\frac{1^p+2^p+\cdots+n^p}{n^{p+1}}=\lim_{n\to\infty}\frac{1}{n}\sum_{k=1}^n\left(\frac{k}{n}\right)^p=\int_0^1x^p\mathrm{d}x=\frac{1}{p+1}.$

方法二 利用级数中熟知的结论，由于 x^p 当 $p>0$ 时在 $[1,+\infty)$ 上非负单调递增，故

$$1^p+2^p+\cdots+n^p=\sum_{k=1}^n k^p=\int_1^n x^p\mathrm{d}x+O(n^p)=\frac{1}{p+1}n^{p+1}+O(n^p),$$

因此，

$$\lim_{n\to\infty}\frac{1^p+2^p+\cdots+n^p}{n^{p+1}}=\lim_{n\to\infty}\frac{1}{n^{p+1}}\left(\frac{1}{p+1}n^{p+1}+O(n^p)\right)=\frac{1}{p+1}.$$

方法三 本题也可以利用 Stolz 法则求解，详细过程从略.

（2）作变换 $u=\dfrac{1}{t}$，则当 $x\to0+$ 时，有

$$\frac{1}{x}\int_0^x\cos\frac{1}{t}=\int_{\frac{1}{x}}^\infty\frac{1}{u^2}\cos u\,\mathrm{d}u=\frac{1}{u^2}\sin u\Big|_{\frac{1}{x}}^\infty+2\int_{\frac{1}{x}}^\infty\frac{1}{u^3}\sin u\,\mathrm{d}u$$

$$=-x^2\sin\frac{1}{x}+O\left(\int_{\frac{1}{x}}^\infty\frac{1}{u^3}\mathrm{d}u\right)=O(x^2),$$

$$\lim_{x\to0+}\frac{1}{x}\int_0^x\cos\frac{1}{t}\mathrm{d}t=0.$$

对于 $x\to0-$ 时的极限，只需做个变换就可以转化为 $x\to0+$ 的情况.

【例 4.25】 求极限 $\displaystyle\lim_{x\to0}\frac{1}{x}\int_0^x t\left[\frac{1}{t}\right]\mathrm{d}t$.

解 记 $\left\{\dfrac{1}{t}\right\}=\dfrac{1}{t}-\left[\dfrac{1}{t}\right]$，则

$$t\left[\frac{1}{t}\right] = t\left(\frac{1}{t} - \left\{\frac{1}{t}\right\}\right) = 1 - t\left\{\frac{1}{t}\right\} = 1 + O(t),$$

于是

$$\int_0^x t\left[\frac{1}{t}\right]\mathrm{d}t = \int_0^x (1 + O(t))\mathrm{d}t = x + O(x^2),$$

$$\lim_{x \to 0} \frac{1}{x}\int_0^x t\left[\frac{1}{t}\right]\mathrm{d}t = \lim_{x \to 0} \frac{x + O(x^2)}{x} = 1.$$

【例 4.26】 试确定常数 α, β 使得

$$\lim_{x \to 0} \frac{1}{\alpha x - \sin x}\int_0^x \frac{t^2\,\mathrm{d}t}{\sqrt{\beta + 3t}} = 2$$

解 我们有

$$\frac{1}{\alpha x - \sin x}\int_0^x \frac{t^2\,\mathrm{d}t}{\sqrt{\beta + 3t}} = \frac{1 + o(1)}{(\alpha - 1)x + \frac{x^3}{6} + O(x^5)} \cdot \frac{x^3}{3\sqrt{\beta}}$$

$$= \frac{1 + o(1)}{(\alpha - 1) + \frac{x^2}{6} + O(x^5)} \cdot \frac{x^2}{3\sqrt{\beta}}, x \to 0,$$

因此，要使所说极限存在，则必有

$$\alpha = 1, \frac{2}{\sqrt{\beta}} = 2, \beta = 1.$$

注 本例也可以利用洛比达法给出解答.

【例 4.27】 设 $f(x)$ 在 $[a,b]$ 上可积，则 $\int_a^b f^2(x)\mathrm{d}x = 0$ 的充分必要条件是：对 $f(x)$ 在 $[a,b]$ 上的每一个连续点 x 有 $f(x) = 0$.

解 若 $\int_a^b f^2(x)\mathrm{d}x = 0$，但在某一个连续点 $x_0, f(x_0) \neq 0$，那么，由于 $f^2(x)$ 在 x_0 连续，且 $f^2(x_0) > 0$，故必存在 $\delta > 0$，使得当 $|x - x_0| < \delta$ 时，有

$$f^2(x) > \frac{1}{2}f^2(x_0) > 0,$$

从而

$$\int_a^b f^2(x)\mathrm{d}x \geqslant \int_{x_0 - \delta}^{x_0 + \delta} f^2(x)\mathrm{d}x > 0,$$

这与 $\int_a^b f^2(x)\mathrm{d}x = 0$ 矛盾，必要性得解.

若在 $[a,b]$ 上的每一个连续点 x 都有 $f(x) = 0$，那么，由于 $f(x)$ 在 $[a,b]$ 上可积，$f^2(x)$ 亦在 $[a,b]$ 上可积，而且在 $f^2(x)$ 的一切连续点亦有 $f^2(x) = 0$，且

连续点集是稠密的. 对 $[a,b]$ 的任一分法 T, 特别取 ξ_i 为 $f^2(x)$ 的连续点, 即 $f^2(\xi_i)=0$, 则

$$\int_a^b f^2(x)\,\mathrm{d}x = \lim_{d(T)\to 0}\sum_i f^2(\xi_i)\Delta x_i = 0.$$

注　由本例我们看到, 如果 $f(x)$ 在 $[a,b]$ 上连续, 并且对任一连续函数 $\varphi(x)$, 有 $\int_a^b f(x)\varphi(x)\,\mathrm{d}x = 0$, 则在 $[a,b]$ 上 $f(x)\equiv 0$.

【例 4.28】　设 $f(x)$ 在 $[A,B]$ 上连续, $A<a<x<B$, 则

$$\lim_{h\to 0}\frac{1}{h}\int_a^x [f(t+h)-f(t)]\,\mathrm{d}t = f(x)-f(a).$$

解　当 $|h|$ 充分小时, 有 $A<a+h<x+h<B$, 我们有

$$\int_a^x f(t+h)\,\mathrm{d}t - \int_a^x f(t)\,\mathrm{d}t = \int_x^{x+h} f(t)\,\mathrm{d}t - \int_a^{a+h} f(t)\,\mathrm{d}t = f(\xi)h - f(\eta)h,$$

其中 ξ 与 η 分别在 $x, x+h$ 与 $a, a+h$ 之间. 由连续性, 当 $h\to 0$ 时, 有 $f(\xi)\to f(x)$, $f(\eta)\to f(a)$, 于是结论得证.

【例 4.29】　设 $f(x)$ 在 $[a,b]$ 连续可微, 且 $f(a)=0$, 则

$$M^2 \leqslant (b-a)\int_a^b (f'(x))^2\,\mathrm{d}x,$$

其中 $M=\sup\limits_{a\leqslant x\leqslant b}|f(x)|$.

解　因为 $f(x)\in C[a,b]$, 故存在 $\xi\in [a,b]$, 使得 $M=|f(\xi)|$. 又

$$M^2 = |f^2(\xi)| = \left(\int_a^\xi f'(x)\,\mathrm{d}x\right)^2 \leqslant \left(\int_a^b |f'(x)|\,\mathrm{d}x\right)^2.$$

由 Cauchy 不等式, 得到

$$M^2 \leqslant \left(\int_a^b |f'(x)|\,\mathrm{d}x\right)^2 \leqslant (b-a)\int_a^b |f'(x)|^2\,\mathrm{d}x.$$

【例 4.30】　设 $f(x)$ 在 $[a,b]$ 连续, 且 $f(x)>0$, 则

$$\int_a^b f(x)\,\mathrm{d}x \cdot \int_a^b \frac{\mathrm{d}x}{f(x)} \geqslant (b-a)^2.$$

解　设 λ 为任意实数, 则

$$\int_a^b \left(\lambda\sqrt{f(x)} + \frac{1}{\sqrt{f(x)}}\right)^2\,\mathrm{d}x = \lambda^2\int_a^b f(x)\,\mathrm{d}x + 2(b-a)\lambda + \int_a^b \frac{\mathrm{d}x}{f(x)} \geqslant 0.$$

这是关于 λ 的二次三项式, 它的判别式应该满足

$$(b-a)^2 - \int_a^b f(x)\,\mathrm{d}x \int_a^b \frac{\mathrm{d}x}{f(x)} \leqslant 0.$$

另解 我们有

$$\int_a^b f(x)\mathrm{d}x \cdot \int_a^b \frac{\mathrm{d}x}{f(x)} = \int_a^b f(x)\mathrm{d}x \cdot \int_a^b \frac{\mathrm{d}y}{f(y)} = \iint\limits_D \frac{f(x)}{f(y)}\mathrm{d}x\mathrm{d}y,$$

其中 D 为正方形 $[a \leqslant x \leqslant b, a \leqslant y \leqslant b]$. 同理,有

$$\int_a^b f(x)\mathrm{d}x \cdot \int_a^b \frac{\mathrm{d}x}{f(x)} = \int_a^b f(y)\mathrm{d}y \cdot \int_a^b \frac{\mathrm{d}x}{f(x)} = \iint\limits_D \frac{f(y)}{f(x)}\mathrm{d}y\mathrm{d}x.$$

于是

$$\int_b^a f(x)\mathrm{d}x \cdot \int_b^a \frac{\mathrm{d}x}{f(x)} = \frac{1}{2}\iint\limits_D \left(\frac{f(y)}{f(x)} + \frac{f(x)}{f(y)}\right)\mathrm{d}y\mathrm{d}x$$

$$= \iint\limits_D \frac{f^2(x)+f^2(y)}{2f(x)f(y)}\mathrm{d}x\mathrm{d}y \geqslant \iint\limits_D \mathrm{d}x\mathrm{d}y = (b-a)^2.$$

【例 4.31】 设 $f(x)$ 在 $[a,b]$ 上有定义,且对 $[a,b]$ 上任意两点 x,y,有 $|f(x)-f(y)| \leqslant |x-y|$,则 $f(x)$ 在 $[a,b]$ 上可积,且

$$\left|\int_a^b f(x)\mathrm{d}x - (b-a)f(a)\right| \leqslant \frac{1}{2}(b-a)^2.$$

解 任取 $x \in [a,b]$,因 $|\Delta y| = |f(x+\Delta x) - f(x)| \leqslant |\Delta x|$,故有 $\lim\limits_{\Delta x \to 0}\Delta y = 0$. 所以,$f(x)$ 在 $[a,b]$ 上连续,故可积. 又 $|f(x)-f(a)| \leqslant x-a, (x \geqslant a)$,因此

$$f(a)-(x-a) \leqslant f(x) \leqslant f(a)+(x-a),$$

$$\int_a^b [f(a)-(x-a)]\mathrm{d}x \leqslant \int_a^b f(x)\mathrm{d}x \leqslant \int_a^b [f(a)+(x-a)]\mathrm{d}x,$$

即

$$-\frac{(b-a)^2}{2} \leqslant \int_a^b f(x)\mathrm{d}x - (b-a)f(a) \leqslant \frac{(b-a)^2}{2},$$

亦即

$$\left|\int_a^b f(x)\mathrm{d}x - (b-a)f(a)\right| \leqslant \frac{1}{2}(b-a)^2.$$

【例 4.32】 设 $f(x)$ 在 $[0,1]$ 上有定义,并且单调非增,则对任何 $a \in (0,1)$,有

$$\int_0^a f(x)\mathrm{d}x \geqslant a\int_0^1 f(x)\mathrm{d}x.$$

解 由于 $f(x)$ 在 $[0,1]$ 上单调非增,故对任何 $a \in (0,1)$,有

$$\frac{1}{1-a}\int_a^1 f(x)\mathrm{d}x \leqslant f(a) \leqslant \frac{1}{a}\int_0^a f(x)\mathrm{d}x.$$

因此,

$$a \int_a^1 f(x)\mathrm{d}x \leqslant (1-a) \int_0^a f(x)\mathrm{d}x = \int_0^a f(x)\mathrm{d}x - a \int_0^a f(x)\mathrm{d}x,$$

$$a \int_0^1 f(x)\mathrm{d}x = a \int_0^a f(x)\mathrm{d}x + a \int_a^1 f(x)\mathrm{d}x \leqslant \int_0^a f(x)\mathrm{d}x.$$

【例 4.33】 设 $f(x)$ 在 $[a,b]$ 上连续,且对任何 $[\alpha,\beta] \subseteq [a,b]$,有

$$\left| \int_\alpha^\beta f(x)\mathrm{d}x \right| \leqslant M |\alpha - \beta|^{1+\delta}, (M,\delta \text{ 为正常数})$$

则在 $[a,b]$ 上 $f(x) \equiv 0$.

解　记 $F(x) = \int_a^x f(t)\mathrm{d}t$,对于任意的 $x \in (a,b)$,有

$$\left| \frac{F(x+h) - F(x)}{h} \right| = \left| \frac{1}{h} \int_x^{x+h} f(t)\mathrm{d}t \right| \leqslant Mh^\delta \to 0, h \to 0,$$

因此 $F'(x) = 0 (x \in (a,b))$,即 $f(x) = 0 (x \in (a,b))$. 由 $f(x)$ 的连续性可知 $f(a) = f(b) = 0$.

另解　若 $f(x)$ 不恒等于零,则有 $x_0 \in (a,b)$,使得 $f(x_0) \neq 0$,不妨设 $f(x_0) > 0$.取 $\varepsilon > 0$ 充分小,使得 $f(x_0) - \varepsilon > 0$.由 $f(x)$ 的连续性,存在 $\eta > 0$,使得当 $|x - x_0| < \eta (a < x_0 - \eta < x_0 + \eta < b)$ 时有

$$0 < f(x_0) - \varepsilon < f(x) < f(x_0) + \varepsilon. \tag{4.12}$$

取 n 充分大使得 $\frac{1}{n} < \eta$,且 $M\left(\frac{2}{n}\right)^\delta < f(x_0) - \varepsilon$,则由积分中值定理及题设条件知存在 $\xi, x_0 - \frac{1}{n} < \xi < x_0 + \frac{1}{n}$,使得

$$f(\xi) \frac{2}{n} = \int_{x_0 - \frac{1}{n}}^{x_0 + \frac{1}{n}} f(x)\mathrm{d}x \leqslant M\left(\frac{2}{n}\right)^{1+\delta}$$

$$f(\xi) \leqslant M\left(\frac{2}{n}\right)^\delta < f(x_0) - \varepsilon,$$

这与 (4.12) 式矛盾.

注 1　上例的另解使用了反解法.虽然不及第一个解法简单,但是,它的解题思路是有代表性的.

注 2　如果函数 $f(x)$ 满足条件

$$| f(x_2) - f(x_1) | \leqslant M | x_2 - x_1 |^\alpha, x_2, x_1 \in [a,b],$$

其中 M 是正的常数,则称它在 $[a,b]$ 满足 $\mathrm{Lip}_M(\alpha)$ 条件.如果 $f(x)$ 可导并且它的导函数有界,则 $f(x)$ 满足 $\mathrm{Lip}_M(1)$ 条件.上例说明,如果 α 大于 1,那么 $f(x)$ 是常数.

【例 4.34】 设 $f(x)$ 在 $[0,1]$ 上连续,$\int_0^1 f(x)\mathrm{d}x = 0$,$\int_0^1 xf(x)\mathrm{d}x = 1$,则存

在 $x_0 \in [0,1]$,使得 $|f(x_0)| > 4$.

解　首先,我们指出,$f(x)$ 不可能恒等于 4 或 -4. 如果不存在 $x_0 \in [0,1]$ 使得 $|f(x_0)| > 4$,则 $|f(x)| \leqslant 4$,并且必有 $[0,1]$ 的某个子区间,在其内 $|f(x)| < 4$. 不妨设在 $\left[\dfrac{1}{2},1\right]$ 上有子区间 $[\delta_1,\delta_2]$,在其内 $|f(x)| < 4$. 由积分中值定理,有

$$\int_{\frac{1}{2}}^{1} \left(x - \frac{1}{2}\right) f(x)\, \mathrm{d}x$$

$$= \left(\int_{\frac{1}{2}}^{\delta_1} + \int_{\delta_1}^{\delta_2} + \int_{\delta_2}^{1}\right)\left(x - \frac{1}{2}\right) f(x)\, \mathrm{d}x$$

$$\leqslant 4\int_{\frac{1}{2}}^{\delta_1} \left(x - \frac{1}{2}\right)\mathrm{d}x + f(\xi)\int_{\delta_1}^{\delta_2}\left(x - \frac{1}{2}\right)\mathrm{d}x + 4\int_{\delta_2}^{1}\left(x - \frac{1}{2}\right)\mathrm{d}x$$

$$< 4\int_{\frac{1}{2}}^{1}\left(x - \frac{1}{2}\right)\mathrm{d}x = \frac{1}{2}, \left(\frac{1}{2} \leqslant \delta_1 < \xi < \delta_2 \leqslant 1\right).$$

又有

$$\int_{0}^{\frac{1}{2}}\left(x - \frac{1}{2}\right) f(x)\, \mathrm{d}x \leqslant 4\int_{0}^{\frac{1}{2}}\left(x - \frac{1}{2}\right)\mathrm{d}x = \frac{1}{2}.$$

因此,

$$\int_{0}^{1}\left(x - \frac{1}{2}\right) f(x)\, \mathrm{d}x = \left(\int_{0}^{\frac{1}{2}} + \int_{\frac{1}{2}}^{1}\right)\left(x - \frac{1}{2}\right) f(x)\, \mathrm{d}x < 1.$$

但这与

$$\int_{0}^{1}\left(x - \frac{1}{2}\right) f(x)\, \mathrm{d}x = \int_{0}^{1} x f(x)\, \mathrm{d}x - \frac{1}{2}\int_{0}^{1} f(x)\, \mathrm{d}x = 1$$

矛盾. 解毕.

另解　由条件得

$$\int_{0}^{1}\left(x - \frac{1}{2}\right) f(x)\, \mathrm{d}x = 1.$$

由于 $f(x)$ 不可能恒等于 4 或 -4,所以,若在 $[0,1]$ 的某个区间上恒有 $|f(x)| < 4$,则

$$1 = \int_{0}^{1}\left(x - \frac{1}{2}\right) f(x)\, \mathrm{d}x < 4\int_{0}^{1}\left|x - \frac{1}{2}\right|\mathrm{d}x = 1,$$

这与假设矛盾. 解毕.

注　可以证明更一般的结论:设 $f(x)$ 在 $[0,1]$ 上连续,

$$\int_0^1 f(x)\,\mathrm{d}x = 0, \int_0^1 xf(x)\,\mathrm{d}x = 0, \cdots,$$

$$\int_0^1 x^{n-1} f(x)\,\mathrm{d}x = 0, \int_0^1 x^n f(x)\,\mathrm{d}x = 1,$$

则在 $[0,1]$ 上至少有一点 x_0（实际上是一个区间），使得

$$|f(x_0)| \geqslant 2^n(n+1).$$

事实上，由条件可得

$$\int_0^1 \left(x - \frac{1}{2}\right)^n f(x)\,\mathrm{d}x = 1.$$

若在 $[0,1]$ 上处处有 $|f(x)| < 2^n(n+1)$，则

$$1 = \int_0^1 \left(x - \frac{1}{2}\right)^n f(x)\,\mathrm{d}x < 2^n(n+1)\int_0^1 \left|x - \frac{1}{2}\right|^n \mathrm{d}x = 1,$$

这与假设矛盾.

【例 4.35】 设 $f(x)$ 在 $[a,b]$ 上连续，在 (a,b) 内可导，且 $f'(x) \leqslant 0$. 记 $F(x) = \dfrac{1}{x-a}\displaystyle\int_a^x f(t)\,\mathrm{d}t$，则在 (a,b) 内亦有 $F'(x) \leqslant 0$.

解　由于 $f(x)$ 在 $[a,b]$ 上连续，故 $\displaystyle\int_a^x f(t)\,\mathrm{d}t$ 在 $[a,b]$ 内可导. 由

$$F'(x) = \frac{1}{(x-a)^2}\left[f(x)(x-a) - \int_a^x f(t)\,\mathrm{d}t\right]$$

及积分中值定理，存在 $a < \xi < x$，使得

$$F'(x) = \frac{f(x)(x-a) - f(\xi)(x-a)}{(x-a)^2} = \frac{f(x) - f(\xi)}{x-a}.$$

但是 $f'(x) \leqslant 0$，所以 $f(x)$ 单调减少，$f(x) < f(\xi)$，即当 $x > a$ 时，$F'(x) \leqslant 0$.

【例 4.36】 设 $\displaystyle\int_0^x e^t\,\mathrm{d}t = xe^{\theta x}$，求 θ 及 $\lim\limits_{x\to 0}\theta$，$\lim\limits_{x\to+\infty}\theta$ 之值.

解　由假设得到 $e^x - 1 = xe^{\theta x}$. 于是

$$\theta = \frac{1}{x}\log\frac{e^x - 1}{x}.$$

$$\lim_{x\to 0}\theta = \lim_{x\to 0}\frac{1}{x}\log\frac{e^x - 1}{x} = \lim_{x\to 0}\frac{1}{x}\log\frac{\left(1 + x + \frac{1}{2}x^2 + O(x^3)\right) - 1}{x}$$

$$= \lim_{x\to 0}\frac{1}{x}\log\left(1 + \frac{1}{2}x + O(x^2)\right) = \lim_{x\to 0}\frac{1}{x}\left(\frac{1}{2}x + O(x^2)\right) = \frac{1}{2}.$$

$$\lim_{x\to+\infty}\theta = \lim_{x\to+\infty}\frac{1}{x}\log\frac{e^x - 1}{x} = \lim_{x\to+\infty}\frac{\log(e^x - 1)}{x} - \lim_{x\to+\infty}\frac{\log x}{x} = 1.$$

【例 4.37】 设 $f(x) = \int_x^{x+1} \sin t^2 \mathrm{d}t$，则当 $x > 0$ 时，$|f(x)| \leqslant \dfrac{1}{x}$.

解 令 $t = \sqrt{u}$，则由积分第二中值定理得

$$|f(x)| = \left| \int_{x^2}^{(x+1)^2} \sin u \, \frac{\mathrm{d}u}{2\sqrt{u}} \right| = \left| \frac{1}{2\sqrt{x^2}} \int_{x^2}^{\xi} \sin u \, \mathrm{d}u \right| \leqslant \frac{1}{x}.$$

更进一步可以证明：当 $x > 0$ 时，$|f(x)| < \dfrac{1}{x}$. 因为

$$f(x) = \int_{x^2}^{(x+1)^2} \sin u \, \frac{\mathrm{d}u}{2\sqrt{u}} = -\frac{1}{2}\left(\frac{1}{\sqrt{u}} \cos u \Big|_{x^2}^{(x+1)^2} + \frac{1}{2} \int_{x^2}^{(x+1)^2} \frac{\cos u \, \mathrm{d}u}{u^{3/2}} \right)$$

$$= \frac{1}{2x} \cos x^2 - \frac{1}{2(x+1)} \cos(x+1)^2 - \frac{1}{4} \int_{x^2}^{(x+1)^2} \frac{\cos u \, \mathrm{d}u}{u^{3/2}},$$

于是，

$$|f(x)| \leqslant \frac{1}{2x} + \frac{1}{2(x+1)} + \frac{1}{4} \left| \int_{x^2}^{(x+1)^2} \frac{\cos u \, \mathrm{d}u}{u^{3/2}} \right|$$

$$< \frac{1}{2x} + \frac{1}{2(x+1)} - \frac{1}{2}\left(\frac{1}{x+1} - \frac{1}{x} \right) = \frac{1}{x}.$$

【例 4.38】 设 $f(x)$ 在 $[a, +\infty)$ 上连续，并且 $\lim\limits_{x \to +\infty} f(x) = A$，则

$$\lim_{x \to +\infty} \int_0^1 f(nx) \mathrm{d}x = A.$$

解 由题设条件可知

$$\int_0^1 f(nx) \mathrm{d}x = \int_0^{\frac{1}{\sqrt{n}}} f(nx) \mathrm{d}x + \int_{\frac{1}{\sqrt{n}}}^1 f(nx) \mathrm{d}x = \int_0^{\frac{1}{\sqrt{n}}} f(nx) \mathrm{d}x + \frac{1}{n} \int_{\sqrt{n}}^n f(x) \mathrm{d}x$$

$$= O\left(\frac{1}{\sqrt{n}} \right) + \frac{1}{n} A(1 + o(1))(n - \sqrt{n}) = A(1 + o(1)), \, n \to \infty.$$

【例 4.39】 设 $f(x)$ 在 $[a, b]$ 上有 $2n$ 阶连续导数，且 $|f^{(2n)}(x)| \leqslant M$，$f^{(m)}(a) = f^{(m)}(b) = 0, m = 0, 1, \cdots, n-1$，则

$$\left| \int_a^b f(x) \mathrm{d}x \right| \leqslant \frac{M(n!)^2}{(2n)!(2n+1)!} (b-a)^{2n+1}.$$

解 令 $g(x) = (x-a)^n(b-x)^n$，逐次运用分部积分法，得到

$$\int_a^b f^{(2n)}(x) g(x) \mathrm{d}x = \int_a^b f(x) g^{(2n)}(x) \mathrm{d}x$$

$$= \int_a^b f^{(2n)}(x)(x-a)^n(b-x)^n \mathrm{d}x$$

$$= \int_a^b f(x)(2n)! \, \mathrm{d}x.$$

于是，

$$\left| \int_a^b f(x)\mathrm{d}x \right| = \left| \frac{1}{(2n)!} \int_a^b f^{(2n)}(x)g(x)\mathrm{d}x \right|$$

$$\leqslant \frac{M}{(2n)!} \int_a^b (x-a)^n (b-x)^n \mathrm{d}x$$

$$= \frac{M}{(2n)!} (b-a)^{2n+1} \int_0^1 x^n (1-x)^n \mathrm{d}x$$

$$= \frac{M}{(2n)!} (b-a)^{2n+1} \frac{(n!)^2}{(2n+1)!}.$$

【例 4.40】 设 $a > 0, f'(x)$ 在 $[0,a]$ 上连续，则

$$|f(0)| \leqslant \frac{1}{a} \int_0^a |f(x)|\mathrm{d}x + \int_0^a |f'(x)|\mathrm{d}x.$$

解　设 x 为 $[0,a]$ 上任一点，有

$$f(x) - f(0) = \int_0^x f'(t)\mathrm{d}t, |f(0)| \leqslant |f(x)| + \left| \int_0^x f'(t)\mathrm{d}t \right|.$$

由于 $|f'(x)|$ 在 $[0,a]$ 上连续，故存在 $c \in [0,a]$，使得

$$|f(c)| = \frac{1}{a} \int_0^a |f(x)|\mathrm{d}x.$$

在前式中令 $x = c$，则有

$$|f(0)| \leqslant |f(c)| + \left| \int_0^c f'(t)\mathrm{d}t \right| \leqslant \frac{1}{a} \int_0^a |f(x)|\mathrm{d}x + \int_0^a |f'(t)|\mathrm{d}t$$

$$= \frac{1}{a} \int_0^a |f(x)|\mathrm{d}x + \int_0^a |f'(x)|\mathrm{d}x.$$

【例 4.41】 设 $f(x)$ 在 $[0,1]$ 上连续，且 $f(x) > 0$，则

$$\log \int_0^1 f(x)\mathrm{d}x \geqslant \int_0^1 \log f(x)\mathrm{d}x.$$

解　令 $\int_0^1 f(x)\mathrm{d}x = c$，因为

$$\frac{f(x)}{c} - 1 > -1,$$

所以

$$\log\left(1 + \left(\frac{f(x)}{c} - 1\right)\right) \leqslant \frac{f(x)}{c} - 1,$$

$$\log f(x) - \log c \leqslant \frac{f(x)}{c} - 1.$$

将上式两边积分,得到

$$\int_0^1 \log f(x)\,\mathrm{d}x - \log c \leqslant \frac{\int_0^1 f(x)\,\mathrm{d}x}{c} - 1 = 0.$$

【例 4.42】 设 $f(x)$ 在 $[0,1]$ 上连续可导,则当 $0 \leqslant x \leqslant 1$ 时,有

(1) $|f(x)| \leqslant \int_0^1 |f(t)|\,\mathrm{d}t + \int_0^1 |f'(t)|\,\mathrm{d}t$;

(2) $\left|f\left(\dfrac{1}{2}\right)\right| \leqslant \int_0^1 |f(t)|\,\mathrm{d}t + \dfrac{1}{2}\int_0^1 |f'(t)|\,\mathrm{d}t.$

解 (1) 由等式

$$f(x) = \int_0^1 f(t)\,\mathrm{d}t + \int_0^x t f'(t)\,\mathrm{d}t + \int_x^1 (t-1)f'(t)\,\mathrm{d}t,$$

得到

$$|f(x)| \leqslant \int_0^1 |f(t)|\,\mathrm{d}t + \int_0^x t|f'(t)|\,\mathrm{d}t + \int_x^1 (1-t)|f'(t)|\,\mathrm{d}t$$

$$\leqslant \int_0^1 |f(t)|\,\mathrm{d}t + \int_0^1 t|f'(t)|\,\mathrm{d}t + \int_0^1 (1-t)|f'(t)|\,\mathrm{d}t$$

$$= \int_0^1 |f(t)|\,\mathrm{d}t + \int_0^1 |f'(t)|\,\mathrm{d}t.$$

(2) 在上面第一个不等式中取 $x = \dfrac{1}{2}$,得到

$$\left|f\left(\frac{1}{2}\right)\right| \leqslant \int_0^1 |f(t)|\,\mathrm{d}t + \int_0^{\frac{1}{2}} t|f'(t)|\,\mathrm{d}t + \int_{\frac{1}{2}}^1 (1-t)|f'(t)|\,\mathrm{d}t$$

$$\leqslant \int_0^1 |f(t)|\,\mathrm{d}t + \frac{1}{2}\left(\int_0^{\frac{1}{2}} |f'(t)|\,\mathrm{d}t + \int_{\frac{1}{2}}^1 |f'(t)|\,\mathrm{d}t\right)$$

$$= \int_0^1 |f(t)|\,\mathrm{d}t + \frac{1}{2}\int_0^1 |f'(t)|\,\mathrm{d}t.$$

【例 4.43】 设 $f'(x)$ 在 $[a,b]$ 上是连续的,且 $f(a)=0$,则

$$\int_a^b f^2(x)\,\mathrm{d}x \leqslant \frac{(b-a)^2}{2}\int_a^b [f'(x)]^2\,\mathrm{d}x.$$

解 由 $f'(x)$ 的连续性及 $f(a)=0$ 得

$$f(x) = \int_a^x f'(t)\,\mathrm{d}t, \quad a \leqslant x \leqslant b,$$

由 Cauchy 不等式我们知道,对于 $a \leqslant x \leqslant b$,有

$$f^2(x) = \left(\int_a^x f'(t)\,\mathrm{d}t\right)^2 \leqslant \int_a^x (f'(t))^2\,\mathrm{d}t \cdot \int_a^x \mathrm{d}t = (x-a)\int_a^x (f'(t))^2\,\mathrm{d}t.$$

将此不等式两端从 a 到 b 积分得

$$\int_a^b f^2(x)\,\mathrm{d}x \leqslant \frac{(b-a)^2}{2}\int_a^b \left[f'(t)\right]^2\mathrm{d}t.$$

【例 4.44】 设 $f'(x)$ 在 $[a,b]$ 上连续，且 $f(a)=f(b)=0$，则

$$\max_{a\leqslant x\leqslant b}\mid f'(x)\mid \geqslant \frac{4}{(b-a)^2}\int_a^b \mid f(x)\mid\,\mathrm{d}x.$$

解　设 $M=\max\limits_{a\leqslant x\leqslant b}\mid f'(x)\mid$，则由微分学中值公式，当 $x\in(a,b)$ 时，有

$$f(x)=f(a)+f'(\xi_1)(x-a)=f'(\xi_1)(x-a),$$
$$f(x)=f(b)+f'(\xi_2)(x-b)=f'(\xi_2)(x-b),$$

其中 $\xi_1\in(a,x),\xi_2\in(x,b)$. 于是，

$$\mid f(x)\mid \leqslant M(x-a)\ \text{及}\ \mid f(x)\mid\leqslant M(b-x),$$

因而

$$\int_a^b\mid f(x)\mid\mathrm{d}x = \int_a^{\frac{1}{2}(a+b)}\mid f(x)\mid\mathrm{d}x + \int_{\frac{1}{2}(a+b)}^b\mid f(x)\mid\mathrm{d}x$$
$$\leqslant \int_a^{\frac{1}{2}(a+b)}M(x-a)\mathrm{d}x + \int_{\frac{1}{2}(a+b)}^b M(b-x)\mathrm{d}x$$
$$=\frac{M(b-a)^2}{4},$$

结论得证.

【例 4.45】 设 $f(x)$ 在 $[a,b]$ 上连续，$f(x)>0$，记 $F(x)=\int_a^x f(t)\mathrm{d}t +$ $\int_b^x\dfrac{\mathrm{d}t}{f(t)}$，则 $F(x)=0$ 在 $[a,b]$ 内有且仅有一个实数根.

解　容易看出

$$F'(x)=f(x)+\frac{1}{f(x)}\geqslant 2,$$

因此，$F(x)$ 在 $[a,b]$ 上严格单调增加. 由此及

$$F(a)=\int_a^a f(t)\mathrm{d}t + \int_b^a\frac{\mathrm{d}t}{f(t)} = -\int_a^b\frac{\mathrm{d}t}{f(t)}<0$$

和

$$F(b)=\int_a^b f(t)\mathrm{d}t + \int_b^b\frac{\mathrm{d}t}{f(t)} = \int_a^b f(t)\mathrm{d}t>0$$

可知方程 $F(x)=0$ 在 $[a,b]$ 内有且仅有一个实数根.

【例 4.46】 计算 $\max\limits_{0\leqslant s\leqslant 1}\int_0^1 |\log|s-t||\,\mathrm{d}t$.

解 记 $f(s)=\int_0^1 |\log|s-t||\,\mathrm{d}t=-\int_0^s \log(s-t)\mathrm{d}t-\int_s^1 \log(t-s)\mathrm{d}t$

$$=1-s\log s-(1-s)\log(1-s),$$

于是 $f(0)=f(1)=1$. 又有

$$f'(s)=-\log s+\log(1-s)=\log\frac{1-s}{s}\begin{cases}>0,0<s<\dfrac{1}{2}\\[2mm]<0,s>\dfrac{1}{2}\end{cases},$$

所以

$$\max_{0\leqslant s\leqslant 1}f(s)=f(\frac{1}{2})=1+\log 2.$$

【例 4.47】 计算定积分 $I=\int_0^\pi \frac{x\sin x|\cos x|}{1+\cos^2 x}\mathrm{d}x$.

解 我们有

$$I=\int_0^{\frac{\pi}{2}} \frac{x\sin x|\cos x|}{1+\cos^2 x}\mathrm{d}x+\int_{\frac{\pi}{2}}^\pi \frac{x\sin x|\cos x|}{1+\cos^2 x}\mathrm{d}x,$$

其中

$$\int_{\frac{\pi}{2}}^\pi \frac{x\sin x|\cos x|}{1+\cos^2 x}\mathrm{d}x=-\int_{\frac{\pi}{2}}^0 \frac{(\pi-x)\sin x|\cos x|}{1+\cos^2 x}\mathrm{d}x,$$

所以

$$I=\pi\int_0^{\frac{\pi}{2}} \frac{x\sin x|\cos x|}{1+\cos^2 x}\mathrm{d}x=\frac{\pi}{2}\log 2.$$

第5章 广义积分与含参变量积分

5.1 概　述

广义积分理论与无穷级数理论有密切联系和许多相似.因此,本章叙述较为简略.学习本章内容,应多与级数理论对照.

5.1.1 广义积分的收敛性

1. 定义

若函数 $f(x)$ 在任一有限区间 $[a,A]$ 上常义可积,则定义 $\int_a^{+\infty} f(x)\mathrm{d}x = \lim_{A\to+\infty}\int_a^A f(x)\mathrm{d}x$,若此极限存在有限,则称对应的积分收敛;反之,称为发散.

若 $f(x)$ 在 b 点的邻域内无界,则可类似地定义 $\int_a^b f(x)\mathrm{d}x$ 及其敛散性.

2. 收敛准则

积分 $\int_a^{+\infty} f(x)\mathrm{d}x$ 收敛的充要条件是:对任给的 $\varepsilon > 0$,存在 $A_0 > a$,当 $A' > A_0, A > A_0$ 时恒有 $\left| \int_A^{A'} f(x)\mathrm{d}x \right| < \varepsilon$.

3. 绝对收敛性

若积分 $\int_a^{+\infty} |f(x)|\mathrm{d}x$ 收敛,则 $\int_a^{+\infty} f(x)\mathrm{d}x$ 亦收敛,并称它为绝对收敛.

4. 广义积分与无穷级数的关系

积分 $\int_a^{+\infty} f(x)\mathrm{d}x$ 收敛的充要条件是对任一数列 $A_n \to +\infty$,级数 $\sum_{n=1}^{\infty} \int_{A_{n-1}}^{A_n} f(x)\mathrm{d}x (A_0 = a)$ 都收敛到同一个和数.级数 $\sum_{n=1}^{\infty} a_n$ 收敛时,必有 $a_n \to 0 (n\to\infty)$.但当 $\int_a^{+\infty} f(x)\mathrm{d}x$ 收敛时,并不能推得 $\lim_{x\to+\infty} f(x) = 0$.例如,这样定义函数 $f(x)$:当 x 是正整数时,$f(x) = 1$;当 x 不是正整数时,$f(x) = \dfrac{1}{x^2}$,则

$\int_{1}^{+\infty} f(x)\mathrm{d}x$ 收敛,但 $\lim\limits_{x\to+\infty} f(x)$ 不存在.

5. 比较判别法

设 $f(x)\geqslant 0$,若 $x\geqslant a$ 时(或对充分大的 x)有 $f(x)\leqslant\varphi(x)$,则由 $\int_{a}^{+\infty}\varphi(x)\mathrm{d}x$ 收敛可推知 $\int_{a}^{+\infty} f(x)\mathrm{d}x$ 亦收敛;由 $\int_{a}^{+\infty} f(x)\mathrm{d}x$ 发散可推知 $\int_{a}^{+\infty}\varphi(x)\mathrm{d}x$ 亦发散. 特别地,当 $x\to+\infty$ 时,若 $f(x)=(1+o(1))\varphi(x)$,则 $\int_{a}^{+\infty}\varphi(x)\mathrm{d}x$ 与 $\int_{a}^{+\infty} f(x)\mathrm{d}x$ 同时收敛或同时发散.

从比较判别法可以得到下面常用的判别法:

当 $x\to+\infty$ 时,若有 $A\neq 0$,使得 $f(x)=A(1+o(1))x^{-p}(p>0)$,则当 $p>1$ 时,$\int_{a}^{+\infty} f(x)\mathrm{d}x$ 收敛;否则发散.

当 $x\to b-0$,若有 $A\neq 0$,使得 $f(x)=A(b-x)^{p}(1+o(1))(p>0)$,则当 $p<1$ 时,$\int_{a}^{b} f(x)\mathrm{d}x$ 收敛;否则发散.

6. 常用的判别法

(1) Dirchlet 判别法　　若 $F(A)=\int_{a}^{A} f(x)\mathrm{d}x$ 有界,$g(x)$ 单调,且当 $x\to+\infty$ 时,$g(x)\to 0$,则 $\int_{a}^{+\infty} f(x)g(x)\mathrm{d}x$ 收敛.

例如,若 $p>0$,则积分 $\int_{a}^{+\infty}\dfrac{\sin x}{x^{p}}\mathrm{d}x$ 与 $\int_{a}^{+\infty}\dfrac{\cos x}{x^{p}}\mathrm{d}x(a>0)$ 收敛.

(2) Abel 判别法　　若积分 $\int_{a}^{+\infty} f(x)\mathrm{d}x$ 收敛,$g(x)$ 单调且有界,则 $\int_{a}^{+\infty} f(x)g(x)\mathrm{d}x$ 收敛.

(3) Dini 判别法　　设 $f(x,y)$ 在 $a\leqslant x\leqslant+\infty,c\leqslant y\leqslant d$ 上连续且保持定号,并且 $I(y)=\int_{a}^{+\infty} f(x,y)\mathrm{d}x$ 是 $[c,d]$ 上的连续函数,则积分 $\int_{a}^{+\infty} f(x,y)\mathrm{d}x$ 关于 $y(c\leqslant y\leqslant d)$ 一致收敛.

5.1.2　含参变量的常义积分

1. 积分的连续性

若 $f(x,y)$ 在矩形域 $R[a\leqslant x\leqslant b,c\leqslant y\leqslant d]$ 上连续,则积分 $I(y)=\int_{a}^{b} f(x,y)\mathrm{d}x$ 在 $[c,d]$ 上连续.

2. 积分号下微分法

若 $f(x,y)$ 与 $f_y{}'(x,y)$ 都在 $R[a \leqslant x \leqslant b, c \leqslant y \leqslant d]$ 上连续,则 $I(y)$ 在 $[c,d]$ 上可微,且

$$\frac{\mathrm{d}}{\mathrm{d}y} \int_a^b f(x,y)\mathrm{d}x = \int_a^b \frac{\partial f}{\partial y}\mathrm{d}x.$$

更一般地,若 $\alpha(y)$ 与 $\beta(y)$ 在 $[c,d]$ 上可微,且当 $c \leqslant y \leqslant d$ 时,$\alpha(y)$ 与 $\beta(y)$ 都在 $[c,d]$ 上,则

$$\frac{\mathrm{d}}{\mathrm{d}y} \int_{\alpha(y)}^{\beta(y)} f(x,y)\mathrm{d}x = \int_{\alpha(y)}^{\beta(y)} \frac{\partial f}{\partial y}\mathrm{d}x + f(\beta(y),y)\frac{\mathrm{d}\beta}{\mathrm{d}y} - f(\alpha(y),y)\frac{\mathrm{d}\alpha}{\mathrm{d}y}.$$

3. 积分号下积分法

若 $f(x,y)$ 在 $R[a \leqslant x \leqslant b, c \leqslant y \leqslant d]$ 上连续,则

$$\int_c^d \mathrm{d}y \int_a^b f(x,y)\mathrm{d}x = \int_a^b \mathrm{d}x \int_c^d f(x,y)\mathrm{d}y.$$

5.1.3　含参变量的广义积分

1. 一致收敛的定义

对任给的 $\varepsilon > 0$,如果都存在与 y 无关的数 $A_0 \geqslant a$,只要 $A > A_0$,对集合 I 上的全体 y,恒有 $\left| \int_A^{A'} f(x)\mathrm{d}x \right| < \varepsilon$,则称广义积分 $\int_a^{+\infty} f(x,y)\mathrm{d}x$ 在 I 上一致收敛.

2. 收敛准则

积分 $\int_a^{+\infty} f(x,y)\mathrm{d}x$ 关于 y 在 I 上一致收敛的充要条件是:对任给的 $\varepsilon > 0$,存在不依赖于 y 的数 A_0,只要 $A > A_0, A' > A_0$,则对集合 I 上的全体 y,恒有

$$\left| \int_A^{A'} f(x,y)\mathrm{d}x \right| < \varepsilon.$$

3. 一致收敛的 Weierstrass 判别法

若存在与 y 无关的函数 $\varphi(x)$,使得

(1) 当 $a \leqslant x < +\infty$ 时,$|f(x,y)| < \varphi(x)$,$y \in I$;

(2) $\int_a^{+\infty} \varphi(x)\mathrm{d}x$ 收敛.

则 $\int_a^{+\infty} f(x,y)\mathrm{d}x$ 关于 y 在 I 上一致收敛.

4. 常用的判别法

(1) Dirchlet 判别法　若 $\int_a^A f(x,y)\mathrm{d}x$ 对任何 $A \geqslant a$, $y \in I$ 一致有界;$g(x,y)$

对 x 单调,且当 $x \to +\infty$ 时,$g(x,y)$ 对 $y \in I$ 一致地趋于零,则 $\int_a^{+\infty} f(x,y)g(x,y)\mathrm{d}x$ 关于 y 在 I 上一致收敛.

(2) Abel 判别法　　若 $\int_a^{+\infty} f(x,y)\mathrm{d}x$ 关于 y 在 I 上一致收敛,$g(x,y)$ 对 x 单调,且对 $x \geqslant a, y \in I$ 一致有界,则 $\int_a^{+\infty} f(x,y)g(x,y)\mathrm{d}x$ 关于 y 在 I 上一致收敛.

(3) Dini 判别法　　设 $f(x,y)$ 在 $a \leqslant x < +\infty, c \leqslant y \leqslant d$ 上连续且保持定号,并且 $I(y) = \int_a^{+\infty} f(x,y)\mathrm{d}x$ 是 $[c,d]$ 上的连续函数,则积分 $\int_a^{+\infty} f(x,y)\mathrm{d}x$ 关于 $c \leqslant y \leqslant d$ 一致收敛.

5. 积分的连续性

若 $f(x,y)$ 在 $R[a \leqslant x < +\infty, c \leqslant y \leqslant d]$ 上连续,$\int_a^{+\infty} f(x,y)\mathrm{d}x$ 关于 y 在 $[c,d]$ 上一致收敛,则积分 $I(y) = \int_a^{+\infty} f(x,y)\mathrm{d}x$ 在区间 $[c,d]$ 上连续,即对任何 $y_0 \in [c,d]$,有 $\lim\limits_{y \to y_0} \int_a^{+\infty} f(x,y)\mathrm{d}x = \int_a^{+\infty} \lim\limits_{y \to y_0} f(x,y)\mathrm{d}x$.

如果 $[c,d]$ 改为开区间 I,则只要 $\int_a^{+\infty} f(x,y)\mathrm{d}x$ 在此开区间 I 上内闭一致收敛,即可得到同样的结论,并不需要在 I 上一致收敛.

6. 积分号下的积分法

若 $f(x,y)$ 在 $x \geqslant a, c \leqslant y \leqslant d$ 上连续,$\int_a^{+\infty} f(x,y)\mathrm{d}x$ 在 $[c,d]$ 上一致收敛,则 $\int_c^d \mathrm{d}y \int_a^{+\infty} f(x,y)\mathrm{d}x = \int_a^{+\infty} \mathrm{d}x \int_c^d f(x,y)\mathrm{d}y$. 特别地,若 $f(x,y)$ 在 $R[a \leqslant x < +\infty, c \leqslant y \leqslant d]$ 上非负连续,则

$$\int_c^d \mathrm{d}y \int_a^{+\infty} f(x,y)\mathrm{d}x = \int_a^{+\infty} \mathrm{d}x \int_c^d f(x,y)\mathrm{d}y.$$

7. 积分号下的微分法

若 $f(x,y), f'_y(x,y)$ 都在 $[a \leqslant x < +\infty, c \leqslant y \leqslant d]$ 上连续,$\int_a^{+\infty} f(x,y)\mathrm{d}x$ 在 $[c,d]$ 上收敛,$\int_a^{+\infty} f'_y(x,y)\mathrm{d}x$ 在 $[c,d]$ 上一致收敛,则 $\dfrac{\mathrm{d}}{\mathrm{d}y} \int_a^{+\infty} f(x,y)\mathrm{d}x = \int_a^{+\infty} \dfrac{\partial f}{\partial y}\mathrm{d}x$ 且在 $[c,d]$ 上连续.

同样,若 $[c,d]$ 改为开区间 I,则只须 $\int_a^{+\infty} f'_y(x,y)\mathrm{d}x$ 在 I 上内闭一致收敛,即可得到相同的结论.

5.1.4　Euler 积分

1. 称 $\Gamma(x)=\displaystyle\int_0^{+\infty} t^{x-1}\mathrm{e}^{-t}\mathrm{d}t\,(x>0)$ 为 Γ-函数；

称 $B(x,y)=\displaystyle\int_0^1 t^{x-1}(1-t)^{y-1}\mathrm{d}x=\int_0^{+\infty}\frac{t^{x-1}}{(1+t)^{x+y}}\mathrm{d}t\,(x>0,y>0)$ 为 B-函数.

两种函数具有下面的关系：$B(x,y)=\dfrac{\Gamma(x)\Gamma(y)}{\Gamma(x+y)}$

2. Γ-函数的基本性质

(1) $\Gamma(x+1)=x\Gamma(x),x>0$；

(2) $\displaystyle\lim_{x\to0^+}x\Gamma(x)=1$；

(3) $\Gamma(x)\Gamma(1-x)=\dfrac{x}{\sin\pi x},0<x<1$；

(4) $\Gamma(2x)\Gamma\left(\dfrac{1}{2}\right)=2^{2x-1}\Gamma(x)\Gamma\left(x+\dfrac{1}{2}\right),x>0$；

(5) $\dfrac{\Gamma(x)}{\Gamma(x+a)}=\dfrac{1}{x^a}+O\left(\dfrac{1}{x^{a+1}}\right),x\to+\infty$；

(6) $\Gamma(x)=x^{x-\frac{1}{2}}\mathrm{e}^{-x}\sqrt{2x}\left(1+O\left(\dfrac{1}{x}\right)\right),x>0$；

(7) 当 n 是自然数时，

$$\Gamma(n)=(n-1)!,\Gamma(1)=1;\Gamma\left(n+\dfrac{1}{2}\right)=\frac{1\cdot3\cdots(2n-1)}{2^n}\sqrt{\pi}.$$

5.2　广义积分的收敛性与计算

【例 5.1】　设 $f(x)$ 在 $[a,+\infty)$ 上非负连续，$f'(x)$ 存在有界，并且 $\displaystyle\int_a^{+\infty}f(x)\mathrm{d}x$ 收敛，试证 $\displaystyle\lim_{x\to+\infty}f(x)=0$.

解　用反证法　若 $\displaystyle\lim_{x\to+\infty}f(x)\neq0$，因 $f(x)$ 非负，故 $\displaystyle\varlimsup_{x\to+\infty}f(x)=A>0$，则必存在正常数 ε_0 以及数列 $x_n\to+\infty$ 使 $f(x_n)>\varepsilon$. 又因 $f'(x)$ 有界，故 $f(x)$ 在 $[a,+\infty)$ 上一致连续，故对 $\varepsilon_0/2$，存在 $\delta_0>0$，当 $x',x''\in[a,+\infty)$ 且 $|x'-x''|<\delta_0$ 时，有 $|f(x')-f(x'')|<\varepsilon_0/2$，即在诸 x_n 的 δ_0 邻域上都有 $f(x)>\varepsilon_0/2$，故对所有 x_n，恒有 $\displaystyle\int_{x_n-\delta_0}^{x_n+\delta_0}f(x)\mathrm{d}x>\varepsilon_0\delta_0>0$，这显然与 $\displaystyle\int_a^{+\infty}f(x)\mathrm{d}x$ 收敛的柯西准则相矛盾.

【例 5. 2】　试证：若 $f(x)$ 单调减少且当 $x \to +\infty$ 时，$f(x) \to 0$，则当 $\int_a^{+\infty} f(x) \mathrm{d}x$ 收敛以及 $f'(x)$ 连续时，必有 $\int_a^{+\infty} x f'(x) \mathrm{d}x$ 收敛.

证　当 $x \geqslant a$ 时，$f(x) \geqslant 0$，因若不然，则存在点 $c \geqslant a$，使 $f(c) < 0$. 由于 $f(x)$ 单调减小，故当 $x \geqslant c$ 时，$f(x) \leqslant f(c)$，从而 $\int_c^{+\infty} f(x) \mathrm{d}x \leqslant \int_c^{+\infty} f(c) \mathrm{d}x = -\infty$，这与 $\int_a^{+\infty} f(x) \mathrm{d}x$ 收敛矛盾.

又有

$$o(1) = \int_{\frac{x}{2}}^{x} f(x) \mathrm{d}x \geqslant \frac{x}{2} f(x), \quad f(x) = o\left(\frac{1}{x}\right), x \to +\infty.$$

于是

$$\int_A^{A'} x f'(x) \mathrm{d}x = \left[x f(x) \right] \Big|_A^{A'} - \int_A^{A'} f(x) \mathrm{d}x$$

$$= A' f(A') - A f(A) - \int_A^{A'} f(x) \mathrm{d}x \to 0, A \to +\infty, A' \to +\infty.$$

这就证明了 $\int_a^{+\infty} x f'(x) \mathrm{d}x$ 收敛.

【例 5.3】　研究广义积分 $\int_0^1 \dfrac{\log x}{(1-x^2)^a (\sin x)^p} \mathrm{d}x$ 的敛散性.

解　注意到本题中的被积函数在瑕点附近均保持同号，因而在讨论其敛散性时可以运用比较判别法.

当 $x \to 0+$ 时，有

$$\frac{\log x}{(1-x^2)^a (\sin x)^p} = \frac{\log x}{(1-x^2)^a (\sin x)^p} = \frac{(1+o(1)) \log x}{x^p},$$

当 $x \to 1-0$ 时，有

$$\frac{\log x}{(1-x^2)^a (\sin x)^p} = \frac{\log(1-(1-x))}{(1-x^2)^a (\sin x)^p} = \frac{-(1+o(1))(1-x)}{2^a (1-x)^a (\sin 1)^p}$$

$$= \frac{-(1+o(1))}{2^a (1-x)^{a-1} (\sin 1)^p},$$

因此，当 $p < 1, a < 2$ 时积分收敛，在其他情形时积分发散.

【例 5.4】　讨论下列广义积分的敛散性：

(1) $\displaystyle\int_0^{+\infty} |\log x|^a \frac{\sin x}{x} \mathrm{d}x, a > 0$；

(2) $\displaystyle\int_1^{+\infty} \mathrm{d}x \int_0^a \sin(\beta^2 x^3) \mathrm{d}\beta.$

解 （1）瑕点为 $0,+\infty$，令原积分 $\int_0^{+\infty}=\int_0^1+\int_1^{+\infty}$．由于当 $x\to 0$ 时，

$|\log x|^\alpha\dfrac{\sin x}{x}=(1+o(1))|\log x|^\alpha$，而且 $\alpha>0$，故积分 $\int_0^1|\log x|^\alpha\dfrac{\sin x}{x}\mathrm{d}x$ 收敛；

对第二个积分，由于 $|\log x|^\alpha\dfrac{1}{x}$ 对充分大的 x 单调下降且当 $x\to+\infty$ 时趋于零，又

积分 $\int_0^A\sin x\mathrm{d}x$ 有界，由 Dirichlet 判别法即知 $\int_0^{+\infty}|\log x|^\alpha\dfrac{\sin x}{x}\mathrm{d}x$ 亦收敛．因此，原

积分对全体 $\alpha>0$ 都收敛．

（2）先讨论"内层"积分 $\int_0^\alpha\sin(\beta^2 x^3)\mathrm{d}\beta$ 当 $x\to+\infty$ 时的阶．令 $y=\beta^2 x^3$，则

$\int_0^\alpha\sin(\beta^2 x^3)\mathrm{d}\beta=\dfrac{1}{2x^{3/2}}\int_0^{\alpha^2 x^3}\dfrac{\sin y}{\sqrt{y}}\mathrm{d}y$．由于 $\int_0^{+\infty}\dfrac{\sin y}{\sqrt{y}}\mathrm{d}y$ 收敛，故对所有 $A>0$ 有

$\left|\int_0^A\dfrac{\sin y}{\sqrt{y}}\mathrm{d}y\right|=O(1)$，于是 $\int_0^\alpha\sin(\beta^2 x^3)\mathrm{d}\beta=O\left(\dfrac{1}{x^{3/2}}\right)$．所以原积分收敛且绝对

收敛．

【例 5.5】 证明，若 $f(x)>0$ 且单调下降，则积分 $I=\displaystyle\int_a^{+\infty}f(x)\mathrm{d}x$ 与 $J=$

$\displaystyle\int_a^{+\infty}f(x)\sin^2 x\mathrm{d}x$ 同时收敛或同时发散．

解 由比较判别法容易看出，若积分 I 收敛，则积分 J 也收敛．

现在设 $\displaystyle\int_a^{+\infty}f(x)\mathrm{d}x$ 发散．由于 $f(x)>0$ 且单调下降，故 $\lim\limits_{x\to+\infty}f(x)=A\geqslant 0$．

当 $A>0$ 时，只要 n 充分大，有

$$\int_{2n\pi+\frac{\pi}{4}}^{2n\pi+\frac{\pi}{2}}f(x)\sin^2 x\mathrm{d}x>\frac{\pi}{4}f\left(2n\pi+\frac{\pi}{2}\right)\sin^2\frac{\pi}{4}>\frac{\pi}{16}A,$$

由 Cauchy 收敛准则，知 $\displaystyle\int_a^{+\infty}f(x)\sin^2 x\mathrm{d}x$ 发散．

当 $A=0$ 时，由 Dirichlet 判别法知 $\displaystyle\int_a^{+\infty}f(x)\cos 2x\mathrm{d}x$ 收敛．于是，由

$$\int_a^{+\infty}f(x)\sin^2 x\mathrm{d}x=\frac{1}{2}\int_a^{+\infty}f(x)\mathrm{d}x-\frac{1}{2}\int_a^{+\infty}f(x)\cos 2x\mathrm{d}x$$

以及积分 I 的发散可以推出积分 J 是发散的．证毕．

【例 5.6】 研究下列积分的敛散性：

$$I=\int_0^{+\infty}\frac{\sin x}{x^p+\sin x}\mathrm{d}x,\ p>0.$$

解 由于当 $x>0$ 时，有 $x^p+\sin x>0$，当 $x\to 0^+$ 时 $\dfrac{\sin x}{x^p+\sin x}$ 趋向常数（与

p 有关),故原积分的敛散性与积分 $\int_2^{+\infty} \dfrac{\sin x}{x^p + \sin x}\mathrm{d}x$ 相同.

我们有

$$\frac{\sin a}{x^p + \sin x} = \frac{\sin x}{x^p} - \frac{\sin^2 x}{x^p(x^p + \sin x)}. \tag{5.1}$$

其中,积分 $\int_2^{+\infty} \dfrac{\sin x}{x^p}\mathrm{d}x$ 当 $p > 0$ 时是收敛的. 因此,积分 I 与积分

$$J = \int_2^{+\infty} \frac{\sin^2 x}{x^p(x^p + \sin x)}\mathrm{d}x$$

有相同的敛散性.

下面,分两种情形讨论积分 J.

（ⅰ）$p \leqslant \dfrac{1}{2}$. 我们有不等式

$$\frac{\sin^2 x}{x^p(x^p + \sin x)} > \frac{\sin^2 x}{x^p(x^p + 1)}.$$

积分 $\int_2^{+\infty} \dfrac{\mathrm{d}x}{x^p(x^p + 1)}$ 是发散的,由例题 5.5 知道积分 J 发散.

（ⅱ）$p > \dfrac{1}{2}$. 我们有不等式 $\dfrac{\sin^2 x}{x^p(x^p + \sin x)} < \dfrac{1}{x^p(x^p - 1)}$,因此,积分 J 收敛.

综合以上讨论得到,积分 I 当 $p > \dfrac{1}{2}$ 时才收敛.

【例 5.7】　证明 $\int_0^1 \dfrac{(\log x)^2}{1 + x^2}\mathrm{d}x = \dfrac{1}{2}\int_0^{+\infty} \dfrac{(\log x)^2}{1 + x^2}\mathrm{d}x.$

　解　由

$$2\int_0^1 \frac{(\log x)^2}{1 + x^2}\mathrm{d}x = \int_0^1 \frac{(\log x)^2}{1 + x^2}\mathrm{d}x + \int_1^{+\infty} \frac{(\log x)^2}{1 + x^2}\mathrm{d}x$$

$$= \int_0^{+\infty} \frac{(\log x)^2}{1 + x^2}\mathrm{d}x$$

得证.

【例 5.8】　计算下列广义积分之值:

(1) $\displaystyle\int_0^{+\infty} \frac{\mathrm{d}x}{x^3(\mathrm{e}^{\pi/x} - 1)}$;　　　　　　(2) $\displaystyle\int_0^{\frac{\pi}{2}} \log\sin x\,\mathrm{d}x.$

　解　(1) 令 $y = \dfrac{\pi}{x}$,则

$$x = \frac{\pi}{y},\ \mathrm{d}x = -\frac{\pi}{y^2}\mathrm{d}y,$$

$$\int_0^{+\infty} \frac{\mathrm{d}x}{x^3(\mathrm{e}^{\pi/x}-1)} = \frac{1}{\pi^2}\int_{+\infty}^0 \frac{-y}{\mathrm{e}^y-1}\mathrm{d}y$$

$$= \frac{1}{\pi^2}\int_0^{+\infty} \frac{y}{\mathrm{e}^y-1}\mathrm{d}y. \qquad (5.2)$$

我们有展开式

$$\frac{1}{\mathrm{e}^y-1} = \frac{\mathrm{e}^{-y}}{1-\mathrm{e}^{-y}} = \sum_{k=1}^{\infty}\mathrm{e}^{-ky},$$

而且知道,级数 $\sum\limits_{k=1}^{\infty} y\mathrm{e}^{-ky}$ 在任意区间 $[\delta, A](0<\delta<A<+\infty)$ 上一致收敛,所以

$$\lim_{b\to 0, A\to +\infty}\int_b^A \frac{y}{\mathrm{e}^y-1}\mathrm{d}y = \lim_{b\to 0, A\to +\infty}\int_b^A \sum_{k=1}^{\infty} y\mathrm{e}^{-ky}\mathrm{d}y = \lim_{b\to 0, A\to +\infty}\sum_{k=1}^{\infty}\int_b^A y\mathrm{e}^{-ky}\mathrm{d}y$$

$$= \lim_{b\to 0, A\to +\infty}\sum_{k=1}^{\infty}(-\frac{1}{k^2}\mathrm{e}^{-ky})|_b^A = \sum_{k=1}^{\infty}\frac{1}{k^2} = \frac{\pi^2}{6}.$$

由上式及(5.2)式得到

$$\int_0^{+\infty} \frac{\mathrm{d}x}{x^3(\mathrm{e}^{\pi/x}-1)} = \frac{1}{\pi^2}\frac{\pi^2}{6} = \frac{1}{6}.$$

(2) 令 $x=2t$,则

$$I = \int_0^{\frac{\pi}{2}} \log\sin x\mathrm{d}x = 2\int_0^{\frac{\pi}{4}} \log\sin 2t\mathrm{d}t$$

$$= \frac{\pi}{2}\log 2 + 2\int_0^{\frac{\pi}{4}} \log\sin t\mathrm{d}t + 2\int_0^{\frac{\pi}{4}} \log\cos t\mathrm{d}t. \qquad (5.3)$$

我们有

$$\int_0^{\frac{\pi}{4}} \log\cos t\mathrm{d}t = 2\int_{\frac{\pi}{4}}^{\frac{\pi}{2}} \log\sin u\mathrm{d}u,$$

于是,由(5.3)式得到

$$I = \frac{\pi}{2}\log 2 + 2I, I = -\frac{\pi}{2}\log 2.$$

5.3　含参变量积分的解析性质

【例 5.9】　求下列函数的导数或偏导数:

(1) $F(\alpha) = \int_0^a f(x+\alpha, x-\alpha)\mathrm{d}x$,其中 $f(u,v)$ 对 u,v 的偏导数存在且连续,求 $F'(\alpha)$;

(2) $F(x) = \int_a^b f(y)|x - y|\mathrm{d}y$，其中 $a < b, f(x)$ 连续，求 $F''(x)$；

(3) $F(x, y) = \int_{\frac{x}{y}}^{xy}(x - yz)f(z)\mathrm{d}z$，其中 $f(z)$ 可微，求 $F''_{xy}(x, y)$.

解　(1) 记 $u = x + \alpha, v = x - \alpha$，则

$$F'(\alpha) = \int_0^a [f'_u(u, v) - f'_v(u, v)]\mathrm{d}x + f(2\alpha, 0)$$

$$= 2\int_0^a f'_u(u, v)\mathrm{d}x - \int_0^a [f'_u(u, v) + f'_v(u, v)]\mathrm{d}x + f(2\alpha, 0).$$

由于
$$f'_u(u, v) + f'_v(u, v) = \frac{\partial f(x + \alpha, x - \alpha)}{\partial x},$$

得到
$$F'(\alpha) = 2\int_0^a f'_u(u, v)\mathrm{d}x + f(\alpha, -\alpha).$$

(2) 容易求得

$$F(x) = \begin{cases} -\int_a^b (x - y)f(y)\mathrm{d}y, & x \leqslant a \\ \int_a^x (x - y)f(y)\mathrm{d}y - \int_x^b (x - y)f(y)\mathrm{d}y, & a \leqslant x \leqslant b \\ \int_a^b (x - y)f(y)\mathrm{d}y, & b \leqslant x. \end{cases}$$

因此，

$$F'(x) = \begin{cases} -\int_a^b f(y)\mathrm{d}y, & x \leqslant a; \\ \int_a^x f(y)\mathrm{d}y - \int_x^b f(y)\mathrm{d}y, & a \leqslant x \leqslant b; \\ \int_a^b f(y)\mathrm{d}y, & b \leqslant x. \end{cases}$$

$$F''(x) = \begin{cases} 0, & x \leqslant a; \\ 2f(x), & a \leqslant x \leqslant b; \\ 0, & b \leqslant x. \end{cases}$$

其中在 $x = a, b$ 处，式中表示的分别为其左、右导数.

(3) 先对 x 求导数，得到

$$F'_x(x, y) = \int_{\frac{x}{y}}^{xy} f(z)\mathrm{d}z + xy(1 - y^2) \cdot f(x, y).$$

再对 y 求导得到

$$F'_{xy}(x, y) = x(2 - 3y^2)f(xy) + \frac{x}{y}f\left(\frac{x}{y}\right) + x^2 y(1 - y^2)f'(xy).$$

【例 5. 10】　求积分 $I = \int_0^\pi \log(1 - 2r\cos x + r^2)\mathrm{d}x$.

解　分三种情况讨论之.

(1) $|r| < 1$. 由 Leibniz 法则,

$$\frac{\mathrm{d}I}{\mathrm{d}r} = \int_0^\pi \frac{-2\cos x + 2r}{1 - 2r\cos x + r^2}\mathrm{d}x,$$

对此积分作代换 $t = \tan\dfrac{x}{2}$, 可得 $\dfrac{\mathrm{d}I}{\mathrm{d}r} = 0$, 即 I 是常数. 但从 $I(0) = 0$ 可知, $I = 0$, 即当 $|r| < 1$ 时, $I = 0$.

(2) $|r| = 1$. 利用熟知的积分 $\int_0^{\frac{\pi}{2}} \log\sin t\,\mathrm{d}t = -\dfrac{\pi}{2}\log 2$, 易得 $I = 0$.

(3) $|r| > 1$. 因

$$I = \int_0^\pi \log r^2\,\mathrm{d}x + \int_0^\pi \log\left[1 - 2 \cdot \frac{1}{r}\cos x + \left(\frac{1}{r}\right)^2\right]\mathrm{d}x$$

中 $\left|\dfrac{1}{r}\right| < 1$, 故得 $I = \pi\log r^2$.

所以

$$I = \begin{cases} 0, & |r| \leqslant 1, \\ \pi\log r^2, & |r| > 1. \end{cases}$$

【例 5. 11】　研究下列积分在指定集合上的一致收敛性.

(1) $\displaystyle\int_0^{+\infty} \alpha e^{-\alpha x}\,\mathrm{d}x$ 在 $0 < a \leqslant \alpha \leqslant b$ 及 $0 \leqslant a \leqslant b$;

(2) $\displaystyle\int_0^{+\infty} \frac{\sin\alpha x}{x}\,\mathrm{d}x$ 在 $\alpha \geqslant \alpha_0 > 0$ 及 $\alpha \geqslant 0$;

(3) $\displaystyle\int_0^{+\infty} x\sin x^3\sin tx\,\mathrm{d}x$ 在任何有限区间 $t \in [a, b]$;

(4) $\displaystyle\int_{-\infty}^{+\infty} e^{-(x-\alpha)^2}\,\mathrm{d}x$ 在 $a < \alpha < b$ 及 $-\infty < \alpha < +\infty$;

(5) $\displaystyle\int_0^\infty \frac{\sin x^2}{1 + x^p}\,\mathrm{d}x, p \geqslant 0$;

(6) $\displaystyle\int_0^{+\infty} \frac{\cos xy}{x^\alpha}\,(0 < \alpha < 1)$ 当 $y \geqslant y_0 > 0$ 及 $y > 0$.

解　(1) 令 $y = \alpha x$, 则

$$\int_A^{+\infty} \alpha e^{-\alpha x}\,\mathrm{d}x = \int_{A\alpha}^{+\infty} e^{-y}\,\mathrm{d}y = e^{-A\alpha}.$$

故当 $0 < a \leqslant \alpha \leqslant b$ 时, 有

$$\mathrm{e}^{-Aa} = \mathrm{e}^{-A\alpha} \to 0, A \to +\infty.$$

于是原积分当 $0 < a \leqslant \alpha \leqslant b$ 时一致收敛.

当 $0 \leqslant a \leqslant b$ 时,不论 A 取多大,都有 $\mathrm{e}^{-A\alpha} \to 1, \alpha \to 0$. 所以积分当 $0 \leqslant \alpha \leqslant b$ 时不一致收敛.

（2）由于

$$\int_A^{+\infty} \frac{\sin\alpha x}{x}\mathrm{d}x = \int_{A\alpha}^{+\infty} \frac{\sin y}{y}\mathrm{d}y;$$

与（1）的讨论类似地,可知原积分在 $\alpha \geqslant \alpha_0 > 0$ 内一致收敛,在 $\alpha \geqslant 0$ 内非一致收敛.

（3）利用两次分部积分法,可得

$$\int_A^{+\infty} x\sin x^3 \sin tx\,\mathrm{d}x$$

$$= \left(-\frac{\cos x^3 \sin tx}{3x} + \frac{t}{3}\frac{\sin x^3 \cos tx}{3x^3}\right)\Big|_A^{\infty} - \frac{1}{3}\int_A^{+\infty}\frac{\cos x^3 \sin tx}{x^2}\mathrm{d}x$$

$$+ \frac{t}{3}\int_A^{+\infty}\frac{\sin x^3 \cos tx}{x^4}\mathrm{d}x + \frac{t^2}{9}\int_A^{+\infty}\frac{\sin x^3 \sin tx}{x^3}\mathrm{d}x,$$

由此即知原积分在任何有限区间 $t \in [a,b]$ 上一致收敛.

（4）将原积分分为两项 $\int_{-\infty}^0 + \int_0^{+\infty}$.

由于 $\int_A^{+\infty} \mathrm{e}^{-x^2}\mathrm{d}x$ 收敛,故对任给的 $\varepsilon > 0$,存在 $A_0 > 0$,当 $A > A_0$ 时,在 $a < b$ 时有

$$\int_A^{+\infty} \mathrm{e}^{-(x-a)^2}\mathrm{d}x = \int_{A-a}^{+\infty}\mathrm{e}^{-y^2}\mathrm{d}y < \int_{A-b}^{+\infty}\mathrm{e}^{-y^2}\mathrm{d}y < \varepsilon.$$

故 $\int_A^{+\infty}\mathrm{e}^{-(x-a)^2}\mathrm{d}x$ 当 $a < b$ 时一致收敛,同样可得,$\int_{+\infty}^0 \mathrm{e}^{-(x-a)^2}\mathrm{d}x$ 当 $\alpha > a$ 时一致收敛.因而原积分当 $a < \alpha < b$ 时一致收敛.

由于对任一常数 A 都有

$$\int_A^{+\infty}\mathrm{e}^{-(x-a)^2}\mathrm{d}x = \int_{A-a}^{+\infty}\mathrm{e}^{-y^2}\mathrm{d}y \to \sqrt{\pi}, \alpha \to +\infty,$$

因而原积分在 $-\infty < \alpha < +\infty$ 上不一致收敛.

（5）由于 $\int_0^{+\infty}\sin x^2\mathrm{d}x$ 收敛,且 $\frac{1}{1+x^p}$ 当 x 增加时单调减小,并对 $p \geqslant 0$ 一致地小于 1. 由 Abel 判别法即知 $\int_0^{+\infty}\frac{\sin x^2}{1+x^p}\mathrm{d}x$ 当 $p \geqslant 0$ 时一致收敛.

（6）首先,在瑕点 $x = 0$ 附近,由于有优势函数 $\frac{1}{x^a}$,故在 y 的任意范围内一致

收敛.

其次,再研究瑕点 $x = \infty$ 处情形,由于

$$\int_A^{+\infty} \frac{\cos xy}{x^\alpha} \mathrm{d}x = y^{\alpha-1} \int_{Ay}^{+\infty} \frac{\cos z}{z^\alpha} \mathrm{d}z,$$

当 $y \geqslant y_0 > 0$ 时,有 $y^{\alpha-1} \leqslant y_0^{\alpha-1}$,再由积分 $\int_0^{+\infty} \frac{\cos z}{z^\alpha} \mathrm{d}z (0 < \alpha < 1)$ 的收敛性,对任给的 $\varepsilon > 0$,存在 A_0,当 $A > A_0$ 时,就有

$$\left| \int_A^{+\infty} \frac{\cos z}{z^\alpha} \mathrm{d}z \right| < \varepsilon,$$

故当 $A > \dfrac{A_0}{y_0}$ 时,有

$$\left| \int_{Ay}^{+\infty} \frac{\cos z}{z^\alpha} \mathrm{d}z \right| < \varepsilon, y \geqslant y_0 > 0,$$

故积分在 $y \geqslant y_0 > 0$ 时一致收敛.

当 $y > 0$ 时,无论 A 取多么大,当 $y = \dfrac{\pi}{2A}$ 时,积分

$$\left| y^{\alpha-1} \int_{Ay}^{+\infty} \frac{\cos z}{z^\alpha} \mathrm{d}z \right| = \left(\frac{\pi}{2} \right)^{\alpha-1} \left(\frac{1}{A} \right)^{\alpha-1} \cdot \left| \int_{\frac{\pi}{2}}^{+\infty} \frac{\cos z}{z^\alpha} \mathrm{d}z \right|$$

随 $y \to 0$ 而趋于 ∞(因为 $\left| \int_{\frac{\pi}{2}}^{\infty} \frac{\cos z}{z^\alpha} \mathrm{d}z \right| > 0$),所以原积分在 $y > 0$ 时非一致收敛.

【例 5.12】　研究下列函数在指定区间上的连续性.

(1) $F(\alpha) = \int_1^{+\infty} \frac{\cos x}{x^\alpha} \mathrm{d}x, \alpha > 0$;

(2) $g(\alpha) = \int_0^\pi \frac{\sin x}{x^\alpha(\pi - \alpha)} \mathrm{d}x, 0 < \alpha < 2$;

(3) $h(\alpha) = \int_0^{+\infty} \frac{\mathrm{e}^{-x}}{|\sin x|^\alpha} \mathrm{d}x, 0 < \alpha < 1$.

解　(1) 瑕点为 $+\infty$,对于 $0 < \alpha_1 \leqslant \alpha \leqslant \alpha_2$,利用 Dirichlet 判别法,易证,积分在 $[\alpha_1, \alpha_2]$ 上一致收敛,即积分在 $\alpha > 0$ 上内闭一致收敛,故 $F(\alpha)$ 在 $\alpha > 0$ 上连续.

(2) 易证

$$g(\alpha) = \int_0^\pi \frac{\sin x}{x^\alpha (\pi - x)^\alpha} \mathrm{d}x = 2 \int_0^{\frac{\pi}{2}} \frac{\sin x}{x^\alpha (\pi - x)^\alpha} \mathrm{d}x,$$

因此,只有一个瑕点 $x = 0$. 对 $(0, 2)$ 内任何闭区间 $[\alpha_1, \alpha_2]$,被积函数有优势函数 $M \dfrac{\sin x}{x^{\alpha_2}}$($M$ 是某个常数),故积分在 $(0, 2)$ 内闭一致收敛,所以 $g(\alpha)$ 在 $(0, 2)$ 上

连续.

（3）令 $y = x - n\pi$，可将 $h(\alpha)$ 表为

$$h(\alpha) = \int_0^{+\infty} \frac{\mathrm{e}^{-x}}{|\sin x|^\alpha}\mathrm{d}x = \sum_{n=1}^{\infty}\int_{n\pi}^{(n+1)\pi}\frac{\mathrm{e}^{-x}}{|\sin x|^\alpha}\mathrm{d}x = \frac{1}{1-\mathrm{e}^{-\pi}}\int_0^{\pi}\frac{\mathrm{e}^{-y}}{\sin^\alpha y}\mathrm{d}y$$

$$= \frac{1}{1-\mathrm{e}^{-\pi}}\left[\int_0^{\frac{\pi}{2}}\frac{\mathrm{e}^{-y}}{\sin^\alpha y}\mathrm{d}y + \int_{\frac{\pi}{2}}^{\pi}\frac{\mathrm{e}^{-y}}{\sin^\alpha y}\mathrm{d}y\right].$$

对第二个积分，令 $z = \pi - y$，然后将 z 换为 y，有

$$h(\alpha) = \frac{1}{1-\mathrm{e}^{-\pi}}\left[\int_0^{\frac{\pi}{2}}\frac{\mathrm{e}^{-y}}{\sin^\alpha y}\mathrm{d}y + \mathrm{e}^{-\pi}\int_0^{\frac{\pi}{2}}\frac{\mathrm{e}^{y}}{\sin^\alpha y}\mathrm{d}y\right].$$

由于当 $0 \leqslant \alpha \leqslant \alpha_0 < 1$ 时，上述两积分都有优势函数 $\dfrac{\mathrm{e}^{\frac{\pi}{2}}}{\sin^{\alpha_0} y}$，因而它们在 $[0,\alpha_0]$ 上一致收敛. 于是 $h(\alpha)$ 在 $(0,1)$ 上连续.

【例 5.13】　求下列积分：

（1）$A = \displaystyle\int_0^{+\infty}\frac{\mathrm{e}^{-\alpha x} - \mathrm{e}^{-\beta x}}{x}\sin m x\,\mathrm{d}x, m \neq 0; \alpha,\beta$ 是正数；

（2）$B = \displaystyle\int_0^{+\infty}\frac{1 - \mathrm{e}^{-t}}{t}\cos t\,\mathrm{d}t.$

解　（1）由于积分

$$\int_0^{+\infty}\mathrm{e}^{-\alpha x}\frac{\sin m x}{x}\mathrm{d}x$$

在 $\alpha > 0$ 上内闭一致收敛，故可对 A 在积分下求导，即在 $\alpha > 0$ 时，有

$$\frac{\mathrm{d}A}{\mathrm{d}\alpha} = \int_0^{+\infty} - \mathrm{e}^{-\alpha x}\sin m x\,\mathrm{d}x = -\frac{m}{\alpha^2 + m^2}.$$

由此，并从 $A\,|_{\alpha=\beta} = 0$，得

$$A = \arctan\frac{\beta}{m} - \arctan\frac{\alpha}{m}, m \neq 0.$$

（2）考虑含参数 α 的积分

$$B(\alpha) = \int_0^{+\infty}\frac{1 - \mathrm{e}^{-\alpha t}}{t}\cos t\,\mathrm{d}t, \alpha > 0,$$

容易证明，当 $\alpha > 0$ 时，有

$$\frac{\mathrm{d}B}{\mathrm{d}\alpha} = \int_0^{+\infty}\mathrm{e}^{-\alpha t}\cos t\,\mathrm{d}t = \frac{\alpha}{1 + \alpha^2}.$$

于是，

$$B(\alpha) = \frac{1}{2}\ln(1 + \alpha^2) + C.$$

但 $B(0) = 0$，并且易证 $B(\alpha)$ 在 $\alpha = 0$ 连续，故 $C = 0$，于是 $B(\alpha) = \frac{1}{2}\ln(1 + \alpha^2)$，

所以（令 $\alpha = 1$）

$$\int_0^{+\infty} \frac{1 - e^{-t}}{t} \cos t \, dt = \frac{1}{2}\ln 2.$$

下面证明 $B(\alpha)$ 在 $\alpha = 0$ 的连续性. 对积分 $B(\alpha)$ 在 $0 \leqslant \alpha \leqslant \alpha_1$ 上用 Dirichlet 判别法：由于对任何 $A > 0$，

$$\left| \int_0^A \cos t \, dt \right| \leqslant 1,$$

并且用微分法，可证 $\dfrac{1 - e^{-\alpha t}}{t}$ 对充分大的 t 单调减小，当 $t \to +\infty$ 时 $\dfrac{1 - e^{-\alpha t}}{t} \leqslant$

$\dfrac{1 - e^{-\alpha_1 t}}{t} \to 0$，故积分 $B(\alpha)$ 在 $\alpha \geqslant 0$ 上一致连续，因而在 $\alpha \geqslant 0$ 上连续.

5.4　杂　　题

【例 5.14】　试证 $\displaystyle\int_0^{+\infty} (-1)^{[x^2]} dx$ 收敛，其中 $[x^2]$ 表示 x^2 的整数部分.

证　因 $(-1)^{[x^2]}$ 当 x 增加时轮流取 1 与 -1，变号处在 $\sqrt{n}(n = 1, 2, 3, \cdots)$，故自然以 $\sqrt{n}$ 为分点来考虑级数

$$\sum_{n=0}^{\infty} \int_{\sqrt{n}}^{\sqrt{n+1}} (-1)^{[x^2]} dx,$$

其一般项为 $\dfrac{(-1)^n}{\sqrt{n+1} + \sqrt{n}}$.

显见，此级数是 Leibniz 型，故知其收敛. 若以 I 表其和，于是对于任给的 $\varepsilon > 0$，存在 N，当 $n \geqslant N$ 时，

$$\left| \int_0^{\sqrt{n}} (-1)^{[x^2]} dx - I \right| < \varepsilon \tag{5.4}$$

现在用"$\varepsilon - N$"方法来证明原积分收敛于 I. 设 $A > \sqrt{N}$，则存在唯一自然数 n_0 使 $\sqrt{n_0} \leqslant A < \sqrt{n_0 + 1}$，因而显然有 $n_0 \geqslant N$，由于 $(-1)^{[x^2]}$ 在区间 $[\sqrt{n_0}; \sqrt{n_0 + 1}]$ 上不变号，故积分 $\displaystyle\int_0^A (-1)^{[x^2]} dx$ 介于积分 $\displaystyle\int_0^{\sqrt{n_0}} (-1)^{[x^2]} dx$ 与 $\displaystyle\int_0^{\sqrt{n_0+1}} (-1)^{[x^2]} dx$ 之间，但由 (5.4) 式得，这后面两个积分又都介于 $I - \varepsilon$ 与 $I + \varepsilon$ 之间，故当 $A > \sqrt{N}$ 时亦有

$$\left| \int_0^A (-1)^{[x^2]} \mathrm{d}x - I \right| < \varepsilon,$$

于是积分 $\int_0^{+\infty} (-1)^{[x^2]} \mathrm{d}x$ 收敛,且其值为 $\displaystyle\sum_{n=0}^{\infty} \frac{(-1)^n}{\sqrt{n+1}+\sqrt{n}}$.

【例 5.15】　设 $f(x)$ 在 $[0,+\infty]$ 上正值、单调减小,且 $\int_0^{+\infty} f(x)\mathrm{d}x$ 收敛,则

$$\lim_{h\to 0^+} h\sum_{n=1}^{\infty} f(nh) = \int_0^{+\infty} f(x)\mathrm{d}x,$$

并由此求 $\displaystyle\lim_{t\to 1-0} \sqrt{1-t}(1+t+t^4+\cdots+t^{n^2}+\cdots)$ 之值.

解　由于 $\int_0^{+\infty} f(x)\mathrm{d}x$ 收敛及 $f(x)$ 正值、单调,故必有 $f(x)\to 0,(x\to\infty)$. 故对固定之 $h>0$ 及正整数 m,有

$$\int_h^{(m+1)h} f(x)\mathrm{d}x \leqslant h[f(h)+f(2h)+\cdots+f(mh)]$$

$$\leqslant \int_0^{mh} f(x)\mathrm{d}x.$$

令 $m\to\infty$,得

$$\int_h^{+\infty} f(x)\mathrm{d}x \leqslant h\sum_{n=1}^{\infty} f(nh) \leqslant \int_0^{+\infty} f(x)\mathrm{d}x.$$

再令 $h\to 0^+$,即得

$$\lim_{h\to 0^+} h\sum_{n=1}^{\infty} f(nh) = \int_0^{+\infty} f(x)\mathrm{d}x.$$

令 $t=\mathrm{e}^{-h^2}$,则当 $t\to 1-0$ 时有 $h\to 0^+$,并有

$$\sqrt{1-t} = (1-\mathrm{e}^{-h^2})^{\frac{1}{2}} = \left(h^2-\frac{1}{2}h^4+\cdots\right)^{\frac{1}{2}} = h[1+O(h^2)], h\to 0^+.$$

于是　　　　　　　$$\lim_{t\to 1-0} \sqrt{1-t}(1+t+t^4+\cdots+t^{n^2}+\cdots)$$

$$= \lim_{h\to 0^+}[1+O(h^2)] \cdot h\sum_{n=0}^{\infty} \mathrm{e}^{-(nh)^2}$$

$$= \int_0^{+\infty} \mathrm{e}^{-x^2}\mathrm{d}x = \frac{\sqrt{\pi}}{2}.$$

【例 5.16】　试证:$\displaystyle\int_0^1 \frac{(\log x)^2}{1+x^2}\mathrm{d}x = \frac{1}{2}\int_0^{+\infty} \frac{(\log x)^2}{1+x^2}\mathrm{d}x.$

证　令 $t=\dfrac{1}{x},\mathrm{d}x=-\dfrac{1}{t^2}\mathrm{d}t$,则

$$\int_0^1 \frac{(\ln x)^2}{1+x^2}\mathrm{d}x = -\int_\infty^1 \frac{(\ln t)^2}{1+\frac{1}{t^2}}\cdot\frac{1}{t^2}\mathrm{d}t$$

$$= \int_1^{+\infty} \frac{(\ln t)^2}{1+t^2}\mathrm{d}t,$$

即

$$2\int_0^1 \frac{(\log x)^2}{1+x^2}\mathrm{d}x = \int_0^1 \frac{(\log x)^2}{1+x^2}\mathrm{d}x + \int_1^{+\infty} \frac{(\log x)^2}{1+x^2}\mathrm{d}x$$

$$= \int_0^{+\infty} \frac{(\log x)^2}{1+x^2}\mathrm{d}x.$$

得证.

【例 5.17】 证明(1) $\int_0^{+\infty} f\Big[\Big(Ax - \frac{B}{x}\Big)^2\Big]\mathrm{d}x = \frac{1}{A}\int_0^{+\infty} f(y^2)\mathrm{d}y$,其中 $A > 0$,

$B > 0$, $\int_0^{+\infty} f(y^2)\mathrm{d}y$ 收敛;

(2) 设 $f(x) \geqslant 0$, $f(x)$ 在任何有限区间 (R) 可积,并且 $\int_{+\infty}^{-\infty} f(x)\mathrm{d}x = $

$\int_{-\infty}^{+\infty} x^2 f(x)\mathrm{d}x = 1$, $\int_{-\infty}^{+\infty} xf(x)\mathrm{d}x = 1$,则对 $a \leqslant 0$,有

$$\int_{+\infty}^a f(x)\mathrm{d}x \leqslant \frac{1}{1+a^2}.$$

证　(1) 令 $y = Ax - \frac{B}{x}$,则有

$$\int_{-\infty}^{+\infty} f(y^2)\mathrm{d}y = \int_0^{+\infty} f\Big[\Big(Ax - \frac{B}{x}\Big)^2\Big]\Big(A + \frac{B}{x^2}\Big)\mathrm{d}x$$

$$= A\int_0^{+\infty} f\Big[\Big(Ax - \frac{B}{x}\Big)^2\Big]\mathrm{d}x + B\int_0^{+\infty} f\Big[\Big(Ax - \frac{B}{x}\Big)^2\Big]\frac{\mathrm{d}x}{x^2}.$$

上述第二个积分可用代换 $x = -\frac{B}{At}$ 化为

$$A\int_{-\infty}^0 f\Big[\Big(At - \frac{B}{t}\Big)^2\Big]\mathrm{d}t,$$

所以

$$\int_{-\infty}^{+\infty} f(y^2)\mathrm{d}y = A\int_{-\infty}^{+\infty} f\Big[\Big(Ax - \frac{B}{x}\Big)^2\Big]\mathrm{d}x.$$

由于被积函数都是偶函数,于是就证明了原式成立.

(2) 由于 $f(x) \geqslant 0$ 及 $\int_{-\infty}^{+\infty} f(x)\mathrm{d}x = 1$,故当 $a = 0$ 时,结论也显然成立.下面证明 $a < 0$ 时,结论也成立.

设 $c < 0$,考虑积分 $I(c) = \int_{-\infty}^{-\infty} (x+c)^2 f(x)\mathrm{d}x.$

由题设可知 $I(c) = 1 + c^2$，并且

$$1 + c^2 = I(c) \geqslant \int_{-\infty}^{a} (x + c)^2 f(x)\,\mathrm{d}x$$

$$\geqslant (a + c)^2 \int_{-\infty}^{a} f(x)\,\mathrm{d}x,$$

于是

$$\int_{-\infty}^{a} f(x)\,\mathrm{d}x \leqslant \frac{1 + c^2}{(a + c)^2},$$

取 $c = \dfrac{1}{a}$ 即可得所要证的不等式.

【例 5.18】　设 $f(x)$ 在任意有限区间上绝对可积，并且 $\lim\limits_{x \to +\infty} f(x) = K$ 有限，
则

$$\lim_{\varepsilon \to 0^+} \varepsilon \int_0^{+\infty} \mathrm{e}^{-\varepsilon x} f(x)\,\mathrm{d}x = \lim_{x \to \infty} f(x) = K.$$

解　由于 $\varepsilon \int_0^{+\infty} K \mathrm{e}^{-\varepsilon x}\,\mathrm{d}x = K$，所以只须证明

$$\varepsilon \int_0^{+\infty} \mathrm{e}^{-\varepsilon x} (f(x) - K)\,\mathrm{d}x = o(1),\ \varepsilon \to 0^+.$$

记

$$\varepsilon \int_0^{+\infty} \mathrm{e}^{-\varepsilon x} [f(x) - K]\,\mathrm{d}x = \varepsilon \left(\int_0^{\varepsilon} + \int_{\varepsilon}^{\frac{1}{\sqrt{\varepsilon}}} + \int_{\frac{1}{\sqrt{\varepsilon}}}^{+\infty} \right). \tag{5.5}$$

在 $\left[\dfrac{1}{\sqrt{\varepsilon}}, +\infty \right]$ 上，由于 $f(x) - K = o(1)(\varepsilon \to 0^+)$，我们有

$$\varepsilon \int_{\frac{1}{\sqrt{\varepsilon}}}^{+\infty} \mathrm{e}^{-\varepsilon x} [f(x) - K]\,\mathrm{d}x = o\left(\varepsilon \int_{\frac{1}{\sqrt{\varepsilon}}}^{+\infty} \mathrm{e}^{-\varepsilon x}\,\mathrm{d}x \right) = o(1),\ \varepsilon \to 0^+, \tag{5.6}$$

当 $\varepsilon \to 0^+$ 时，又有

$$\varepsilon \int_0^{\varepsilon} \mathrm{e}^{-\varepsilon x} [f(x) - K]\,\mathrm{d}x = \varepsilon \int_0^{\varepsilon} \mathrm{e}^{-\varepsilon x} \cdot O(1)\,\mathrm{d}x = O(\varepsilon) = o(1), \tag{5.7}$$

$$\varepsilon \int_{\varepsilon}^{\frac{1}{\sqrt{\varepsilon}}} \mathrm{e}^{-\varepsilon x} [f(x) - K]\,\mathrm{d}x = O\left(\varepsilon \int_{\varepsilon}^{\frac{1}{\sqrt{\varepsilon}}} \mathrm{e}^{-\varepsilon x}\,\mathrm{d}x \right) = O(\mathrm{e}^{-\varepsilon^2} - \mathrm{e}^{-\varepsilon \cdot \frac{1}{\sqrt{\varepsilon}}})$$

$$= O(\mathrm{e}^{-\varepsilon^2} - \mathrm{e}^{-\sqrt{\varepsilon}}) = o(1). \tag{5.8}$$

联合 $(5.5) \sim (5.8)$ 式得到要证的结论.

【例 5.19】　利用级数计算下列积分：

(1) $A = \displaystyle\int_0^1 \frac{\ln x}{1 - x^2}\,\mathrm{d}x$；　　　(2) $B_n = \displaystyle\int_0^{+\infty} \frac{x^{2n-1}}{\mathrm{e}^{2\pi x} - 1}\,\mathrm{d}x,\ n = 1, 2, \cdots$；

(3) $C = \displaystyle\int_0^{+\infty} \frac{\sin mx}{\mathrm{e}^{2\pi x} - 1}\,\mathrm{d}x,\ m > 0$.

解　(1) 由于展开式

$$\frac{\ln x}{1-x^2} = \sum_{n=0}^{\infty} x^{2n} \ln x, 0 < x < 1$$

中各项为负,且和函数在$[0,1]$可积,故可以逐项积分,得到

$$A = -\sum_{n=0}^{\infty} \frac{1}{(2n+1)^2} = -\left[\sum_{n=1}^{\infty} \frac{1}{n^2} - \sum_{n=1}^{\infty} \frac{1}{(2n)^2}\right]$$

$$= -\left[\frac{\pi^2}{6} - \frac{1}{4} \cdot \frac{\pi^2}{6}\right] = -\frac{\pi^2}{8}.$$

(2) 我们有　　　$\dfrac{x^{2n-1}}{e^{2\pi x}-1} = \dfrac{x^{2n-1} e^{-2\pi x}}{1-e^{-2\pi x}} = \sum_{k=1}^{\infty} x^{2n-1} \cdot e^{-2k\pi x},$

它的和在$(0,+\infty)$可积,故可逐项积分,得到

$$B_n = \sum_{k=1}^{\infty} \int_0^{+\infty} x^{2n-1} e^{-2k\pi x} \, dx = \sum_{k=1}^{\infty} \frac{(2n-1)!}{(2k\pi)^{2n}}$$

$$= \frac{(2n-1)!}{(2\pi)^{2n}} \sum_{k=1}^{\infty} \frac{1}{k^{2n}}.$$

注　当 $n = 1$ 时,$B_1 = \displaystyle\int_0^{+\infty} \frac{x}{e^{2\pi x}-1} \, dx = \frac{1}{24}.$

(3) 将被积分函数展开为如下级数:

$$\frac{\sin mx}{e^{2\pi x}-1} = \sum_{k=1}^{\infty} e^{-2k\pi x} \sin mx.$$

由于级数的部分和有优势函数 $\left|\dfrac{\sin mx}{e^{2\pi x}-1}\right|$,并且级数在任何有限区间上一致收敛,故可以逐项积分,得

$$C = \sum_{k=1}^{\infty} \int_0^{+\infty} e^{-2k\pi x} \sin mx \, dx = \sum_{k=1}^{\infty} \frac{m}{(2k\pi)^2 + m^2}$$

$$= \frac{1}{4} \operatorname{cth} \frac{m}{2} - \frac{1}{2m} = \frac{1}{4} \cdot \frac{e^m+1}{e^m-1} - \frac{1}{2m}$$

$$= \frac{1}{2}\left(\frac{1}{e^m-1} - \frac{1}{m} + \frac{1}{2}\right).$$

第6章 重积分与曲线曲面积分

6.1 概　　述

重积分与一元积分有许多相似之处,下面在不致引起误会的情况下,将简化一些表述.

6.1.1 二重积分

1. 定义

$$\iint\limits_{D} f(x,y)\mathrm{d}x\mathrm{d}y = \lim_{d(T)\to 0}\sum_{i=1}^{n} f(\xi_i,\eta_i)\Delta D_i,$$

其中 ΔD_i 表示 D 的第 i 个子区域及面积,$d(T)$ 表示各子域直径中的最大值.

2. 计算公式

设 D 是区域 $a\leqslant x\leqslant b, y_1(x)\leqslant y\leqslant y_2(x)$,则

$$\iint\limits_{D} f(x,y)\mathrm{d}x\mathrm{d}y = \int_a^b \mathrm{d}x \int_{y_1(x)}^{y_2(x)} f(x,y)\mathrm{d}y;$$

若 D 是区域 $c\leqslant y\leqslant d, x_1(x)\leqslant x\leqslant x_2(y)$,则

$$\iint\limits_{D} f(x,y)\mathrm{d}x\mathrm{d}y = \int_c^d \mathrm{d}y \int_{x_1(y)}^{x_2(y)} f(x,y)\mathrm{d}x.$$

3. 变量代换

设变换

$$T: \begin{cases} x = x(u,v) \\ y = y(u,v) \end{cases}$$

将 D 变为 D',且在 D' 上(除有限条光滑曲线)

$$J = \frac{D(x,y)}{D(u,v)} = \begin{vmatrix} \dfrac{\partial x}{\partial u} & \dfrac{\partial x}{\partial v} \\ \dfrac{\partial y}{\partial u} & \dfrac{\partial y}{\partial v} \end{vmatrix} \neq 0$$

则

$$\iint\limits_{D} f(x,y)\,\mathrm{d}x\mathrm{d}y = \iint\limits_{D'} f[x(u,v),y(u,v)]\,|J|\,\mathrm{d}u\mathrm{d}v.$$

特别地,若变换

$$T: \begin{cases} x = r\cos\theta, \\ y = r\sin\theta \end{cases} \quad J = \frac{D(x,y)}{D(r,\theta)} = r,$$

则

$$\iint\limits_{D} f(x,y)\,\mathrm{d}x\mathrm{d}y = \iint\limits_{D'} f(r\cos\theta,r\sin\theta)r\mathrm{d}r\mathrm{d}\theta.$$

6.1.2　三重积分

1. 计算公式

以 V 表示区域

$$a \leqslant x \leqslant b, y_1(x) \leqslant y \leqslant y_2(x), z_1(x,y) \leqslant z \leqslant z_2(x,y),$$

则

$$\iiint\limits_{V} f(x,y,z)\,\mathrm{d}x\mathrm{d}y\mathrm{d}z = \int_a^b \mathrm{d}x \int_{y_1(x)}^{y_2(x)} \mathrm{d}y \int_{z_1(x,y)}^{z_2(x,y)} f(x,y,z)\,\mathrm{d}z$$

或

$$\iiint\limits_{V} f(x,y,z)\,\mathrm{d}x\mathrm{d}y\mathrm{d}z = \int_a^b \mathrm{d}x \iint\limits_{S(x)} f(x,y,z)\,\mathrm{d}y\mathrm{d}z,$$

其中 $S(x)$ 是用平面 $X = x$ 去截立体 V 所得的截面.

2.（变量代换）设变换

$$T: \begin{cases} x = x(u,v,\omega) \\ y = y(u,v,\omega) \\ z = z(u,v,\omega) \end{cases}$$

将 V 变为 V',且在 V' 上（除有限个逐片光滑曲面）

$$J = \frac{D(x,y,z)}{D(u,v,\omega)} \neq 0,$$

则

$$\iiint\limits_{V} f(x,y,z)\,\mathrm{d}x\mathrm{d}y\mathrm{d}z = \iiint\limits_{V'} f(x(u,v,\omega),y(u,v,\omega),z(u,v,\omega))\,|J|\,\mathrm{d}u\mathrm{d}v\mathrm{d}\omega.$$

常用的变换有

(1) 球坐标变换

$$T: \begin{cases} x = r\sin\theta\cos\varphi \\ y = r\sin\theta\cos\varphi, \quad |J| = r^2\sin\theta. \\ z = r\cos\theta \end{cases}$$

(2) 柱坐标变换

$$T: \begin{cases} x = r\cos\theta \\ y = r\sin\theta, \quad |J| = r^2\sin\theta \\ z = z \end{cases}$$

6.1.3　多重积分

1. 计算公式（化为累次积分）

设 V 是由

$$x_1' \leqslant x_1 \leqslant x_1'', x_2'(x_1) \leqslant x_2 \leqslant x_2''(x_1), \cdots,$$
$$x_n'(x_1, x_2, \cdots, x_{n-1}) \leqslant x_n \leqslant x_n''(x_1, x_2, \cdots, x_{n-1})$$

确定的区域，则

$$\iint_V \cdots \int f(x_1, x_2, \cdots, x_n) \mathrm{d}x_1 \mathrm{d}x_2 \cdots \mathrm{d}x_n$$
$$= \int_{x_1'}^{x_1''} \mathrm{d}x_1 \int_{x_2'(x_1)}^{x_2''(x_1)} \mathrm{d}x_2 \cdots \int_{x_n'(x_1, x_2, \cdots, x_{n-1})}^{x_n''(x_1, x_2, \cdots, x_{n-1})} f(x_1, x_2, \cdots, x_n) \mathrm{d}x_n.$$

2. （变量代换）设变换为

$$T: x_i(u_1, u_2, \cdots, u_n), i = 1, 2, 3, \cdots, n,$$

将 V 变为 V'，且在 V' 上（除有限个 $n-1$ 维区域）

$$J = \frac{D(x_1, x_2, \cdots, x_n)}{D(u_1, u_2, \cdots, u_n)} \neq 0,$$

则

$$\iint_V \cdots \int f(x_1, x_2, \cdots, x_n) \mathrm{d}x_1 \mathrm{d}x_2 \cdots \mathrm{d}x_n$$
$$= \iint_{V'} \overset{n}{\cdots} \int f[x_1(u_1, u_2, \cdots, u_n), \cdots, x_n(u_1, u_2, \cdots, u_n)] |J| \mathrm{d}u_1 \cdots \mathrm{d}u_n.$$

常用的是下面的广义球坐标变换：

$$\begin{cases} x_1 = r\cos\varphi_1 \\ x_2 = r\sin\varphi_1\cos\varphi_2 \\ x_3 = r\sin\varphi_1\sin\varphi_2\cos\varphi_3 \\ \cdots\cdots\cdots\cdots\cdots\cdots \\ x_{n-1} = r\sin\varphi_1\sin\varphi_2\cdots\sin\varphi_{n-2}\cos\varphi_{n-1} \\ x_n = r\sin\varphi_1\sin\varphi_2\cdots\sin\varphi_{n-2}\sin\varphi_{n-1}. \end{cases}$$

并且

$$J = \frac{D(x_1,x_2,\cdots,x_n)}{D(r,\varphi_1,\varphi_2,\cdots,\varphi_{n-1})} = r^{n-1}\ \sin^{n-2}\varphi_1\ \sin^{n-3}\varphi_2\cdots\sin\varphi_{n-2}.$$

6.1.4　曲线积分

1. 第一型曲线积分

设光滑曲线 L 的参数方程为

$$x = x(t), \quad y = y(t), \quad z = z(t), \quad \alpha \leqslant i \leqslant \beta,$$

则

$$\int_L f(x,y,z)\mathrm{d}s = \int_\alpha^\beta f(x(t),y(t),z(t))\sqrt{x'^2(t)+y'^2(t)+z'^2(t)}\,\mathrm{d}t.$$

2. 第二型曲线积分

设曲线 L 的方向是使参数 t 增加的方向,则

$$\int_L P(x,y,z)\mathrm{d}x + Q(x,y,z)\mathrm{d}y + R(x,y,z)\mathrm{d}z$$

$$= \int_\alpha^\beta \{P[x(t),y(t),z(t)]x'(t) + Q[x(t),y(t),z(t)]y'(t)$$

$$+ R[x(t),y(t),z(t)]z'(t)\}\mathrm{d}t$$

6.1.5　曲面积分

1. 第一型曲面积分

设 S 为逐片光滑的双曲面,其参数方程为

$$x = x(u,v), \quad y = y(u,v), \quad z = z(u,v), \quad (u,v) \in D,$$

则

$$\iint_S f(x,y,z)\mathrm{d}s = \iint_D f(x(u,v),y(u,v),z(u,v))\sqrt{EG-F^2}\,\mathrm{d}u\mathrm{d}v,$$

其中

$$E = \left(\frac{\partial x}{\partial u}\right)^2 + \left(\frac{\partial y}{\partial u}\right)^2 + \left(\frac{\partial z}{\partial u}\right)^2,$$

$$G = \left(\frac{\partial x}{\partial v}\right)^2 + \left(\frac{\partial y}{\partial v}\right)^2 + \left(\frac{\partial z}{\partial v}\right)^2,$$

$$F = \frac{\partial x}{\partial u}\frac{\partial x}{\partial v} + \frac{\partial y}{\partial u}\frac{\partial y}{\partial v} + \frac{\partial z}{\partial u}\frac{\partial z}{\partial v}.$$

特别地,当曲面方程为 $z = z(x,y),(x,y) \in D$ 时

$$\iint_S f(x,y,z)\mathrm{d}s = \iint_D f(x,y,z(x,y))\sqrt{1 + \left(\frac{\partial z}{\partial x}\right)^2 + \left(\frac{\partial z}{\partial y}\right)^2}\,\mathrm{d}x\mathrm{d}y,$$

此时积分与曲面的侧无关.

2. 第二型曲面积分

设双侧曲面的某一侧的法线方向为 $\vec{n}\{\cos\alpha,\cos\beta,\cos\gamma\}$,则沿着这一侧的第二型曲面积分为

$$\iint_S P\mathrm{d}y\mathrm{d}z + Q\mathrm{d}x\mathrm{d}z + R\mathrm{d}x\mathrm{d}y = \iint_S (P\cos\alpha + Q\cos\beta + R\cos\gamma)\mathrm{d}s,$$

其中 $\vec{n}$ 的方向余弦为

$$\cos\alpha = \frac{A}{\pm\sqrt{A^2 + B^2 + C^2}}, \cos\beta = \frac{B}{\pm\sqrt{A^2 + B^2 + C^2}}, \cos\gamma = \frac{C}{\pm\sqrt{A^2 + B^2 + C^2}},$$

根号前的符号由曲面的侧来确定,但所取符号相同.

6.1.6　场论

1. 梯度

设 $u = u(x,y,z)$,则梯度为

$$\mathrm{grad}\,u = \frac{\partial u}{\partial x}\vec{i} + \frac{\partial u}{\partial y}\vec{j} + \frac{\partial u}{\partial z}\vec{k},$$

沿方向 $\vec{l}\{\cos\alpha,\cos\beta,\cos\gamma\}$ 的方向导数为

$$\frac{\partial u}{\partial l} = \mathrm{grad}\,u \cdot \vec{l} = \frac{\partial u}{\partial x}\cos\alpha + \frac{\partial u}{\partial y}\cos\beta + \frac{\partial u}{\partial z}\cos\gamma.$$

2. 散度与旋度

设 $\vec{A} = A_x(x,y,z)\vec{i} + A_y(x,y,z)\vec{j} + A_z(x,y,z)\vec{k}$,则散度为

$$\mathrm{div}\,\vec{A} = \frac{\partial A_x}{\partial x} + \frac{\partial A_y}{\partial y} + \frac{\partial A_z}{\partial z};$$

旋度为

$$\mathrm{rot}\vec{A} = \begin{vmatrix} \vec{i} & \vec{j} & \vec{k} \\ \dfrac{\partial}{\partial x} & \dfrac{\partial}{\partial y} & \dfrac{\partial}{\partial z} \\ A_x & A_y & A_z \end{vmatrix}.$$

若引进算符 $\nabla = \dfrac{\partial}{\partial x}\vec{i} + \dfrac{\partial}{\partial y}\vec{j} + \dfrac{\partial}{\partial z}\vec{k}$，则有

$$\mathrm{grad}u = \nabla u, \mathrm{div}\vec{A} = \nabla u \cdot \vec{A}, \mathrm{rot}\vec{A} = \nabla u \times \vec{A}.$$

6.1.7　几个重要公式

1. Green 公式

设逐段光滑的简单闭曲线 L 围成有界的连通闭区域 D，L 的正向是这样的方向：当沿此方向走时，区域 D 永远在左边. 若 $X(x,y)$ 与 $Y(x,y)$ 及其一阶偏导数在 D 上连续，则有

$$\oint_L X\,\mathrm{d}x + Y\,\mathrm{d}y = \iint_D \left(\frac{\partial Y}{\partial x} - \frac{\partial X}{\partial y}\right)\mathrm{d}x\mathrm{d}y.$$

2. Gauss 公式

设 $X(x,y,z), Y(x,y,z), Z(x,y,z)$ 在空间闭区域 V 上有连续一阶偏导数，则

$$\oiint_S X\,\mathrm{d}y\mathrm{d}z + Y\,\mathrm{d}z\mathrm{d}x + Z\,\mathrm{d}x\mathrm{d}y = \iiint_V \left(\frac{\partial X}{\partial x} + \frac{\partial Y}{\partial y} + \frac{\partial Z}{\partial z}\right)\mathrm{d}x\mathrm{d}y\mathrm{d}z,$$

其中 S 为 V 的边界曲面，面积分沿 S 的外侧.

3. Stokes 公式

设 $X(x,y,z), Y(x,y,z), Z(x,y,z)$ 在曲面 S 上有连续的一阶偏导数，L 表示 S 的边界，则

$$\oint_L X\,\mathrm{d}x + Y\,\mathrm{d}y + Z\,\mathrm{d}z = \iint_S \left(\frac{\partial Z}{\partial y} - \frac{\partial Y}{\partial z}\right)\mathrm{d}y\mathrm{d}z + \left(\frac{\partial X}{\partial z} - \frac{\partial Z}{\partial x}\right)\mathrm{d}z\mathrm{d}x$$
$$+ \left(\frac{\partial Y}{\partial x} - \frac{\partial X}{\partial y}\right)\mathrm{d}x\mathrm{d}y,$$

其中 L 的方向和 S 的侧要符合下述规则：当 S 的侧沿 L 的方向行走时，S 永远在它的左边（即右手螺旋规则）.

6.1.8　应用

1. 在几何上的应用

(1) 求平面域 D 的面积

$$S = \iint\limits_{D} \mathrm{d}x\mathrm{d}y = \frac{1}{2}\oint\limits_{L} x\,\mathrm{d}y - y\,\mathrm{d}x,$$

其中 L 为 D 的边界，并取正向．

(2) 求柱体的体积

$$V = \iint\limits_{D} f(x,y)\mathrm{d}x\mathrm{d}y = \iiint\limits_{V} \mathrm{d}x\mathrm{d}y\mathrm{d}z,$$

其中 $z = f(x,y)$ 是柱体(母线平行 z 轴) 的顶面方程，D 是它在 xy 平面的投影．

(3) 求曲面面积　　设曲面方程为：

$$x = x(u,v), y = y(u,v), z = z(u,v), (u,v) \in D,$$

则其面积为

$$S = \iint\limits_{S} \mathrm{d}s = \iint\limits_{D} \sqrt{EG - F^2}\, \mathrm{d}u\mathrm{d}v,$$

其中

$$E = \sum_{x,y,z} \left(\frac{\partial x}{\partial u}\right)^2, G = \sum_{x,y,z} \left(\frac{\partial x}{\partial v}\right)^2, F = \sum_{x,y,z} \frac{\partial x}{\partial u}\frac{\partial x}{\partial v}.$$

特别地，当曲面方程为 $z = z(x,y)$，时，其面积

$$S = \iint\limits_{D} \sqrt{1 + \left(\frac{\partial z}{\partial x}\right)^2 + \left(\frac{\partial z}{\partial y}\right)^2}\, \mathrm{d}x\mathrm{d}y.$$

2. 在物理上的应用

设有几何形体 Ω(包括平面域、空间域、曲线、曲面等)，$\mathrm{d}\Omega$ 表其微元．

(1) 质量

$$M = \int\limits_{\Omega} \rho(M)\mathrm{d}\Omega,$$

其中 $\rho(M)$ 表示 Ω 上 M 点的密度．

(2) 重心

$$\begin{cases} x_0 = \dfrac{1}{M}\displaystyle\int\limits_{\Omega} \rho\, x\,\mathrm{d}\Omega, \\[3mm] y_0 = \dfrac{1}{M}\displaystyle\int\limits_{\Omega} \rho\, y\,\mathrm{d}\Omega, \\[3mm] z_0 = \dfrac{1}{M}\displaystyle\int\limits_{\Omega} \rho\, z\,\mathrm{d}\Omega, \end{cases}$$

其中 M 表示 Ω 的质量.

　　(3) 转动惯量　　设 l 表示直线或平面, r 表示 (x,y,z) 到 l 的距离,则 Ω 对于 l 的转动惯量为

$$I_l = \int_\Omega \rho r^2 \, \mathrm{d}\Omega.$$

6.2　重 积 分 的 计 算

【例 6.1】　改变下列累次积分的积分次序:

(1) $\displaystyle\int_0^{2a} \mathrm{d}x \int_{\sqrt{2ax-x^2}}^{\sqrt{2ax}} f(x,y)\mathrm{d}y, a > 0$;

(2) $\displaystyle\int_0^1 \mathrm{d}x \int_0^{1-x} \mathrm{d}y \int_0^{x+y} f(x,y,z)\mathrm{d}z$;

(3) $\displaystyle\int_0^1 \mathrm{d}x \int_0^1 \mathrm{d}y \int_0^{x^2+y^2} f(x,y,z)\mathrm{d}z$.

　　解　(1) 由原式知积分域为

$$D = \{0 \leqslant x \leqslant 2a, \sqrt{2ax-x^2} \leqslant y \leqslant \sqrt{2ax}\},$$

即 D 是由:圆 $(x-a)^2 + y^2 = a^2$ 的上半部分,抛物线 $y^2 = 2ax$ 的上半部分以及直线 $x = 2a$ 所围成(图 6.1),半圆顶点的切线 $y = a$ 将 D 分为 D_1, D_2, D_3. 所以

$$\iint_D f(x,y)\mathrm{d}x\mathrm{d}y = \int_0^{2a} \mathrm{d}x \int_{\sqrt{2ax-x^2}}^{\sqrt{2ax}} f(x,y)\mathrm{d}y$$

$$= \iint_{D_1} f(x,y)\mathrm{d}x\mathrm{d}y + \iint_{D_2} f(x,y)\mathrm{d}x\mathrm{d}y + \iint_{D_3} f(x,y)\mathrm{d}x\mathrm{d}y$$

$$= \int_0^a \mathrm{d}y \left\{ \int_{\frac{y^2}{2a}}^{a-\sqrt{a^2-y^2}} f(x,y)\mathrm{d}x + \int_{a+\sqrt{a^2-y^2}}^{2a} f(x,y)\mathrm{d}x \right\} + \int_0^{2a} \mathrm{d}y \int_{\frac{y^2}{2a}}^{2a} f(x,y)\mathrm{d}x.$$

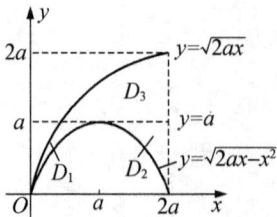

图 6.1

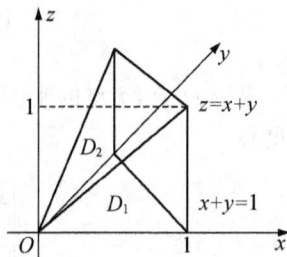

图 6.2

　　(2) 积分区域(图 6.2)

$$V = \{0 \leqslant x \leqslant 1, 0 \leqslant y \leqslant 1-x, 0 \leqslant z \leqslant x+y\}$$

在 xOz 平面的投影 $D = D_1 \bigcup D_2$，其中

$$D_1 = \{0 \leqslant x \leqslant 1, 0 \leqslant z \leqslant x\}, D_2 = \{0 \leqslant x \leqslant 1, x \leqslant z \leqslant 1\}.$$

故 $V = V_1 \bigcup V_2$，其中

$$V_1 = \{0 \leqslant x \leqslant 1, 0 \leqslant z \leqslant x, 0 \leqslant y \leqslant 1-x\},$$
$$V_2 = \{0 \leqslant x \leqslant 1, x \leqslant z \leqslant 1, z-x \leqslant y \leqslant 1-x\}.$$

所以

$$\int_0^1 \mathrm{d}x \int_0^{1-x} \mathrm{d}y \int_0^{x+y} f(x,y,z)\mathrm{d}z$$

$$= \int_0^1 \mathrm{d}x \int_0^x \mathrm{d}z \int_0^{1-x} f(x,y,z)\mathrm{d}y + \int_0^1 \mathrm{d}x \int_x^1 \mathrm{d}z \int_{z-x}^{1-x} f(x,y,z)\mathrm{d}y.$$

同理，有

$$\int_0^1 \mathrm{d}x \int_0^{1-x} \mathrm{d}y \int_0^{x+y} f \mathrm{d}z = \int_0^1 \mathrm{d}z \left(\int_0^z \mathrm{d}y \int_{z-y}^{1-y} f \mathrm{d}x + \int_z^1 \mathrm{d}y \int_0^{1-y} f \mathrm{d}x \right).$$

（3）考虑先对 y，次对 z，后对 x 积分. 固定 $x \in [0,1]$，以横坐标为 x 的平面去截积分区域 V 所得的截面在 yOz 坐标面上的投影（图 6.3，图 6.4）记为 D_{yz}.

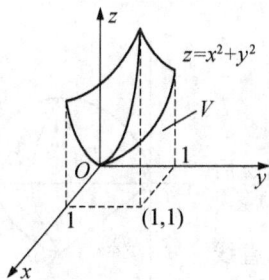
图 6.3

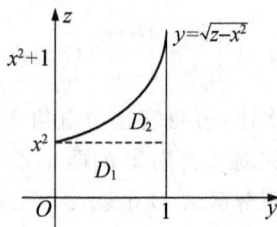
图 6.4

显然 $D_{yz} = D_1 \bigcup D_2$，其中

$$D_1 = \{0 \leqslant z \leqslant x^2, 0 \leqslant y \leqslant 1\},$$
$$D_2 = \{x^2 \leqslant z \leqslant x^2+1, \sqrt{z-x^2} \leqslant y \leqslant 1\}.$$

于是

$$\int_0^1 \mathrm{d}x \int_0^1 \mathrm{d}y \int_0^{x^2+y^2} f \mathrm{d}z$$

$$= \int_0^1 \mathrm{d}x \left(\iint_{D_1} f \mathrm{d}y \mathrm{d}z + \iint_{D_2} f \mathrm{d}y \mathrm{d}z \right)$$

$$= \int_0^1 \mathrm{d}x \left(\int_0^{x^2} \mathrm{d}z \int_0^1 f \mathrm{d}y + \int_{x^2}^{x^2+1} \mathrm{d}z \int_{\sqrt{z-x^2}}^1 f \mathrm{d}y \right).$$

由对称关系及用轮换的方法亦可得到先对 x,再对 z、y 的积分为

$$\int_0^1 \mathrm{d}x \int_0^1 \mathrm{d}y \int_0^{x^2+y^2} f\mathrm{d}z = \int_0^1 \mathrm{d}y \left(\int_0^{y^2} \mathrm{d}z \int_0^1 f\mathrm{d}x + \int_{y^2}^{y^2+1} \mathrm{d}z \int_{\sqrt{z-x^2}}^1 f\mathrm{d}y \right).$$

下面考虑先对 x,再对 y、z 积分. 将积分域 V 投影到 yOz 坐标面(图 6.5)得到

$$\overline{D_{yz}} = \overline{D_1} + \overline{D_2} + \overline{D_3},$$

其中

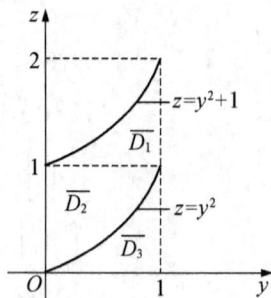

$$\overline{D_1} = \{1 \leqslant z \leqslant 2, \sqrt{z-1} \leqslant y \leqslant 1\},$$

$$\overline{D_2} = \{0 \leqslant z \leqslant 1, 0 \leqslant y \leqslant \sqrt{z}\},$$

$$\overline{D_3} = \{0 \leqslant z \leqslant 1, \sqrt{z} \leqslant y \leqslant 1\},$$

图 6.5

于是,有

$$\int_0^1 \mathrm{d}x \int_0^1 \mathrm{d}y \int_0^{x^2+y^2} f\mathrm{d}z = \int_0^1 \mathrm{d}z \left(\int_0^{\sqrt{z}} \mathrm{d}y \int_{\sqrt{z-y^2}}^1 f\mathrm{d}x + \int_{\sqrt{z}}^1 \mathrm{d}y \int_0^1 f\mathrm{d}x \right)$$
$$+ \int_1^2 \mathrm{d}z \int_{\sqrt{z-1}}^1 \mathrm{d}y \int_{\sqrt{z-y^2}}^1 f\mathrm{d}x.$$

【例 6.2】　将对极坐标的二次积分

$$I = \int_{-\frac{\pi}{4}}^{\frac{\pi}{2}} \mathrm{d}\theta \int_0^{2a\cos\theta} f(r\cos\theta, r\sin\theta)r\mathrm{d}r$$

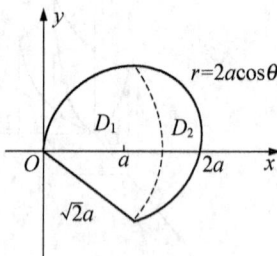

交换积分次序,再将它化为直角坐标,并写出先对 x 后对 y 以及先对 y 再对 x 的两个累次积分.

解　积分区域 D 由圆 $(x-a)^2 + y^2 = a^2$ 及直线 $y = -x$ 所围成(图 6.6). 以 O 为圆心、$\sqrt{2}a$ 为半径画圆弧可将 D 分为 D_1, D_2,并且

图 6.6

$$\overline{D_1} = \left[0 \leqslant r \leqslant \sqrt{2}a, -\frac{\pi}{4} \leqslant \theta \leqslant \arccos\frac{r}{2a} \right],$$

$$\overline{D_2} = \left[\sqrt{2}a \leqslant r \leqslant 2a, -\arccos\frac{r}{2a} \leqslant y \leqslant \arccos\frac{r}{2a} \right],$$

所以

$$I = \int_0^{\sqrt{2}a} r\mathrm{d}r \int_{-\frac{\pi}{4}}^{\arccos\frac{r}{2a}} f(r\cos\theta, r\sin\theta)\mathrm{d}\theta$$
$$+ \int_{\sqrt{2}a}^{2a} r\mathrm{d}r \int_{-\arccos\frac{r}{2a}}^{\arccos\frac{r}{2a}} f(r\cos\theta, r\sin\theta)\mathrm{d}\theta.$$

如果用直线 $y = 0$(即 x 轴)将 D 分成两部分 $\overline{D_1}, \overline{D_2}$,则有

$$I = \iint\limits_{D_1} f(x,y)\mathrm{d}x\mathrm{d}y + \iint\limits_{D_2} f(x,y)\mathrm{d}x\mathrm{d}y$$

$$= \int_{-a}^{0}\mathrm{d}y\int_{-y}^{a+\sqrt{a^2-y^2}} f(x,y)\mathrm{d}x + \int_{0}^{a}\mathrm{d}y\int_{a-\sqrt{a^2-y^2}}^{a+\sqrt{a^2-y^2}} f(x,y)\mathrm{d}x;$$

如果用直线 $x = a$ 将 D 分为 $\overline{\overline{D_1}},\overline{\overline{D_2}}$,则有

$$I = \iint\limits_{\overline{\overline{D_1}}} f(x,y)\mathrm{d}x\mathrm{d}y + \iint\limits_{\overline{\overline{D_2}}} f(x,y)\mathrm{d}x\mathrm{d}y$$

$$= \int_{0}^{a}\mathrm{d}x\int_{-x}^{\sqrt{2ax-x^2}} f(x,y)\mathrm{d}y + \int_{0}^{2a}\mathrm{d}x\int_{-\sqrt{2ax-x^2}}^{\sqrt{2ax-x^2}} f(x,y)\mathrm{d}y.$$

【例 6.3】　设 $f(x,y),f'_y(x,y)$ 连续,求下列函数的导数或偏导数:

(1) $F(t) = \iint\limits_{x^2+y^2\leqslant t^2} f(x,y)\mathrm{d}x\mathrm{d}y(t > 0)$,求 $F'(t)$;

(2) $u(x,y) = \int_{0}^{x}\mathrm{d}\xi\int_{\xi-x+y}^{x+y-\xi} f(\xi,\eta)\mathrm{d}\eta$,求 $\dfrac{\partial^2 u}{\partial x^2}$.

解　(1) 令 $\begin{cases} x = r\cos\theta \\ y = r\sin\theta \end{cases}$,则

$$F(t) = \int_{0}^{t}\mathrm{d}r\int_{0}^{2\pi} f(r\cos\theta, r\sin\theta)r\mathrm{d}\theta,$$

所以

$$F'(t) = \int_{0}^{2\pi} f(t\cos\theta, t\sin\theta)t\mathrm{d}\theta.$$

(2) $\dfrac{\partial u}{\partial x} = \int_{0}^{x}[f(\xi, x+y-\xi) - (-1)f(\xi, \xi-x+y)]\mathrm{d}\xi + \int_{x-x+y}^{x+y-x} f(x,\eta)\mathrm{d}\eta$

$\dfrac{\partial^2 u}{\partial x^2} = \int_{0}^{x}[f_y'(\xi, x+y-\xi) - f_y'(\xi, \xi-x+y)]\mathrm{d}\xi + f(x, x+y-x)$

$\qquad + f(x, x-y+y)$

$\qquad = \int_{0}^{x}[f_y'(\xi, x+y-\xi) - f_y'(\xi, \xi-x+y)]\mathrm{d}\xi + 2f(x,y).$

【例 6.4】　计算下列积分:

(1) $\iint\limits_{\substack{0\leqslant x\leqslant\frac{\pi}{2} \\ 0\leqslant y\leqslant\frac{\pi}{2}}} |\cos(x+y)|\mathrm{d}x\mathrm{d}y$;

(2) $\int_{0}^{+\infty}\int_{0}^{+\infty} \mathrm{e}^{-a\sqrt{x^2+y^2}}\cos\alpha x\cos\beta y\,\mathrm{d}x\mathrm{d}y.$

解　(1) 将积分域 $0\leqslant x\leqslant\dfrac{\pi}{2},0\leqslant y\leqslant\dfrac{\pi}{2}$ 分为两部分 $D_1\left[0\leqslant x\leqslant\dfrac{\pi}{2}, 0\leqslant\right.$

$y \leqslant \dfrac{\pi}{2} - x\Big]$ 与 $D_2\Big[0 \leqslant x \leqslant \dfrac{\pi}{2}, \dfrac{\pi}{2} - x \leqslant y \leqslant \dfrac{\pi}{2}\Big]$（图

6.7）. 显然当点 $(x, y) \in D_1$ 时，$\cos(x+y) \geqslant 0$；当点

$(x, y) \in D_2$ 时，$\cos(x+y) \leqslant 0$，故有

$$\iint\limits_{\substack{0 \leqslant x \leqslant \frac{\pi}{2} \\ 0 \leqslant y \leqslant \frac{\pi}{2}}} |\cos(x+y)| \, \mathrm{d}x\mathrm{d}y$$

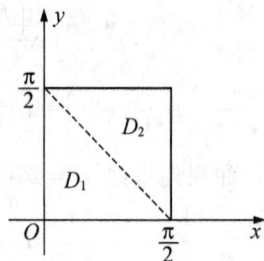

图 6.7

$$= \iint\limits_{D_1} \cos(x+y)\mathrm{d}x\mathrm{d}y - \iint\limits_{D_2} \cos(x+y)\mathrm{d}x\mathrm{d}y$$

$$= \int_0^{\frac{\pi}{2}} \mathrm{d}x \int_0^{\frac{\pi}{2}} \cos(x+y)\mathrm{d}y - \int_0^{\frac{\pi}{2}} \mathrm{d}x \int_{\frac{\pi}{2}-x}^{\frac{\pi}{2}} \cos(x+y)\mathrm{d}y$$

$$= \int_0^{\frac{\pi}{2}} \Big(\sin\frac{\pi}{2} - \sin x\Big)\mathrm{d}x - \int_0^{\frac{\pi}{2}} \Big[\sin(\frac{\pi}{2}+x) - \sin\frac{\pi}{2}\Big]\mathrm{d}x$$

$$= \int_0^{\frac{\pi}{2}} (2 - \sin x - \cos x)\mathrm{d}x = \pi - 2.$$

（2）我们有

$$\int_0^{+\infty} \mathrm{e}^{-\theta^2 - \frac{b}{4\theta^2}} \, \mathrm{d}\theta = \frac{\sqrt{\pi}}{2} \mathrm{e}^{-\sqrt{b}}, b > 0.$$

令 $\sqrt{b} = a\sqrt{x^2 + y^2}$，得到

$$\mathrm{e}^{-a\sqrt{x^2+y^2}} = \frac{2}{\sqrt{\pi}} \int_0^{+\infty} \mathrm{e}^{-\theta^2 - \frac{a^2(x^2+y^2)}{4\theta^2}} \, \mathrm{d}\theta,$$

将它代入原积分中，并改变积分的顺序，得

$$I = \int_0^{+\infty} \int_0^{+\infty} \mathrm{e}^{-a\sqrt{x^2+y^2}} \cos\alpha x \cos\beta y \, \mathrm{d}x\mathrm{d}y$$

$$= \frac{2}{\sqrt{\pi}} \int_0^{\infty} \mathrm{e}^{-\theta^2} \mathrm{d}\theta \int_0^{\infty} \int_0^{\infty} \mathrm{e}^{-\frac{a^2(x^2+y^2)}{4\theta^2}} \cos\alpha x \cos\beta x \, \mathrm{d}x\mathrm{d}y.$$

再令 $u = \dfrac{ax}{2\theta}, v = \dfrac{ay}{2\theta}$，有

$$I = \frac{8}{\sqrt{\pi}a^2} \int_0^{+\infty} \mathrm{e}^{-\theta^2} \theta^2 \, \mathrm{d}\theta \Big(\int_0^{+\infty} \mathrm{e}^{-u^2} \cos\frac{2\alpha\theta u}{a} \mathrm{d}u \cdot \int_0^{+\infty} \mathrm{e}^{-v^2} \cos\frac{2\beta\theta v}{a} \mathrm{d}v\Big)$$

$$= \frac{8}{\sqrt{u}a^2} \Big(\frac{\sqrt{\pi}}{2}\Big)^2 \int_0^{+\infty} \mathrm{e}^{-\frac{\theta^2}{a^2}(a^2+\alpha^2+\beta^2)} \theta^2 \, \mathrm{d}\theta.$$

再利用分部积分法，得到

$$I = \frac{\pi}{2} \frac{a}{(a^2 + \alpha^2 + \beta^2)^{\frac{3}{2}}}.$$

【**例 6.5**】　试证 $\int_0^1 \int_0^1 (xy)^{xy} \mathrm{d}x\mathrm{d}y = \int_0^1 y^y \mathrm{d}y.$

解　令 $t = xy, s = y$，即 $y = s, x = \dfrac{t}{s}$，则

$$J = \frac{D(x,y)}{D(t,s)} = \frac{1}{s}.$$

所以

$$I = \int_0^1 \int_0^1 (xy)^{xy} \mathrm{d}x\mathrm{d}y = \iint\limits_{D_{ts}} t^t \frac{1}{s} \mathrm{d}s\mathrm{d}t = \int_0^1 \mathrm{d}s \int_0^s \frac{1}{s} t^t \mathrm{d}t = \int_0^1 \frac{\mathrm{d}s}{s} \int_0^s t^t \mathrm{d}t$$

$$= \int_0^1 \mathrm{d}(\log s) \int_0^s t^t \mathrm{d}t.$$

其中 D_{ts} 是由变换 $t = xy, s = y$ 将 $D_{ts}[0 \leqslant x \leqslant 1, 0 \leqslant y \leqslant 1]$ 变到 (t,s) 平面上的区域，即 $D_{ts}[0 \leqslant s \leqslant 1, 0 \leqslant t \leqslant s]$．对上述积分用部分积分法，得

$$I = \left(\log s \int_0^s t^t \mathrm{d}t\right) \Big|_0^1 - \int_0^1 s^s \log s \mathrm{d}s = -\int_0^1 s^s \log s \mathrm{d}s.$$

因为

$$\int_0^1 (s^s \log s + s^s) \mathrm{d}s = \int_0^1 s^s (\log s + 1) \mathrm{d}s = \int_0^1 (s^s)' \mathrm{d}s = s^s \big|_0^1 = 0,$$

故

$$-\int_0^1 s^s \log s \mathrm{d}s = \int_0^1 s^s \mathrm{d}s,$$

即

$$I = \int_0^1 s^s \mathrm{d}s.$$

6.3　曲线积分与曲面积分

【**例 6.6**】　求由曲面 $x^2 + y^2 = az, z = 2a - \sqrt{x^2 + y^2}(a > 0)$ 所围的立体的体积和表面积.

解　该立体是由一旋转抛物面与顶点在 $(0,0,2a)$，开口向下的锥面所围（图 6.8），显然，它们的交线为一圆周

$$\begin{cases} x^2 + y^2 = a^2, \\ z = a, \end{cases}$$

所以体积为

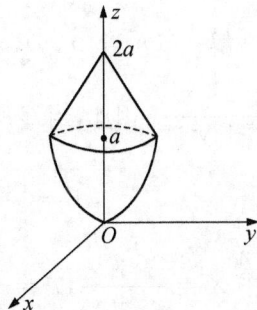

图 6.8

$$V = \int_b^a \mathrm{d}z \iint\limits_{x^2+y^2 \leqslant az} \mathrm{d}x\mathrm{d}y + \int_a^{2a} \mathrm{d}z \iint\limits_{x^2+y^2 \leqslant (2a-z)^2} \mathrm{d}x\mathrm{d}y$$

$$= \int_0^a \pi az \mathrm{d}z + \int_a^{2a} \pi (2a-z)^2 = \frac{5\pi a^3}{6}.$$

对于抛物面 $z = \dfrac{1}{a}(x^2 + y^2)$，由于

$$\frac{\partial z}{\partial x} = \frac{2x}{a}, \frac{\partial z}{\partial y} = \frac{2y}{a},$$

故

$$\mathrm{d}s = \sqrt{\left(\frac{\partial z}{\partial x}\right)^2 + \left(\frac{\partial z}{\partial y}\right)^2 + 1}\,\mathrm{d}x\mathrm{d}y$$

$$= \frac{1}{a}\sqrt{a^2 + 4(x^2 + y^2)}\,\mathrm{d}x\mathrm{d}y.$$

对于锥面 $z = 2a - \sqrt{x^2 + y^2}$，有 $\mathrm{d}s = \sqrt{2}\mathrm{d}x\mathrm{d}y$. 所以立体的表面积（以下 S_1，S_2 分别表示立体的上、下表面）为

$$S = \iint\limits_{S_1} \mathrm{d}s + \iint\limits_{S_2} \mathrm{d}s = \iint\limits_{x^2+y^2 \leqslant a^2} \sqrt{2}\mathrm{d}x\mathrm{d}y + \iint\limits_{x^2+y^2 \leqslant a^2} \frac{1}{a}\sqrt{a^2 + 4(x^2 + y^2)}\,\mathrm{d}x\mathrm{d}y.$$

对第二个积分用极坐标计算，得

$$S = \sqrt{2}\pi a^2 + \int_0^{2\pi} \mathrm{d}\theta \int_0^1 \sqrt{1 + 4r^2}\, a^2 r \mathrm{d}r = \frac{\pi a^2}{6}(6\sqrt{2} + 5\sqrt{2} - 1).$$

【例 6.7】　求下列曲线积分：

(1) $\oint\limits_C \dfrac{x\mathrm{d}y - y\mathrm{d}y}{x^2 + y^2}$，闭曲线 C 不过原点且顺时针方向；

(2) $\oint\limits_L y\mathrm{d}x + z\mathrm{d}y + x\mathrm{d}z$，$L$ 为圆周：$x^2 + y^2 + z^2 = a^2$，$x + y + z = 0$，L 的方向是：从 Ox 正向看去，按反时针方向.

解　(1) 当 $(x,y) \neq (0,0)$ 时，显然有 $\dfrac{\partial}{\partial x}\left(-\dfrac{y}{x^2 + y^2}\right) = \dfrac{\partial}{\partial y}\left(\dfrac{x}{x^2 + y^2}\right) = \dfrac{y^2 - x^2}{(x^2 + y^2)^2}$. 因此，当 C 所围区域 D 不包含 $(0,0)$ 时，由 Green 公式得

$$I = \oint\limits_C \frac{x\mathrm{d}y - y\mathrm{d}x}{x^2 + y^2} = \iint\limits_D \left(\frac{\partial Y}{\partial x} - \frac{\partial X}{\partial y}\right)\mathrm{d}x\mathrm{d}y = 0.$$

其中 $X = \dfrac{x}{x^2 + y^2}$，$Y = -\dfrac{y}{x^2 + y^2}$.

当 D 包含 $(0,0)$ 时，不能直接用 Green 公式. 取 $a > 0$ 足够小，作一以 a 为半

径,O 为中心的小圆记为 L_a,方向为顺时针.由 C 及 L_a 所包围区域为 D,由于在 D

上不含 $(0,0)$,且处处有 $\dfrac{\partial Y}{\partial x} = \dfrac{\partial X}{\partial y}$,故有

$$\left(\oint_C + \int_{L_a}\right)(X\mathrm{d}x + Y\mathrm{d}y) = \iint_D \left(\frac{\partial Y}{\partial x} - \frac{\partial X}{\partial y}\right)\mathrm{d}x\mathrm{d}y = 0$$

$$I = \oint_C \frac{x\mathrm{d}y - y\mathrm{d}x}{x^2 + y^2} = -\oint_{L_a} \frac{x\mathrm{d}y - y\mathrm{d}x}{x^2 + y^2}.$$

令 $x = a\cos t, y = a\sin t$,则

$$I = -\frac{1}{a^2}\int_{2\pi}^0 \left[(a\cos t)^2 + (a\sin t)^2\right]\mathrm{d}t = 2\pi.$$

（2）取以 L 为边界的圆 S,并按右手法则,取 S 的上侧,则由 Stokes 公式,有

$$I = \oint_L y\mathrm{d}x + z\mathrm{d}y + x\mathrm{d}z = \iint_S -\mathrm{d}y\mathrm{d}z - \mathrm{d}x\mathrm{d}z - \mathrm{d}x\mathrm{d}y.$$

$$= -3\iint_S \mathrm{d}y\mathrm{d}z = -3\iint_S \cos\alpha\,\mathrm{d}s,$$

其中 $\cos\alpha$ 为 S 的上侧对应的法向量 $\vec{n}$ 关于 x 轴的方向角的余弦,由于 S 的方程为

$$x + y + z = 0.$$

故有 $\cos\alpha = \cos\beta = \cos\gamma$,即 $3\cos^2\alpha = 1$,$\cos\alpha = \dfrac{1}{\sqrt{3}}$. 所以,

$$I = -\frac{3}{\sqrt{3}}\iint_S \mathrm{d}s = -\sqrt{3}\pi a^2.$$

【例 6.8】　求下列积分：

（1）$F(t) = \displaystyle\iint_{x^2+y^2+z^2=t^2} f(x,y,z)\mathrm{d}s$,其中 $t > 0$,

$$f(x,y,z) = \begin{cases} x^2 + y^2, & z \geqslant \sqrt{x^2 + y^2}; \\ 0, & z < \sqrt{x^2 + y^2}; \end{cases}$$

（2）$\displaystyle\iint_S yz\mathrm{d}x\mathrm{d}y + zx\mathrm{d}y\mathrm{d}z + xy\mathrm{d}y\mathrm{d}z$,其中 S 是由

$z = h, x^2 + y^2 = R^2$ 和三个坐标面所围的第一卦限部

分的外侧.

解　（1）用直角坐标计算（图 6.9）.

由 $x^2 + y^2 + z^2 = t^2$,得到

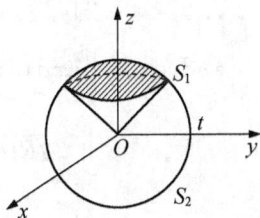

图 6.9

$$\frac{\partial z}{\partial x} = \frac{-x}{\sqrt{t^2 - x^2 - y^2}},$$

$$\frac{\partial z}{\partial y} = \frac{-y}{\sqrt{t^2 - x^2 - y^2}},$$

$$\mathrm{d}s = \sqrt{1 + z_x'^2 + z_y'^2}\,\mathrm{d}x\mathrm{d}y = \frac{1}{\sqrt{t^2 - x^2 - y^2}}\mathrm{d}x\mathrm{d}y, t > 0.$$

球面 $x^2 + y^2 + z^2 = t^2$ 与锥面 $z^2 = x^2 + y^2 (z \geqslant 0)$ 的交线在平面 xOy 上的投影为 $x^2 + y^2 = \frac{t^2}{2}$，故

$$F(t) = \iint\limits_{x^2+y^2 \leqslant \frac{t^2}{2}} (x^2 + y^2)\frac{t}{\sqrt{t^2 - x^2 - y^2}}\mathrm{d}x\mathrm{d}y (用极坐标)$$

$$= t\int_0^{2\pi}\mathrm{d}\varphi\int_0^{\frac{t}{\sqrt{2}}} \frac{r^3}{\sqrt{t^2 - r^2}}\mathrm{d}r (用代换\ r = t\sin\theta)$$

$$= \frac{8 - 5\sqrt{2}}{6}\pi t^4.$$

另解　令 $x = t\sin\theta\cos\varphi, y = t\sin\theta\sin\varphi, z = t\cos\theta$，则

$$F(t) = \int_0^{2\pi}\mathrm{d}\varphi\int_0^{\frac{\pi}{4}} t^4\sin^3\mathrm{d}\theta = \frac{8 - 5\sqrt{2}}{6}\pi t^4.$$

(2) 逐个计算(图 6.10)

$$\iint\limits_S yz\,\mathrm{d}x\mathrm{d}y = \iint\limits_{S_1} yz\,\mathrm{d}x\mathrm{d}y + \iint\limits_{S_2} yz\,\mathrm{d}x\mathrm{d}y$$

$$= \iint\limits_{D_{xy}} hy\,\mathrm{d}x\mathrm{d}y - \iint\limits_{D_{xy}} y\cdot 0\mathrm{d}x\mathrm{d}y$$

$$= h\iint\limits_{D_{xy}} y\,\mathrm{d}x\mathrm{d}y$$

$$= \iint\limits_{D_{xy}} hy\,\mathrm{d}x\mathrm{d}y - \iint\limits_{D_{xy}} y\cdot 0\mathrm{d}x\mathrm{d}y$$

$$= h\int_0^{\frac{\pi}{2}}\mathrm{d}\varphi\int_0^R r^2\sin\varphi\mathrm{d}r = \frac{1}{3}R^3 h.$$

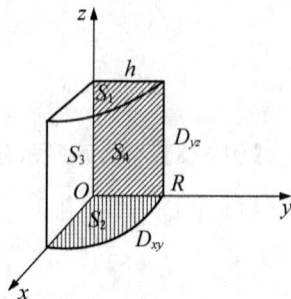

图 6.10

$$\iint\limits_S zx\,\mathrm{d}y\mathrm{d}z = \iint\limits_{S_3} zx\,\mathrm{d}y\mathrm{d}z + \iint\limits_{S_4} zx\,\mathrm{d}y\mathrm{d}z$$

$$= \iint\limits_{D_{yz}} z\sqrt{R^2 - y^2}\,\mathrm{d}y\mathrm{d}z - \iint\limits_{D_{yz}} z\cdot 0\mathrm{d}y\mathrm{d}z$$

$$= \left(\int_0^h z\mathrm{d}z\right)\cdot\left(\int_0^R \sqrt{R^2 - y^2}\mathrm{d}y\right) = \frac{1}{8}\pi R^2 h^2.$$

同理

$$\iint\limits_{S} xy\,\mathrm{d}x\mathrm{d}y = \frac{1}{3}R^3 h.$$

所以

$$\iint\limits_{S} yz\,\mathrm{d}x\mathrm{d}y + zx\,\mathrm{d}y\mathrm{d}z + xy\,\mathrm{d}x\mathrm{d}z = \frac{2}{3}R^3 h + \frac{1}{8}\pi R^2 h^2.$$

另解　由 Gauss 公式, 有

$$I = \iint\limits_{S} yz\,\mathrm{d}x\mathrm{d}y + zx\,\mathrm{d}y\mathrm{d}z + xy\,\mathrm{d}x\mathrm{d}z = \iiint\limits_{V} (x + y + z)\,\mathrm{d}v,$$

其中 V 为 S 所围成的立体. 采用柱坐标变换得

$$I = \int_0^{\frac{\pi}{2}} \mathrm{d}\theta \int_0^R \mathrm{d}r \int_0^h r[z + r(\cos\theta + \sin\theta)]\mathrm{d}z$$

$$= \frac{\pi}{2}\left(\int_0^R r\mathrm{d}r\right)\left(\int_0^h z\mathrm{d}z\right) + h\left(\int_0^{\frac{\pi}{2}} (\cos\theta + \sin\theta)\,\mathrm{d}\theta\right) \cdot \int_0^R r^2\,\mathrm{d}r$$

$$= \frac{2}{3}R^3 h + \frac{1}{8}\pi R^2 h^2.$$

第 7 章 级 数

7.1 概 述

7.1.1 Abel 变换

1. (和差变换公式) 设 $m < n$, 则

$$\sum_{k=m}^{n} (A_k - A_{k-1}) b_k = A_n b_n - A_{m-1} b_m + \sum_{k=m}^{n-1} A_k (b_k - b_{k+1}). \tag{7.1}$$

2. (分部求和法) 设 $S_k = a_1 + a_2 + \cdots + a_k (k = 1, 2, \cdots, n)$, 则

$$\sum_{k=1}^{n} a_k b_k = S_n b_n + \sum_{k=1}^{n-1} S_k (b_k - b_{k-1}).$$

注 1 与 2 只是表述方式的不同, 它们在级数的收敛性理论和有关和式的阶的估计中是经常用到的.

7.1.2 数项级数的基本概念

对给定的级数

$$\sum_{n=0}^{\infty} a_n = a_0 + a_1 + a_2 + \cdots, \tag{7.2}$$

若 $\lim\limits_{n \to \infty} s_n = \lim\limits_{n \to \infty} (a_0 + a_1 + \cdots + a_n)$ 存在且有限, 则称级数 (7.2) 收敛.

由于级数的收敛性是由部分和数列的收敛性来定义, 所以很多数列的性质可以简单地推广到级数上去.

Cauchy 收敛准则 级数 $\sum a_n$ 收敛的充分必要条件是: 对任意给定的 $\varepsilon > 0$, 存在正整数 $N > 0$, 使得当 $n > N$ 时, 对于任意的自然数 m, 都有

$$\left| \sum_{k=n}^{n+m} a_k \right| < \varepsilon. \tag{7.3}$$

由此可得到级数 (7.2) 收敛的必要条件: $\lim\limits_{n \to \infty} a_n = 0$. 但这并非充分条件, 例如

$\sum\limits_{n=1}^{\infty}\dfrac{1}{n}$ 是发散的.

Cauchy 收敛准则是处理级数收敛性问题的基本工具. 例如, 若 $a_n \downarrow 0$, 则由级数 $\sum a_n$ 的收敛性, 可知 $na_n \to 0$. 事实上, 若 $\sum a_n$ 收敛, 则由 a_n 的单调性, 有

$$o(1) = \sum_{k=\left[\frac{n}{2}\right]+1}^{n} a_n \geqslant \left(n - \left[\frac{n}{2}\right]\right)a_n \geqslant \frac{n}{3}a_n,$$

$$na_n \to 0, n \to \infty.$$

若去掉 a_n 的单调性条件, 则上述结论不成立, 例如, 可以取下面的数列作为例子:

$$a_n = \begin{cases} \dfrac{1}{n}, & \text{当 } n = 2^k, \\ \dfrac{1}{n^2}, & \text{当 } n \neq 2^k, \end{cases} \quad k = 0,1,2,\cdots.$$

7.1.3　正项级数收敛性判别法

1. 比较判别法

若 $n \geqslant n_0$ 时, $0 \leqslant a_n \leqslant b_n$, 则当 $\sum b_n$ 收敛时, $\sum a_n$ 也收敛, 而若 $\sum a_n$ 发散, 则 $\sum b_n$ 也发散.

由此, 如果 $\lim\limits_{n\to\infty}\dfrac{a_n}{b_n} = A(\neq 0)$, 则级数 $\sum a_n$ 与 $\sum b_n$ 有相同的敛散性.

2. Cauchy 积分判别法

若 $a(x)$ 是 $[1, +\infty)$ 上定义的单调减少正值函数, 则级数 $\sum\limits_{n=1}^{\infty} a(n)$ 与无穷积分 $\int_1^{\infty} a(x)\mathrm{d}x$ 有相同的敛散性. 由此, 记 $\log_p x = \underbrace{\log\log\cdots\log x}_{p\uparrow}$, 则级数

$$\sum \frac{1}{n^a}, \sum \frac{1}{n(\log n)^a}, \cdots, \sum \frac{1}{n\log n\log\log n\cdots(\log_p n)^a},$$

当 $\alpha > 1$ 时收敛, 当 $\alpha \leqslant 1$ 时发散, 这些级数可以作为判定正项级数敛散性的"尺度", 用它们与比较判别法结合起来, 可以得到许多常用的判别法.

3. 常用的判别法

(1) Cauchy 根值判别法　若 $\overline{\lim}\sqrt[n]{a_n} < 1(\underline{\lim}\sqrt[n]{a_n} > 1)$, 则级数 $\sum a_n$ 收敛 (发散).

(2) D'Alembert 判别法　若 $\overline{\lim}\dfrac{a_{n+1}}{a_n} < 1\left(\underline{\lim}\dfrac{a_{n+1}}{a_n} > 1\right)$, 则级数 $\sum a_n$ 收敛

（发散）.

（3）Raabe 判别法　若 $\underline{\lim} n\left(1-\dfrac{a_{n+1}}{a_n}\right) > 1\left(\overline{\lim} n\left(1-\dfrac{a_{n+1}}{a_n}\right) < 1\right)$，则级数 $\sum a_n$ 收敛（发散）.

（4）Gauss 判别法　若 $\dfrac{a_n}{a_{n+1}} = 1 + \dfrac{\mu}{n} + O\left(\dfrac{1}{n^{1+\varepsilon}}\right)$，$\varepsilon > 0$，则当 $\mu > 1$（$\mu \leqslant 1$）时，级数 $\sum a_n$ 收敛（发散）.

7.1.4　任意项级数收敛性判别法

1. 若 $|a_n| \leqslant b_n (n \geqslant n_0)$，则当 $\sum b_n$ 收敛时 $\sum a_n$ 也收敛.

此处实际上得到了 $\sum |a_n|$ 的收敛性. 这一判别法的叙述固然简单，但它没有顾及变号项之间的"相互抵消"作用对级数收敛性的影响，所以其使用范围有一定的局限性.

2. Leibniz 判别法　若 $a_n \downarrow 0$，则级数 $\sum (-1)^n a_n$ 收敛.

这里 $\{a_n\}$ 的单调性是不可少的. 例如，取

$$a_n = \begin{cases} \dfrac{1}{n}, & \text{当 } n = 2k, k = 1, 2, \cdots, \\[2mm] \dfrac{1}{n^2}, & \text{当 } n = 2k-1, k = 1, 2, \cdots, \end{cases}$$

则 $\displaystyle\sum_{n=1}^{\infty} (-1)^n a_n$ 是发散的.

3. Abel 判别法　若 $\sum b_n$ 收敛，数列 $\{a_n\}$ 单调有界，则 $\sum a_n b_n$ 收敛.

这里 $\{a_n\}$ 的单调性不可去掉. 例如取 $b_n = a_n = \dfrac{(-1)^n}{\sqrt{n}}$，则 $\displaystyle\sum_{n=1}^{\infty} a_n b_n$ 发散.

4. Dirichlet 判别法　若 $\displaystyle\sum_{n=1}^{\infty} b_n$ 的部分和有界，数列 $\{a_n\}$ 单调趋于零，则 $\sum a_n b_n$ 收敛.

关于 $\{a_n\}$ 的"单调性"及"趋于零"的条件，缺一不可. 例如取 $b_n = (-1)^n$，$a_n = \dfrac{(-1)^n}{n}$（单调性破坏），或 $b_n = (-1)^n$，$a_n = \dfrac{n}{n+1}$（a_n 不趋于 0），则 $\sum a_n b_n$ 发散.

注　Abel 判别法和 Dirichlet 判别法都是基于 Abel 变换得到的.

7.1.5　绝对收敛级数的性质

1. 如果 $\displaystyle\sum_{k=1}^{n} a_k$ 收敛但不绝对收敛，令 $P_n = \displaystyle\sum_{k=1}^{n} \max(0, a_k)$，$N_n =$

$-\sum\limits_{k=1}^{n}\min(0,a_k)$，则由于 $\sum\limits_{k=1}^{\infty}a_k$ 不绝对收敛，可知 $\lim\limits_{n\to\infty}P_n=+\infty,\lim\limits_{n\to\infty}N_n=+\infty.$ 由

$\sum\limits_{k=1}^{\infty}a_k$ 的收敛性，又有 $\lim\limits_{n\to\infty}(P_n-N_n)=S<\infty$，因此

$$\lim_{n\to\infty}\left(\frac{P_n}{N_n}-1\right)=\lim_{n\to\infty}\left(\frac{P_n-N_n}{N_n}\right)=0,$$

即 $\lim\limits_{n\to\infty}\dfrac{P_n}{N_n}=1.$

2. 若 $\sum a_n$ 绝对收敛，则将它的项任意改变次序后，其和不变.

若 $\sum a_n$ 收敛而不绝对收敛，则对任意数值 A，总可适当调动 a_n 的位置，使得新级数的和等于 A.

3. 设 $\sum a_n$ 与 $\sum b_n$ 分别收敛于 A 与 B，而且它们都绝对收敛. 记

$$c_n=a_1b_n+a_2b_{n-1}+\cdots+a_nb_1,$$

则 $\sum\limits_{n=1}^{\infty}c_n$ 收敛于 $AB.$

4. 若级数 $\sum\limits_{m=1}^{\infty}\sum\limits_{n=1}^{\infty}|a_{mn}|$ 收敛，则 $\sum\limits_{m=1}^{\infty}\sum\limits_{n=1}^{\infty}a_{mn}=\sum\limits_{n=1}^{\infty}\sum\limits_{m=1}^{\infty}a_{mn}.$

7.1.6　一致收敛性的判别法

1. 设 $a_n(x)(n=1,2,\cdots)$ 是定义在数集 I 上的函数，对每一个 $x\in I$，级数 $\sum a_n(x)$ 收敛于 $f(x)(<\infty).$ 如果对于任意的 $\varepsilon>0$，存在与 $x\in I$ 无关的正整数 N，使得当 $n>N$ 时，不等式 $\left|f(x)-\sum\limits_{k=1}^{n}a_k(x)\right|<\varepsilon$ 对于一切 $x\in I$ 都成立，则称 $\sum a_n(x)$ 在 I 上一致收敛于 $f(x).$

因此，如果存在 $\varepsilon_0>0$，对于任意的自然数 n，都有 $x_n\in I$（注意，一般来说，它是 n 的函数），使得 $\left|f(x_n)-\sum\limits_{k=1}^{n}a_k(x_n)\right|\geqslant\varepsilon_0$，则 $\sum a_n(x)$ 在 I 上不一致收敛于 $f(x).$

对于函数列 $\{f_n(x)\}$，可以类似地给出 $\{f_n(x)\}$ 在 I 上一致收敛于 $f(x)$ 的定义.

2. 一致收敛的充分必要条件　　函数列 $\{f_n(x)\}$ 在 I 上一致收敛于 $f(x)$ 的充分必要条件是 $\lim\limits_{n\to\infty}\sup\limits_{x\in I}|f_n(x)-f(x)|=0.$

这样，为了判定 $f_n(x)\to f(x)$ 的一致性，需要研究函数 $r_n(x)=|f_n(x)-f(x)|$

在 I 上的函数值的上界. 一般地, 可借助于微分中求极值的方法.

3. 常用的一致收敛性判别法

(1) (Weierstrass 判别法)　若对于 $x \in I$, 恒有 $|a_n(x)| \leqslant c_n (n \geqslant n_0)$, 则当 $\sum c_n$ 收敛时, $\sum a_n(x)$ 在 I 上一致收敛.

特别地, 收敛的常数项级数, 在任何数集 I 上都是一致收敛的.

(2) (Abel 判别法)　若 $\sum b_n(x)$ 在 I 上一致收敛, 函数列 $\{a_n(x)\}$ (对于每个固定的 $x \in I$) 是单调的且关于 $x \in I$ 及 $n \geqslant n_0$ 一致有界, 则级数 $\sum a_n(x) b_n(x)$ 在 I 上一致收敛.

例如, $\sum\limits_{n=1}^{\infty} \dfrac{(-1)^n}{n} \dfrac{x^n}{1+x^n}$ 在 $(0,1)$ 上一致收敛.

(3) (Dirichlet 判别法)　若存在常数 M, 使得对于 $n \geqslant n_0$ 及 $x \in I$, 有 $\left| \sum\limits_{k=1}^{n} b_k(x) \right| \leqslant M$, 函数列 $\{a_n(x)\}$ (对于每个固定的 $x \in I$) 是单调的, 而且 $a_n(x)$ (关于 $x \in I$ 一致地) 趋于零, 则 $\sum a_n(x) b_n(x)$ 在 I 上一致收敛.

例如, $\sum\limits_{n=1}^{\infty} \dfrac{\sin nx}{\sqrt{n}}$ 在不包含 $k\pi (k = 0, \pm 1, \pm 2, \cdots)$ 的任何闭区间上一致收敛.

(4) (Dini 定理)　设 $\sum\limits_{n=1}^{\infty} a_n(x)$ 在 $[a,b]$ 上收敛于连续函数 $f(x)$, 而且 $a_n(x) (n = 1, 2, 3, \cdots)$ 在 $[a,b]$ 上非负、连续, 则 $\sum a_n(x)$ 在 $[a,b]$ 上一致收敛于 $f(x)$.

定理中的条件(连续、非负、闭区间), 缺一不可.

7.1.7　一致收敛级数的性质

1. 设 $a_n(x) (n = 1, 2, 3, \cdots)$ 是 $[a,b]$ 上的连续函数, $\sum a_n(x)$ 在 $[a,b]$ 上一致收敛于 $f(x)$, 则 $f(x)$ 也在 $[a,b]$ 上连续, 即对 $x_0 \in [a,b]$, 有 $\lim\limits_{x \to x_0} f(x) = \sum \lim\limits_{x \to x_0} a_n(x)$.

若将"在 $[a,b]$ 上一致收敛"改为"在 (a,b) 上内闭一致收敛", 则 $f(x)$ 在 (a,b) 上连续.

注　一致收敛性并非必要条件, 例如, 取
$$a_n(x) = nx\mathrm{e}^{-nx} - (n-1)x\mathrm{e}^{-(n-1)x}, x \in [0,1]; f(x) \equiv 0,$$
则 $\sum\limits_{n=1}^{\infty} a_n(x)$ 在 $[0,1]$ 上收敛于连续函数 $f(x)$, 但不是一致收敛, 因为对于任意的

n, 若取 $x_n = \dfrac{1}{n}$, 则

$$\left| \sum_{k=1}^{n} a_n(x) - f(x) \right| = \left| nx_n \mathrm{e}^{-nx_n} - 0 \right| = n \cdot \frac{1}{n} \cdot \mathrm{e}^{-n \cdot \frac{1}{n}} = \frac{1}{\mathrm{e}}.$$

2. 设 $a_n(x)$ 在 $[a,b]$ 上连续，$\sum a_n(x)$ 在 $[a,b]$ 上一致收敛于 $f(x)$，则

$$\int_a^b f(x)\,\mathrm{d}x = \sum \int_a^b a_n(x)\,\mathrm{d}x.$$

此处，一致收敛性也非必要条件，例如，取

$$a_1(x) = x\mathrm{e}^{-x^2},\ a_n(x) = nx\mathrm{e}^{-nx^2} - (n-1)x\mathrm{e}^{-(n-1)x^2},$$
$$f(x) \equiv 0,\ x \in [-1,1],$$

则

$$\int_{-1}^{1} f(x)\,\mathrm{d}x = 0 = \int_{-1}^{1} a_1(x)\,\mathrm{d}x + \sum_{n=2}^{\infty} \int_{-1}^{1} a_n(x)\,\mathrm{d}x,$$

但 $\displaystyle\sum_{n=1}^{\infty} a_n(x)$ 不一致收敛于 $f(x)$. 事实上，对于任意的 n, 若取 $x_n = \dfrac{1}{\sqrt{n}}$, 则

$$\left| \sum_{k=1}^{n} (a_k(x) - f(x)) \right| = \left| nx\mathrm{e}^{-nx^2} \right| = \sqrt{n}\mathrm{e}^{-1} \to \infty,\ n \to \infty.$$

3. 设 $a_n(x)\ (n \geqslant 1)$ 在 $[a,b]$ 上有连续的导函数，如果级数 $\sum a_n(x)$ 在 $[a,b]$ 上收敛于 $f(x)$，$\sum a_n'(x)$ 在 $[a,b]$ 上一致收敛，则

$$f'(x) = \left(\sum a_n(x) \right)' = \sum a_n'(x).$$

若将"$\sum a_n'(x)$ 在 $[a,b]$ 上一致收敛"改为"$\sum a_n'(x)$ 在 (a,b) 上内闭一致收敛"，则逐项微分可在 (a,b) 内进行.

关于 $\sum a_n'(x)$ 一致收敛的条件，仍非必要的，例如，取

$$a_n(x) = nx^2(1-x)^n - (n-1)x^2(1-x)^{n-1},\ x \in [0,1],$$
$$f(x) \equiv 0,$$

则

$$f'(x) = 0 = \sum_{n=1}^{\infty} a_n'(x) = \lim_{n \to \infty} (nx(1-x)^{n-1}(2-2x-nx)),\ x \in [0,1],$$

但是对于任意的自然数 n, 取 $x_n = \dfrac{1}{n}$, 则

$$\left| \sum_{k=1}^{n} a_k'(x) - f'(x_n) \right| = \left| n \frac{1}{n} \left(1 - \frac{1}{n}\right)^{n-1} \left(2 - \frac{2}{n} - 1\right) - 0 \right|$$

$$= \left(1 - \frac{1}{n}\right)^{n-1} \left(1 - \frac{2}{n}\right) \to \frac{1}{e}, n \to \infty.$$

因此，$\sum a_n'(x)$ 在$[0,1]$上不一致收敛.

4. 设(1) $a_n(x) \geqslant 0 (n \geqslant 1, x \geqslant a)$；(2) 对任意的$c < b$(或对任何$c < +\infty$)，都有

$$\int_a^c \left(\sum_{n=1}^{\infty} a_n(x)\right) dx = \sum_{n=1}^{\infty} \int_a^c a_n(x) dx, \tag{7.4}$$

则有等式

$$\int_a^b \left(\sum_{n=1}^{\infty} a_n(x)\right) dx = \sum_{n=1}^{\infty} \int_a^b a_n(x) dx$$

或

$$\int_a^{+\infty} \left(\sum_{n=1}^{\infty} a_n(x)\right) dx = \sum_{n=1}^{\infty} \int_a^{+\infty} a_n(x) dx.$$

条件(1)常不能成立，此时，若将条件(2)中的等式改为关于$|a_n(x)|$的等式，则结论仍可成立. 但是，一般情况下，验证条件(2)会遇到困难，这时，可以从等式

$$\int_a^b \left(\sum_{n=1}^{N} a_n(x)\right) dx = \sum_{n=1}^{N} \int_a^b a_n(x) dx$$

出发，再借助于阶的估计方法，证明

$$\lim_{N \to \infty} \int_a^b \left(\sum_{n=N+1}^{\infty} a_n(x)\right) dx = 0,$$

从而得到(7.4)式. 对于$\int_a^{+\infty} \left(\sum_{n=1}^{\infty} a_n(x)\right) dx$的积分与求和次序的交换，可用同样的处理方法.

7.1.8　幂级数

1. 幂级数的收敛半径

令

$$R = \begin{cases} \dfrac{1}{\varlimsup\limits_{n \to \infty} \sqrt[n]{|a_n|}}, & 0 < \varlimsup\limits_{n \to \infty} \sqrt[n]{|a_n|} < +\infty, \\ 0, & \varlimsup\limits_{n \to \infty} \sqrt[n]{|a_n|} = +\infty, \\ +\infty, & \varlimsup\limits_{n \to \infty} \sqrt[n]{|a_n|} = 0, \end{cases}$$

则幂级数 $\sum\limits_{n=0}^{\infty} a_n (x-x_0)^n$ 在 $|x-x_0| < R$ 内绝对收敛,在 $|x-x_0| > R$ 内发散.

需要注意的是,在式 $\varlimsup\limits_{n\to\infty} \sqrt[n]{|a_n|}$ 中,a_n 是 $(x-x_0)^n$ 的系数,而不是第 n 个非零系数.例如,在 $\sum\limits_{n=0}^{\infty} nx^{n^2}$ 中 $a_n = \begin{cases} k, & n=k^2, \\ 0, & \text{其他}. \end{cases}$

因此,$\varlimsup\limits \sqrt[n]{|a_n|} = \lim \sqrt[n]{n^2}{n} = 1.$

2. **幂级数的性质**

(1) 若 $\sum\limits_{n=0}^{\infty} a_n (x-x_0)^n$ 在 $x=\xi$ 收敛,则它在 $|x-x_0| < |\xi-x_0|$ 中绝对收敛;若在 $x=\xi$ 发散,则在 $|x-x_0| > |\xi-x_0|$ 中亦发散.

(2) 设 $\sum\limits_{n=0}^{\infty} a_n (x-x_0)^n$ 的收敛半径是 R,和函数为 $f(x)$,则对于任意的 $x \in (x_0-R, x_0+R)$,有

$$f'(x) = \sum_{n=0}^{\infty} na_n (x-x_0)^{n-1},$$

$$\int_{x_0}^{x} f(t)\mathrm{d}t = \sum_{n=0}^{\infty} a_n \int_{x_0}^{x} (t-x_0)^n \mathrm{d}t = \sum_{n=0}^{\infty} \frac{a_n}{n+1} (x-x_0)^{n+1},$$

而且微分与积分后的幂级数收敛半径仍然是 R.

(3) Abel 引理　设 $\sum a_n x^n$ 的收敛半径为 R,和函数为 $f(x)$,若 $\sum a_n R^n$ 收敛,则

$$\lim_{x\to R-0} f(x) = \sum a_n R^n.$$

例如,求级数 $\sum\limits_{n=0}^{\infty} \frac{(-1)^n}{2n+1}$ 的和.令

$$f(x) = \sum_{n=0}^{\infty} \frac{(-1)^n}{2n+1} x^{2n+1},$$

它的收敛半径是 1.因此,对于 $x \in (-1,1)$,有

$$f'(x) = \sum_{n=0}^{\infty} (-1)^n x^{2n+1} = \frac{1}{1+x^2},$$

$$f(x) = \int_0^x \frac{\mathrm{d}t}{1+t^2} + f(0) = \arctan x,$$

即

$$\sum_{n=0}^{\infty} \frac{(-1)^n}{2n+1} x^{2n+1} = \arctan x.$$

由于当 $x = 1$ 时上式左端的级数收敛,所以

$$\sum_{n=0}^{\infty} \frac{(-1)^n}{2n+1} = \lim_{x \to 1-0} \arctan x = \frac{\pi}{4}.$$

3. 函数的幂级数展开

(1) 设 $f(x)$ 在 $(x_0 - \delta, x_0 + \delta)(\delta > 0)$ 中有任意阶导数,则

$$f(x) = \sum_{k=0}^{n} \frac{f^{(k)}(x_0)}{k!}(x - x_0)^k + R_n(x), x \in (x_0 - \delta, x_0 + \delta),$$

其中

$$R_n(x) = \frac{f^{(n+1)}(\xi)}{(n+1)!}(x - x_0)^{n+1},$$

或

$$R_n(x) = \frac{1}{n!} \int_{x_0}^{x} f^{(n+1)}(t)(x - t)^n dt,$$

如果对于任意的 $x \in (x_0 - \delta, x_0 + \delta)$,有

$$R_n(x) \to 0, n \to \infty,$$

则 $f(x)$ 有幂级数展开式

$$f(x) = \sum_{k=0}^{\infty} \frac{f^{(k)}(x_0)}{k!}(x - x_0)^k, \tag{7.5}$$

如果仅是在某点有任意阶导数,那么,上述幂级数展开式不一定成立. 例如函数

$$f(x) = \begin{cases} e^{-\frac{1}{x^2}}, & x \neq 0, \\ 0, & x = 0. \end{cases}$$

(2) 常用的几个幂级数

(i) $\dfrac{1}{1-x} = \displaystyle\sum_{n=0}^{\infty} x^n, \ |x| < 1;$

(ii) $e^x = \displaystyle\sum_{n=0}^{\infty} \dfrac{x^n}{n!}, \ |x| < \infty,$

(iii) $\log(1+x) = \displaystyle\sum_{n=1}^{\infty} \dfrac{(-1)^n}{n} x^n, \ |x| < 1,$

(iv) $(1+x)^\alpha = 1 + \displaystyle\sum_{n=1}^{\infty} \dfrac{\alpha(\alpha-1)\cdots(\alpha-n+1)}{n!} x^n,$

其中 α 为不等于非负整数的任何实数;展开式的成立范围为:当 $\alpha \leqslant -1$ 时为 $(-1,1)$,当 $-1 < \alpha < 0$ 时为 $(-1,1]$,当 $\alpha > 0$ 时为 $[-1,1]$.

（ⅴ） $\sin x = \sum\limits_{n=1}^{\infty} \dfrac{(-1)^{n-1}}{(2n-1)!} x^{2n-1}, \ |x| < \infty.$

（3）求函数的幂级数展开式,除按(7.5)式外,更多的和更常用的方法,是利用对幂级数的四则运算以及微分、积分的运算,但这需要熟练的技巧.

【例 7.1】 $\dfrac{1}{1+x-2x^2} = \dfrac{1}{(1+2x)(1-x)} = \dfrac{1}{3}\left(\dfrac{1}{1-x} + \dfrac{2}{1+2x}\right)$

$$= \dfrac{1}{3}\left(\sum_{n=0}^{\infty} x^n + 2\sum_{n=0}^{\infty}(-2x)^n\right)$$

$$= \sum_{n=0}^{\infty}\left(\dfrac{1}{3} + \dfrac{1}{3}(-1)^n 2^{n+1}\right)x^n,$$

其收敛半径为 $\dfrac{1}{2}$（取两个幂级数收敛半径的小者）.

【例 7.2】 $\displaystyle\int_0^x \dfrac{\sin t}{t}\mathrm{d}t = \int_0^x \sum_{n=1}^{\infty} \dfrac{(-1)^{n-1}}{(2n-1)!} t^{2n-2}\mathrm{d}t = \sum_{n=1}^{\infty} \dfrac{(-1)^{n-1}}{(2n-1)!}\int_0^x t^{2n-2}\mathrm{d}t$

$$= \sum_{n=1}^{\infty} \dfrac{(-1)^{n-1}}{(2n-1)(2n-1)!} x^{2n-1},$$

其收敛半径为 ∞（与 $\dfrac{\sin t}{t}$ 的幂级数收敛半径相同）.

【例 7.3】 $\log(2-2x+x^2) = \log(1+(1-x)^2) = \sum\limits_{n=1}^{\infty} \dfrac{(-1)^{n-1}}{n}(1-x)^{2n},$

其收敛半径为 1.

【例 7.4】 由

$$f(x) = \sum_{n=1}^{\infty}(-1)^{n+1}\dfrac{x^{n+1}}{n(n+1)},$$

$$f'(x) = \sum_{n=1}^{\infty}(-1)^{n+1}\dfrac{x^n}{n} = \log(1+x),$$

得到

$$f(x) = \int_0^x \log(1+t)\mathrm{d}t + f(0) = x\log(1+x) - x + \log(1+x).$$

（4）幂级数展开式可用于函数值的近似计算. 此时,要注意对精确度的估计.

例如,计算 $\displaystyle\int_0^1 \mathrm{e}^{-x^2}\mathrm{d}x$,精确到 0.0001. 我们利用

$$I = \int_0^1 \mathrm{e}^{-x^2}\mathrm{d}x = \int_0^1 \sum_{n=0}^{\infty} \dfrac{(-x^2)^n}{n!}\mathrm{d}x = \sum_{n=0}^{\infty} \dfrac{(-1)^n}{n!(2n+1)}.$$

这是一个交错的级数,由级数的前 n 项部分和逼近 I 的误差绝对值小于第 $n+1$ 项绝对值,解不等式

$$\frac{1}{n!(2n+1)} < 0.0001,$$

得到 $n \geqslant 8$. 故在所规定的精确度下, 可取前七项之和作为 I 的近似, 计算得到 $I \approx 0.7486$.

7.1.9 Fourier 级数

1. 设 $f(x)$ 在 $[-\pi, \pi]$ 上可积, 称

$$a_n = \frac{1}{\pi}\int_{-\pi}^{\pi} f(x)\cos nx\,\mathrm{d}x, n = 0, 1, 2, \cdots,$$

$$b_n = \frac{1}{\pi}\int_{-\pi}^{\pi} f(x)\sin nx\,\mathrm{d}x, n = 1, 2, 3, \cdots,$$

为 $f(x)$ 的 Fourier 系数, 级数

$$\frac{1}{2}a_0 + \sum_{n=1}^{\infty} (a_n\cos nx + b_n\sin nx)$$

为 $f(x)$ 的 Fourier 级数.

2. 两个常用的判别法

(1)（Dini 判别法） 设 $f(x)$ 是以 2π 为周期的可积函数, 如果对于某个 $\delta > 0$ 及数 A, 积分

$$\int_0^\delta \left|\frac{f(x+a)+f(x-a)-2A}{x}\right|\mathrm{d}x$$

存在, 则 $f(x)$ 的 Fourier 级数在点 $x = a$ 收敛于 A.

(2)（Dirichlet-Jordan 判别法） 设 $f(x)$ 是以 2π 为周期的可积函数, 若有 $\delta > 0$, 在 $[a-\delta, a+\delta]$ 上 $f(x)$ 是两个单调增加的函数之差, 则 $f(x)$ 的 Fourier 级数在点 $x = a$ 收敛于 $\frac{1}{2}(f(a+0) + f(a-0))$.

函数

$$f(x) = \begin{cases} \dfrac{1}{\log\dfrac{|x|}{2\pi}}, & x \neq 0, \\ 0, & x = 0, \end{cases} \quad x \in [-\pi, \pi]$$

在 $[-\pi, \pi]$ 上可表示为两个增函数之差, 因此, 由 Dirichlet-Jordan 判别法, $f(x)$ 的 Fourier 级数在每一点收敛; 特别地, 在 $x = 0$ 收敛于 $f(0) = 0$. 但是, 在点 $x = 0$, Dini 定理的条件并不满足, 因此, Dirichlet-Jordan 判别法不包括 Dini 判别法.

函数

$$f(x) = \begin{cases} x\cos\dfrac{\pi}{2x}, & x \neq 0, \\ 0, & x = 0, \end{cases} \quad x \in [-\pi,\pi]$$

在 $[-\pi,\pi]$ 上有定义,在点 $x = 0$ 有

$$|f(x) - f(0)| \leqslant |x|.$$

因而可以利用 Dini 判别法知道 $f(x)$ 的 Fourier 级数在 $x = 0$ 收敛于 $f(0) = 0$. 但是,在点 $x = 0$ 的任一邻域内,$f(x)$ 不满足 Dirichlet-Jordan 判别法的条件,因此,Dini 判别法亦不包含 Dirichlet-Jordan 判别法.

3. Fourier 级数的性质

(1) 设 $f(x)$ 与 $f^2(x)$ 在 $[-\pi,\pi]$ 上可积,对于三角多项式

$$\varphi_n(x) = \frac{1}{2}A_0 + \sum_{k=1}^{n}(A_k\cos kx + B_k\sin kx),$$

积分

$$\frac{1}{2\pi}\int_{-\pi}^{\pi}(f(x) - \varphi_n(x))^2\,\mathrm{d}x$$

当且仅当 $\varphi_n(x)$ 是 $f(x)$ 的 Fourier 级数的第 n 个部分和时达到最小值

$$\frac{1}{2\pi}\int_{-\pi}^{\pi}f^2(x)\,\mathrm{d}x - \frac{1}{4}a_0^2 - \frac{1}{2}\sum_{k=1}^{n}(a_k^2 + b_k^2).$$

(2) 设 $f(x)$ 在 $[-\pi,\pi]$ 上只有有限个间断点,且在每个间断点都存在左、右极限. 如果 $f(x)$ 的 Fourier 级数是

$$\frac{1}{2}a_0 + \sum_{n=1}^{\infty}(a_n\cos nx + b_n\sin nx),$$

则对于任意的 $x_1, x \in [-\pi,\pi]$,有

$$\int_{x_1}^{x}f(t)\,\mathrm{d}t = \frac{a_0}{2}(x - x_1) + \sum_{n=1}^{\infty}\int_{x_1}^{x}(a_n\cos nt + b_n\sin nt)\,\mathrm{d}t.$$

(3) 设 $f(x)$ 在 $[-\pi,\pi]$ 上连续,$f(-\pi) = f(\pi)$,且除有限个点外,$f'(x)$ 存在,又设 $f'(x)$ 在 $[-\pi,\pi]$ 上可积和绝对可积,则 $f'(x)$ 的 Fourier 级数可以由 $f(x)$ 的 Fourier 级数逐项微分得到.

7.1.10 无穷乘积

1. 无穷乘积 $\prod_{n=1}^{\infty}p_n$ 收敛的必要条件是,$\lim_{n\to\infty}p_n = 1$,$\lim_{n\to\infty}\prod_{k=n+1}^{\infty}p_k = 1$.

2. $\prod\limits_{n=1}^{\infty} p_n (p_n > 0)$ 收敛的充要条件是 $\sum\limits_{n=1}^{\infty} \log p_n$ 收敛,并且有关系式

$$\prod_{n=1}^{\infty} p_n = e^{\sum\limits_{n=1}^{\infty} \log p_n}.$$

3. 若当 $n \geqslant n_0$ 时,a_n 不改变符号,则无穷乘积 $\prod\limits_{n=1}^{\infty}(1+a_n)$ 与 $\sum\limits_{n=1}^{\infty} a_n$ 有相同的收敛性.

4. 若级数 $\sum\limits_{n=1}^{\infty} a_n$ 与 $\sum\limits_{n=1}^{\infty} a_n^2$ 收敛,则 $\prod\limits_{n=1}^{\infty}(1+a_n)$ 收敛.

7.2 级数的收敛性和计算

【例 7.5】 说明级数 $\sum a_n$ 的收敛性,其中

(1) $a_n = 1 - \cos\dfrac{1}{n}$; (2) $a_n = \displaystyle\int_0^{\frac{1}{n}} \dfrac{\sin^\alpha x}{1+x} dx, \alpha > -1$; (3) $\sum\limits_{n=1}^{\infty} \dfrac{|\sin n|}{n}$.

解 (1) 由

$$\cos x = 1 - \frac{x^2}{2} + o(x^2), x \to 0,$$

得到

$$a_n = 1 - \cos\frac{1}{n} = \frac{1}{2n^2} + o\left(\frac{1}{n^2}\right) \sim \frac{1}{2n^2}, n \to \infty,$$

所以 $\sum a_n$ 收敛.

(2) 由于 $\sin x \sim x (x \to 0)$,所以,有

$$a_n \sim \int_0^{\frac{1}{n}} \sin^\alpha x \, dx \sim \int_0^{\frac{1}{n}} x^\alpha dx = \frac{1}{\alpha+1} \frac{1}{n^{\alpha+1}}, n \to \infty, \alpha > -1, \alpha \neq 0,$$

$$a_n = \int_0^{\frac{1}{n}} \frac{dx}{1+x} = \log\left(1 + \frac{1}{n}\right) \sim \frac{1}{n}, n \to \infty.$$

因此,当 $\alpha > 0$ 时,$\sum a_n$ 收敛;否则,$\sum a_n$ 发散.

(3) 容易看出,对于任意的自然数 n,三个数 $n, n+1, n+2$ 中,至少有一个与 $\left[\dfrac{\pi}{4}, \dfrac{3\pi}{4}\right]$ 或 $\left[-\dfrac{3\pi}{4}, -\dfrac{\pi}{4}\right]$ 中的某个数有相同的正弦函数值,因此,对于任何自然数 n 和 p,都有

$$\sum_{k=n+1}^{n+3p} \frac{|\sin k|}{k} \geqslant \left|\sin\frac{\pi}{4}\right| \sum_{k=1}^{p} \frac{1}{n+3k}.$$

当 p 充分大时,上式右端可以任意大. 由 Cauchy 准则,知 $\sum\limits_{n=1}^{\infty}\dfrac{|\sin n|}{n}$ 发散.

另解　令 $f(x)=|\sin x|+|\sin(x+1)|$,则 $f(x)$ 是 $(-\infty,+\infty)$ 上的连续的周期函数,而且,由于 $\sin x$ 与 $\sin(x+1)$ 不同时为零,所以必存在 $l>0$,使得

$$f(x)=|\sin x|+|\sin(x+1)|\geqslant l,x\in(-\infty,+\infty).$$

因此,

$$\sum_{n=1}^{\infty}\frac{|\sin n|}{n}=\sum_{n=1}^{\infty}\left(\frac{|\sin(2n-1)|}{2n-1}+\frac{|\sin 2n|}{2n}\right)$$

$$\geqslant\sum_{n=1}^{\infty}\frac{|\sin(2n-1)|+|\sin 2n|}{2n}$$

$$\geqslant\sum_{n=1}^{\infty}\frac{l}{2n}=\frac{l}{2}\sum_{n=1}^{\infty}\frac{1}{n},$$

这说明 $\sum\limits_{n=1}^{\infty}\dfrac{|\sin n|}{n}$ 是发散的.

【例 7.6】　设 $\sum\limits_{n=1}^{\infty}b_n$ 绝对收敛,且有 $\dfrac{a_n}{a_{n+1}}=1+\dfrac{1}{n}+O(|b_n|)(n=1,2,3,\cdots)$,则 $\sum a_n$ 发散.

解　我们知道,$|b_n|=o(1)$,于是,由 $\log(1+x)=x+O(x^2)$ 得到

$$\log\left(1+\frac{1}{n}+O(|b_n|)\right)=\frac{1}{n}+O(|b_n|)+O\left(\frac{1}{n}+O(|b_n|)\right)^2$$

$$=\frac{1}{n}+O(|b_n|)+O\left(\frac{1}{n^2}\right)+O(|b_n^2|)$$

$$=\frac{1}{n}+O(|b_n|)+O\left(\frac{1}{n^2}\right),$$

以及

$$\log a_n-\log a_{n+1}=\frac{1}{n}+O(|b_n|)+O\left(\frac{1}{n^2}\right),$$

$$-\log a_{n+1}=\sum_{k=1}^{n}(\log a_k-\log a_{k+1})-\log a_1$$

$$=\sum_{k=1}^{n}\left(\frac{1}{k}+O(|b|)+O\left(\frac{1}{k^2}\right)\right)-\log a_1$$

$$=\log n+c_1+O\left(\frac{1}{n}\right)+c_2-O\left(\sum_{k=n+1}^{\infty}b_k\right)+c_3-O\left(\sum_{k=n+1}^{\infty}\frac{1}{k^2}\right)$$

$$=\log n+c+o(1),$$

其中 c_1, c_2, c_3 和 c 是常数. 于是 $a_{n+1} \sim \dfrac{1}{n \mathrm{e}^c}$, $\sum a_n$ 发散.

注　请注意上面的解中在处理 $\sum\limits_{k=1}^{n} \left(O(|b_k|) + O\left(\dfrac{1}{k^2}\right) \right)$ 时的技巧. 如果直接使用估计 $\sum\limits_{k=1}^{n} \left(O(|b_k|) + O\left(\dfrac{1}{k^2}\right) \right) = O(1) \sum\limits_{k=1}^{n} \left(|b_k| + \dfrac{1}{k^2} \right)$, 那么无法得到 $a_{n+1} \sim \dfrac{1}{n \mathrm{e}^c}$.

【例 7.7】　设数列 $\{a_n\}$ 与 $\{b_n\}$ 有关系 $a_n = b_n + \log(1 + a_n)$. 若 $\sum a_n^2$ 收敛, 则 $\sum b_n$ 也收敛.

解　由于 $\sum a_n^2$ 收敛, 所以 $a_n = O(1)\,(n \to \infty)$, 因此

$$\log(1 + a_n) = a_n - \frac{1}{2} a_n + o(a_n^2).$$

由 a_n 与 b_n 的关系, 得到

$$a_n = b_n + a_n - \frac{1}{2} a_n^2 + o(a_n^2),$$

$$b_n \sim \frac{1}{2} a_n^2.$$

可见, $\sum b_n$ 与 $\sum a_n^2$ 有相同的敛散性, 即 $\sum b_n$ 收敛.

【例 7.8】　设数列 $\{a_n\}$ 与 $\{b_n\}$ 有以下关系 $\mathrm{e}^{a_n} = a_n + \mathrm{e}^{b_n}$, 又有 $\sum a_n^2$ 收敛, 则 $\sum b_n$ 收敛.

解　由 $\sum a_n^2$ 收敛可知, 当 $n \to \infty$ 时, 有

$$a_n = o(1), n \to \infty,$$

$$\mathrm{e}^{b_n} = \mathrm{e}^{a_n} - a_n = 1 + a_n + \frac{a_n^2}{2} + o(a_n^2) - a_n = 1 + \frac{a_n^2}{2} + o(a_n^2),$$

由此得到 $b_n = o(1)$, 以及

$$\mathrm{e}^{b_n} = 1 + b_n + o(b_n) = 1 + \frac{a_n^2}{2} + o(a_n^2),$$

从而 $b_n \sim \dfrac{1}{2} a_n^2$, 所以 $\sum b_n$ 收敛.

【例 7.9】　判断 $\sum a_n$ 的收敛性, 其中 $a_n = \dfrac{1}{n^a} \left(1 - \dfrac{x \log n}{n}\right)^n$.

解　对于充分大的 $n \geqslant n_0$, $a_n \geqslant 0$, 所以, 可视 $\sum a_n$ 为正项级数. 由

$$a_n = \frac{1}{n^a} \left(1 - \frac{x \log n}{n}\right)^n = \frac{1}{n^a} \mathrm{e}^{n \log \left(1 - \frac{x \log n}{n}\right)}$$

及

$$n\log\left(1-\frac{x\log n}{n}\right)=n\left(-\frac{x\log n}{n}+O\left(\frac{x^2\log^2 n}{n^2}\right)\right)=-x\log n+O\left(\frac{\log^2 n}{n^2}\right)$$

可知

$$a_n=\frac{1}{n^a}\cdot\frac{1}{n^x}e^{o\left(\frac{\log^2 n}{n}\right)}\sim\frac{1}{n^{a+x}},n\to\infty.$$

因此,当且仅当 $a+x>1$ 时, $\sum a_n$ 收敛,否则 $\sum a_n$ 发散.

【例 7.10】 设正项级数 $\sum a_n$ 收敛,数列 $\{na_n\}$ 是单调的,则

$$a_n=o\left(\frac{1}{n\log n}\right),n\to\infty.$$

解 以 $[x]$ 表示 x 的整数部分,则由 $\sum a_n$ 的收敛性得到:当 $n\to\infty$ 时,

$$o(1)=\sum_{k=\lceil\log n\rceil}^n a_k=\sum_{k=\lceil\log n\rceil}^n ka_k\frac{1}{k}\geqslant na_n\sum_{k=\lceil\log n\rceil}^n\frac{1}{k}$$

$$>na_n\int_{\log n+1}^n\frac{\mathrm{d}x}{x}=na_n(\log n-\log(\log n+1))$$

$$=na_n\log n(1+o(1)),$$

于是

$$a_n=o(1)\frac{1+o(1)}{n\log n}=o\left(\frac{1}{n\log n}\right).$$

注 建议读者使用"$\varepsilon-\delta$"语言证明本例中的结论,并比较两种方法的优劣.

【例 7.11】 判定级数 $\sum a_n$ 的收敛性,其中

(1) $a_n=(-1)^n((\log n)^{\frac{1}{n}}-1)$;   (2) $a_n=(-1)^n\frac{1}{n^{p+\frac{1}{n}}}$;

(3) $a_n=(-1)^n\cdot\frac{n-1}{n+1}\frac{1}{\log n}$;   (4) $a_n=\sin(\pi\sqrt{n^2+1})$.

解 (1) 令 $y=f(x)=(\log x)^{\frac{1}{x}}$,则

$$\log y=\frac{\log x}{x},\frac{y'}{y}=\frac{1-\log x}{x^2},y'=(\log x)^{\frac{1}{x}}\cdot\frac{1}{x^2}(1-\log x).$$

因此,当 $n\geqslant 4$ 时,$(\log n)^{\frac{1}{n}}-1$ 是单调减少的,此外,

$$\lim_{n\to\infty}((\log n)^{\frac{1}{n}}-1)=\lim_{n\to\infty}(e^{\frac{\log\log n}{n}}-1)=0.$$

所以 $\sum a_n$ 收敛.

(2) 若 $p \leqslant 0$，则显然 $\dfrac{1}{n^{p+\frac{1}{n}}}$ 不趋于 $0(n \to \infty)$，所以 $\sum a_n$ 必发散.

若 $p > 0$，令 $y = x^{p+\frac{1}{x}}$，则

$$\log y = \left(p + \frac{1}{x}\right)\log x, \quad \frac{y'}{y} = -\frac{1}{x^2}\log x + \left(p + \frac{1}{x}\right)\frac{1}{x},$$

$$y' = y\left(-\frac{1}{x^2}\log x + \frac{p}{x} + \frac{1}{x^2}\right).$$

由此可见，当 $n \geqslant n_0$ 时，$a_n = (n^{p+\frac{1}{n}})^{-1}$ 单调下降且以零为极限，所以 $\sum a_n$ 收敛.

(3) 由于 $\dfrac{n-1}{n+1} = 1 - \dfrac{2}{n+1}$ 是单调上升且有界，而级数 $\sum \dfrac{(-1)^n}{\log n}$ 收敛，故由 Abel 判别法可知 $\sum a_n$ 收敛.

(4) 有

$$\sin(\pi\sqrt{n^2+1}) = \sin(n\pi + \pi\sqrt{n^2+1} - n\pi)$$
$$= (-1)^n \sin\pi\left(\sqrt{n^2+1} - n\right)$$
$$= (-1)^n \sin\frac{\pi}{\sqrt{n^2+1}+n},$$

其中 $\sin\dfrac{\pi}{\sqrt{n^2+1}+n}$ 是单调减少且以零为极限，所以 $\sum a_n$ 收敛.

【例 7.12】　判定级数 $\sum \dfrac{(-1)^{[\sqrt{n}]}}{n}$ 的收敛性.

解　对于正整数 n，设 $k \leqslant \sqrt{n} < k+1$，　则

$$S_{n^2} = \sum_{k=1}^{n^2} \frac{(-1)^{[\sqrt{k}]}}{k} = \sum_{m=1}^{n-1} \sum_{k=m^2}^{(m+1)^2-1} \frac{(-1)^{[\sqrt{k}]}}{k} + \frac{(-1)^n}{n^2}$$

$$= \sum_{m=1}^{n-1} (-1)^m \sum_{k=m^2}^{(m+1)^2-1} \frac{1}{k} + \frac{(-1)^n}{n^2}$$

$$= \sum_{m=1}^{n-1} (-1)^m C_m + \frac{(-1)^n}{n^2},$$

其中

$$C_m = \sum_{k=m^2}^{(m+1)^2-1} \frac{1}{k}$$

$$= \frac{1}{m^2} + \frac{1}{m^2+1} + \cdots + \frac{1}{m^2+m-1} + \frac{1}{m^2+m} + \cdots + \frac{1}{m^2+2m}$$

$$< m \cdot \frac{1}{m^2} + \frac{1}{m^2+m} \cdot (m+1) = \frac{2}{m}.$$

另一方面,

$$C_m > (m+1)\frac{1}{m^2+m} + m \cdot \frac{1}{m^2+2m}$$

$$= \frac{1}{m} + \frac{1}{m+2} > \frac{2}{m+1},$$

从而

$$C_m > \frac{2}{m+1} > C_{m+1},$$

$$C_m \to 0, m \to \infty.$$

因此,交错级数 $\sum_{m=1}^{\infty}(-1)^m C_m$ 收敛于有限数 A,即 $\lim_{n \to \infty} S_{n^2} = A$.

对于任意的自然数 N,必有 n,使得 $n^2 \leqslant N < (n+1)^2$. 因此

$$|S_N - S_{n^2}| \leqslant C_n < \frac{2}{n} \to 0, N \to \infty,$$

因此

$$\lim_{N \to \infty} S_N = \lim_{n \to \infty} S_{n^2} = A,$$

即 $\sum a_n$ 收敛.

注 下面的定理经常用到:

定理 设级数 $\sum a_n$ 满足条件:

(1) 存在一个自然数列 $\{n_k\}$:$0 = n_0 < n_1 < \cdots < n_k < \cdots, n_k \to \infty, k \to \infty$,使得 a_n 在 $n_k \leqslant n < n_{k+1}$ 中保持不变的符号;

(2) 记 $A_k = \sum_{m=n_k}^{n_{k+1}-1} a_m$,级数 $\sum_{k=0}^{\infty} A_k$ 收敛,则级数 $\sum a_n$ 也收敛.

【例 7.13】 设正项级数 $\sum_{n=1}^{\infty} a_n$ 发散,则存在单调减少且趋于零的数列 $\{b_n\}$,使得 $\sum a_n b_n$ 发散.

解 记

$$s_n = a_1 + a_2 + \cdots + a_n, b_n = \frac{1}{s_n}$$

则 $\{b_n\}$ 是单调减少且趋于零的数列.

对于任意的自然数 m,取 n 充分大,使得 $s_n > 2s_m$,则

$$\sum_{k=m}^{n} a_k b_k = \sum_{k=m}^{n} \frac{a_k}{s_k} \geqslant \frac{1}{s_n} \sum_{k=m}^{n} a_k = \frac{1}{s_n}(s_n - s_m) > \frac{1}{s_n} \cdot \frac{1}{2} \cdot s_n = \frac{1}{2},$$

这样,由 Cauchy 收敛准则,可知 $\sum a_n b_n$ 发散.

【例 7.14】 设正项级数 $\sum\limits_{n=1}^{\infty} a_n$ 收敛,令 $r_n = \sum\limits_{k=n}^{\infty} a_k$,则 $\sum\limits_{n=1}^{\infty} \dfrac{a_n}{r_n}$ 发散.

解 对于任意的自然数 n,有 $r_n = a_n + r_{n+1}$,$\dfrac{r_{n+1}}{r_n} = 1 - \dfrac{a_n}{r_n}$.假设对于自然数 k,有

$$\frac{r_{n+k}}{r_n} \geqslant 1 - \frac{a_n}{r_n} - \frac{a_{n+1}}{r_{n+1}} - \cdots - \frac{a_{n+k-1}}{r_{n+k-1}},$$

那么

$$\frac{r_{n+k+1}}{r_n} = \frac{r_{n+k}}{r_n} \cdot \frac{r_{n+k+1}}{r_{n+k}} \geqslant \left(1 - \frac{a_n}{r_n} - \cdots - \frac{a_{n+k-1}}{r_{n+k-1}}\right)\left(1 - \frac{a_{n+k}}{r_{n+k}}\right)$$

$$> 1 - \frac{a_n}{r_n} - \frac{a_{n+1}}{r_{n+1}} - \cdots - \frac{a_{n+k}}{r_{n+k}}.$$

因此,由归纳法可知,对于任意的自然数 n 与 k,有

$$\frac{r_{n+k}}{r_n} > 1 - \frac{a_n}{r_n} - \frac{a_{n+1}}{r_{n+1}} - \cdots - \frac{a_{n+k-1}}{r_{n+k-1}} = 1 - \sum_{i=n}^{n+k-1} \frac{a_i}{r_i}.$$

因此,对于任意固定的 n,

$$\sum_{i=n}^{\infty} \frac{a_i}{r_i} = \lim_{k \to \infty} \sum_{i=n}^{n+k-1} \frac{a_i}{r_i} \geqslant 1 - \lim_{k \to \infty} \frac{r_{n+k}}{r_n} = 1 - \frac{1}{r_n} \lim_{k \to \infty} r_{n+k} = 1,$$

由 Cauchy 收敛准则,知 $\sum\limits_{n=1}^{\infty} \dfrac{a_n}{r_n}$ 发散.

【例 7.15】 证明:若 $a \leqslant 1$,则对于任意的实数 b,级数 $\sum\limits_{n=1}^{\infty} \dfrac{1}{n^a} \cos(b\log n)$ 发散.

解 因为 $|b\log(n+1) - b\log n| = \left| b\log\left(1 + \dfrac{1}{n}\right)\right| \leqslant \dfrac{b}{n}$,所以,如果 $n > 4b$,则有

$$N \geqslant \left[\frac{\frac{\pi}{2}}{\frac{b}{n}}\right] - 2 = \left[\frac{n\pi}{2b}\right] - 2 > \frac{n\pi}{2b} - 2 \geqslant \frac{n\pi}{4b}$$

个相邻的角 $b\log n, b\log(n+1), \cdots, b\log(n+N)$ 落在区间 $\left[-\dfrac{\pi}{4}, \dfrac{\pi}{4}\right]$ 内,于是

$$\left| \sum_{k=n}^{n+N} \frac{\cos(b\log n)}{n^a} \right| \geqslant \cos\frac{\pi}{4} \sum_{k=n}^{n+N} \frac{1}{n^a} \geqslant \frac{\sqrt{2}}{2} \int_{n+1}^{n+\frac{n\pi}{4b}} \frac{\mathrm{d}x}{x^a}$$

$$\geqslant \frac{\sqrt{2}}{2} \int_{n+1}^{n\left(1+\frac{\pi}{4b}\right)} \frac{\mathrm{d}x}{x}$$

$$= \frac{\sqrt{2}}{2}\left(\log n + \log\left(1 + \frac{\pi}{4b}\right) - \log(n+1)\right)$$

$$= \frac{\sqrt{2}}{2}\left(\log\left(1 + \frac{\pi}{4b}\right) + O\left(\frac{1}{n}\right)\right).$$

当 n 充分大时，上式右端总大于一个常数，所以，由 Cauchy 准则得到，$\sum \frac{\cos(b\log n)}{n^a}$ 必是发散的.

【例 7.16】 研究级数 $\sum a_n^a$ 的收敛性，其中

(1) $a_1 = 1, a_2 = 2, a_n = a_{n-1} + a_{n-2}(n \geqslant 3)$；

(2) a_n 是方程 $x = \tan x$ 的第 n 个正根（按根的增大顺序排列）；

(3) $a_n = \frac{x_n}{n}$，其中 x_n 是方程 $e^x + \log x = n$ 的正根.

解 （1）显然 $a_{n-1} \leqslant a_n$，所以

$$a_n \leqslant 2a_{n-1}, a_{n-1} \geqslant \frac{1}{2}a_n,$$

因而又有

$$a_n = a_{n-2} + a_{n-1} \geqslant \frac{1}{2}a_{n-1} + a_{n-1} = \frac{3}{2}a_{n-1},$$

即

$$\frac{3}{2}a_{n-1} \leqslant a_n \leqslant 2a_{n-1},$$

因此

$$\left(\frac{3}{2}\right)^{n-1}a_1 \leqslant a_n \leqslant 2^{n-1}a_1.$$

由此可见，当 $a < 0$ 时，$\sum a_n^a$ 收敛；否则，$\sum a_n^a$ 发散.

（2）由 $y = \tan x$ 的图形易见，方程 $x = \tan x$ 在区间 $\left(\frac{\pi}{2} + (n-1)\pi, \frac{\pi}{2} + n\pi\right)$ $(n = 1, 2, \cdots)$ 中有且仅有一个零点 a_n. 因此 $(n-1)\pi < a_n < (n+1)\pi$. 从而 $\sum a_n^a$ 当 $a < -1$ 时收敛，当 $a \geqslant -1$ 时发散.

（3）由于 $e^x + \log x$ 在 $x > 0$ 时是增函数，而且

$$\lim_{x \to 0}(e^x + \log x) = -\infty, \lim_{x \to +\infty}(e^x + \log x) = +\infty,$$

所以方程 $e^x + \log x = n$ 在正实轴上有且仅有一个零点 x_n，满足 $x_n \to \infty$ $(n \to \infty)$，于是

$$e^x + \log x = n, e^{x_n} \sim n, x_n \sim \log n, n \to \infty,$$

所以，当 $a > 1$ 时，$\sum a_n^a$ 收敛；当 $a \leqslant 1$ 时，$\sum a_n^a$ 发散.

7.3　函数项级数

【例 7.17】　研究级数 $\sum\limits_{n=1}^{\infty} a_n(x)$ 在指定数集 I 上的一致收敛性：

(1) $a_n(x) = (1-x)x^n, I = [0,1]$；

(2) $a_n(x) = \dfrac{x}{1+n^4 x^2}, I = [0, +\infty)$；

(3) $a_n(x) = \dfrac{n^2}{e^n}(x^n + x^{-n}), I = \left[\dfrac{1}{2}, 2\right]$；

(4) $a_n(x) = x\,\dfrac{\sin nx}{\sqrt{n+x}}, I = \left[0, \dfrac{\pi}{2}\right]$；

(5) $a_n(x) = \dfrac{(-1)^{[\sqrt{n}]}}{\sqrt{n(n+x)}}, I = [0, +\infty)$；

(6) $a_n(x) = \dfrac{(-1)^n}{n}\,\dfrac{\sin^n x}{1 + \sin^n x}, I = \left[-\dfrac{\pi}{2}, \dfrac{\pi}{2}\right]$.

解　(1) 显然

$$f(x) = \sum_{n=1}^{\infty} (1-x)x^n = \begin{cases} x, & x \in [0,1), \\ 0, & x = 1. \end{cases}$$

由

$$|S_n(x) - f(x)| = \left| \sum_{k=1}^{n} (1-x)x^k - x \right| = x^{n+1}, x \in [0,1].$$

可见，对于任意的自然数 n，若取 $x_n = 1 - \dfrac{1}{n}$，则

$$|S_n(x_n) - f(x_n)| = \left(1 - \frac{1}{n}\right)^{n+1} \to \frac{1}{e}, n \to \infty.$$

因此，$\sum\limits_{n=1}^{\infty} a_n(x)$ 在 $[0,1]$ 上不一致收敛.

(2) 由于 $1 + n^4 x^2 \geqslant 2n^2 x$，故

$$a_n(x) = \frac{x}{1+n^4 x^2} \leqslant \frac{1}{2n^2},$$

所以 $\sum a_n(x)$ 在 $[0, +\infty)$ 上一致收敛.

(3) 当 $x \in \left[\dfrac{1}{2}, 2\right]$ 时,

$$a_n(x) = \frac{n^2}{e^n}(x^n + x^{-n}) \leqslant \frac{n^2}{e^n} \cdot 2 \cdot 2^n = 2n^2\left(\frac{2}{e}\right)^n,$$

由级数 $\sum n^2\left(\dfrac{2}{e}\right)^n$ 的收敛性,可见 $\sum a_n(x)$ 在 $\left[\dfrac{1}{2}, 2\right]$ 上一致收敛.

(4) 当 $x \in [0, +\infty)$ 时,$\dfrac{1}{\sqrt{n+x}}$ 关于 n 是单调的,而且关于 x 一致地趋于零. 此外,对于任意的自然数 n,部分和

$$S_n(x) = x\sum_{k=1}^{n}\sin kx = \frac{x}{2\sin\dfrac{x}{2}}\sum_{k=1}^{n}2\sin\frac{x}{2}\sin kx$$

$$= \frac{x}{2\sin\dfrac{x}{2}}\left(\cos\frac{x}{2} - \cos\left(n+\frac{1}{2}\right)x\right)$$

关于 n 和 $x \in \left[0, \dfrac{\pi}{2}\right]$ 一致有界. 因此,由 Dirichlet 判别法,$\displaystyle\sum_{n=1}^{\infty}a_n(x)$ 在 $\left[0, \dfrac{\pi}{2}\right]$ 上一致收敛.

(5) 上节例 7.12 已经证明了级数 $\displaystyle\sum_{n=1}^{\infty}\frac{(-1)^{[\sqrt{n}]}}{n}$ 的收敛性. 对于固定的 x,

$\dfrac{\sqrt{n}}{\sqrt{n+x}}$ 是单调的,而且关于 $x \in [0, +\infty)$ 和 n 是一致有界的. 所以,由 Abel 判别法可知

$$\sum_{n=1}^{\infty}\frac{(-1)^{[\sqrt{n}]}}{\sqrt{n(n+x)}} = \sum_{n=1}^{\infty}\frac{(-1)^{[\sqrt{n}]}}{n} \cdot \sqrt{\frac{n}{n+x}}$$

在 $[0, +\infty)$ 是一致收敛的.

(6) 级数 $\displaystyle\sum_{n=1}^{\infty}\frac{(-1)^n}{n}$ 收敛. 此外,当 $x \in \left[-\dfrac{\pi}{2}, \dfrac{\pi}{2}\right]$ 时

$$\frac{\sin^n x}{1+\sin^n x} = 1 - \frac{1}{1+\sin^n x}$$

是单调的(当 x 固定),而且关于 x, n 一致有界. 所以,由 Abel 判别法,可知 $\sum a_n(x)$ 在 $\left[-\dfrac{\pi}{2}, \dfrac{\pi}{2}\right]$ 上一致收敛.

【例 7.18】 研究级数 $\sum a_n(x)$ 在指定区间上的一致收敛性:

(1) $a_n(x) = \log\left(1 + \dfrac{x}{n\log^2 n}\right)$,$I_1 = [-a, a]$,$I_2 = [1, +\infty)$;

(2) $a_n(x) = \arctan \dfrac{x}{n^3 + x}, I_1 = [0, A], I_2 = [0, +\infty)$;

(3) $a_n(x) = \dfrac{(-1)^n}{x + \sqrt{n}}, I = (0, +\infty)$.

(4) $a_n(x) = \left(1 + \dfrac{\sin^2 x}{n}\right)^{-n^2}, I_1 = \left[\dfrac{1}{2}, \dfrac{\pi}{2}\right], I_2 = \left[0, \dfrac{\pi}{2}\right]$.

解 （1）当 x 固定时,有

$$\log\left(1 + \frac{x}{n\log^2 n}\right) = \frac{x}{n\log^2 n} + o\left(\frac{x}{n\log^2 n}\right), n \to \infty,$$

由此可知,当 n 充分大时,有

$$\log\left(1 + \frac{x}{n\log^n n}\right) = O\left(\frac{1}{n\log^2 n}\right), x \in [-a, a].$$

因此,由比较判别式法,知 $\sum a_n(x)$ 在 $[-a, a]$ 上一致收敛.

当 $x \in (0, +\infty)$ 时,对任意的自然数 N,令 $x_N = N$,则

$$\sum_{n=N}^{2N} a_n(x_n) = \sum_{n=N}^{2N} \log\left(1 + \frac{N}{n\log^2 n}\right) \geq N\log\left(1 + \frac{N}{2N\log^2 2N}\right)$$

$$= N\log\left(1 + \frac{N}{2N\log^2 2N}\right) \to \infty, N \to \infty.$$

因此, $\sum a_n(x)$ 在 $[1, +\infty)$ 上不一致收敛.

（2）当 $x \in [0, A]$,若 n 充分大,则 $\left|\dfrac{x}{n^3 + x}\right| < 1$,从而

$$\arctan \frac{x}{n^3 + x} = O\left(\frac{A}{A + n^3}\right) = O\left(\frac{1}{n^3}\right).$$

所以 $\sum a_n(x)$ 在 $[0, A]$ 上一致收敛.

当 $x \in [0, +\infty)$ 时,对任意的自然数 N,取 $x_n = N^3$,则

$$\sum_{n=N^3}^{2N^3} \arctan \frac{x_N}{x_N + n^3} = \sum_{n=N^3}^{2N^3} \arctan \frac{N^3}{n^3 + N^3}$$

$$\geq N^3 \arctan \frac{N^3}{2N^3 + N^3}$$

$$= N^3 \arctan \frac{1}{3} \to \infty, N \to \infty.$$

因此, $\sum a_n(x)$ 在 $[0, +\infty)$ 上不一致收敛.

（3）对于任意的 $x \in (0, +\infty)$,由交错级数的性质可知,对任意的自然

数 N,

$$\left| \sum_{n=N}^{\infty} \frac{(-1)^n}{x+\sqrt{N}} \right| \leqslant \frac{1}{x+\sqrt{N}} \leqslant \frac{1}{\sqrt{N}} \to 0, N \to \infty.$$

所以 $\sum a_n(x)$ 在 $(0, +\infty)$ 上一致收敛.

(4) 当 $x \in \left[\frac{1}{2}, \frac{\pi}{2} \right]$ 时,有

$$\mid a_n(x) \mid = \left| \left(1 + \frac{\sin^2 x}{n} \right)^{-n^2} \right| \leqslant \left(1 + \frac{\sin^2 \frac{1}{2}}{n} \right)^{-n^2} \leqslant M e^{-n\sin^2 \frac{1}{2}},$$

其中 M 是绝对常数,由比较判别法知 $\sum a_n(x)$ 在 $\left[\frac{1}{2}, \frac{\pi}{2} \right]$ 上一致收敛.

当 $x \in \left[0, \frac{\pi}{2} \right]$ 时,对于任意的自然数 N,取 $x_N = \frac{1}{\sqrt{N}}$,则

$$\sum_{n=N}^{2N} a_n(x_N) = \sum_{n=N}^{2N} \left(1 + \frac{\sin^2 \frac{1}{\sqrt{N}}}{n} \right)^{-n^2} \geqslant \sum_{n=N}^{2N} \left(1 + \frac{\sin^2 \frac{1}{\sqrt{N}}}{n} \right)^{-n^2}$$

$$\geqslant \sum_{n=N}^{2N} \left(1 + \frac{\sin^2 \frac{1}{\sqrt{N}}}{N} \right)^{-4N^2} = N \left(1 + \frac{\sin^2 \frac{1}{\sqrt{N}}}{N} \right)^{-4N^2}$$

$$= N \left(1 + \frac{1 + o(1)}{N^2} \right)^{-4N^2} \geqslant MN e^{-4},$$

这说明, $\sum a_n(x)$ 在 $\left[0, \frac{\pi}{2} \right]$ 上不一致收敛.

【例 7.19】 研究函数列 $\{f_n(x)\}$ 在指定区间上的一致收敛性:

(1) $f_n(x) = \frac{x^n}{1+x^n}, I_1 = [0, 1-\varepsilon], I_2 = [0, 1]$;

(2) $f_n(x) = \frac{x}{n} \log \frac{x}{n}, I = [0, 1]$;

(3) $f_n(x) = nx(1-x)^n, I_1 = [\delta, 1], I_2 = [0, 1]$;

(4) $f_n(x) = n^\alpha x e^{-nx^2}, I = [0, 1], \alpha > 0$;

(5) $f_n(x) = \sum_{k=0}^{n} \frac{x^{2k}}{(2k)!}, I = (-\infty, +\infty)$.

解 (1) $f_n(x)$ 的极限函数是

$$f(x) = \begin{cases} 0, & 0 \leqslant x < 1, \\ \frac{1}{2}, & x = 1, \end{cases}$$

在 $[0,1-\varepsilon]$ 上，$f(x)$ 连续，由 Dini 定理，可知 $f_n(x)$ 一致收敛于 $f(x)$.

对任意的自然数 N，取 $x = 1 - \dfrac{1}{N}$，则

$$| f_N(x_N) - f(x_N) | = | f_N(x_N) | = \frac{\left(1 - \dfrac{1}{N}\right)^N}{1 + \left(1 - \dfrac{1}{N}\right)^N}$$

$$= (1 + o(1)) \frac{\mathrm{e}^{-1}}{1 + \mathrm{e}^{-1}}.$$

由此可见，$\{f_n(x)\}$ 在 $[0,1]$ 上不一致收敛.

（2）$f_n(x)$ 的极限函数是 $f(x) = 0, x \in (0,1]$. 因此

$$| r_n(x) | = | f_n(x) - f(x) | = \left| \frac{x}{n} \log \frac{x}{n} \right| = \frac{x}{n} \log \frac{n}{x}, x \in (0,1].$$

当 $n \geqslant 3$ 时，由于

$$\frac{\mathrm{d}}{\mathrm{d}x}\left(\frac{x}{n} \log \frac{n}{x} \right) = \frac{1}{n}\left(\log \frac{n}{x} - 1 \right) > 0, x \in (0,1],$$

所以连续函数 $| r_n(x) |$ 在点 $x = 1$ 达到最大值

$$\max_{x \in [0,1]} | r_n(x) | = r_n(1) = \frac{1}{n} \log n \to 0, n \to \infty,$$

因此，$\dfrac{x}{n} \log \dfrac{x}{n}$ 在 $[0,1]$ 上一致收敛于 $f(x) = 0$.

（3）显然

$$f(x) = \lim_{n \to \infty} f_n(x) = 0, \quad x \in [0,1],$$

记

$$| r_n(x) | = | f_n(x) - f(x) | = nx (1-x)^n, \quad x \in [0,1].$$

由

$$(nx(1-x)^n)' = n(1-x)^{n-1}(1 - (n+1)x),$$

可知 $| r_n(x) |$ 在点 $x = \dfrac{1}{n+1}$ 达最大值，

$$\left| r_n\left(\frac{1}{n+1} \right) \right| = n \cdot \frac{1}{n+1} \left(1 - \frac{1}{n+1} \right)^n \geqslant \frac{1}{2\mathrm{e}}, n \geqslant n_0,$$

因此，$\{f_n(x)\}$ 在 $[0,1]$ 上不一致收敛，但对于 $\delta > 0$，当 n 充分大时，$| r_n(x) |$ 在 $[\delta, 1]$ 上的最大值是

$$r_n(\delta) = n\delta(1-\delta)^n \to 0, n \to \infty.$$

因此，$\{f_n(x)\}$ 在 $[0,1]$ 上是一致收敛.

(4) 容易看出

$$f(x) = \lim_{n \to \infty} f_n(x) = 0, \quad x \in [0,1].$$

因此，

$$|r_n(x)| = |f_n(x) - f(x)| = n^a x e^{-nx^2}, \quad x \in [0,1],$$

由

$$(n^a x e^{-nx^2})' = n^a (1 - 2nx^2) e^{-nx^2},$$

可知，$|r_n(x)|$ 在 $x = \sqrt{\dfrac{1}{2n}}$ 有一个极值点，比较此点的函数值

$$\left| r_n \left(\frac{1}{\sqrt{2n}} \right) \right| = n^a \sqrt{\frac{1}{2n}} e^{-\frac{1}{2}} = \frac{\sqrt{2}}{2} n^{a - \frac{1}{2}} e^{-\frac{1}{2}}$$

与

$$|r_n(0)| = 0, \quad |r_n(1)| = n^a e^{-n},$$

可以看出，存在常数 n_0，当 $n \geqslant n_0$ 时，$|r_n(x)|$ 在 $x = \sqrt{\dfrac{1}{2n}}$ 达到最大值，

$$\max_{0 \leqslant x \leqslant 1} |r_n(x)| = \frac{\sqrt{2}}{2} n^{a - \frac{1}{2}} e^{-\frac{1}{2}}.$$

因此，当 $a < \dfrac{1}{2}$ 时，$\{f_n(x)\}$ 一致收敛于 $f(x) = 0$；否则，不一致收敛.

(5) 我们有

$$\lim_{n \to \infty} f_n(x) = \lim_{n \to \infty} \sum_{k=0}^{n} \frac{x^{2k}}{(2k)!} = \lim_{n \to \infty} \left(\frac{1}{2} \sum_{k=0}^{2n} \frac{x^k}{k!} + \frac{1}{2} \sum_{k=0}^{2n} \frac{(-1)^k x^k}{k!} \right)$$

$$= \frac{1}{2} (e^x + e^{-x}), \quad x \in (-\infty, +\infty).$$

于是

$$\sup_{-\infty < x < +\infty} |r_n(x)| = \sup_{-\infty < x < +\infty} |f_n(x) - f(x)|$$

$$= \sup_{-\infty < x < +\infty} \left| \sum_{k=0}^{n} \frac{x^{2k}}{(2k)!} - \frac{1}{2} (e^x + e^{-x}) \right| = +\infty,$$

即 $\{f_n(x)\}$ 在 $(-\infty, +\infty)$ 上不一致收敛.

【例 7.20】 设 $g(x)$ 在 $[0,1]$ 上连续，$g(1) = 0$. 又设函数列 $\{f_n(x)\}$ 在 $[0,1)$ 上内闭一致收敛于 $f(x)$，且存在正数 M_1，使得

$$|f_n(x)| \leqslant M_1, \quad |f(x)| \leqslant M_1$$

当 $x \in [0,1]$ 时成立,则 $\varphi_n(x) = g(x)f_n(x)\,(n \geqslant 1)$ 在 $[0,1]$ 上一致收敛于 $F(x) = g(x)f(x)$.

解　设 $M_2 = \max\limits_{0 \leqslant x \leqslant 1} |g(x)|$. 对任意 $\varepsilon > 0$,存在 $\delta > 0$,使得

$$|g(x)| < \varepsilon, \quad x \in [1-\delta, 1].$$

于是当 $x \in [1-\delta, 1]$ 时,

$$
\begin{aligned}
|\varphi_n(x) - F(x)| &= |g(x)f_n(x) - g(x)f(x)| \\
&= |g(x)||f_n(x) - f(x)| \\
&\leqslant 2M_1|g(x)| < 2M_1\varepsilon.
\end{aligned}
$$

另一方面,由于 $\{f_n(x)\}$ 在 $[0,1)$ 上内闭一致收敛,所以存在 N,使得当 $n > N$ 时,

$$
\begin{aligned}
|f_n(x) - f(x)| &< \varepsilon, \quad x \in [0, 1-\delta], \\
|\varphi_n(x) - F(x)| &= |g(x)(f_n(x) - f(x))| \leqslant M_2\varepsilon.
\end{aligned}
$$

结论得证.

【例 7.21】　设 $f_0(x)$ 在 $[a,b]$ 上可积,记 $f_n(x) = \displaystyle\int_n^x f_{n-1}(t)\mathrm{d}t, x \in [a,b]$,则 $\{f_n(x)\}$ 在 $[a,b]$ 上一致收敛于 0.

解　因为 $f_0(x)$ 可积,所以必有界:

$$|f_0(x)| \leqslant M, \quad x \in [a,b].$$

由

$$|f_1(x)| = \left|\int_0^x f_0(t)\mathrm{d}t\right| \leqslant M(x-a),$$

利用数学归纳法容易证明

$$|f_n(x)| \leqslant \frac{M}{n!}(x-a)^n \leqslant \frac{M}{n!}(b-a)^n, \quad x \in [a,b], n = 1,2,\cdots.$$

由此即可知 $\{f_n(x)\}$ 在 $[a,b]$ 上一致趋于零.

【例 7.22】　证明

$$\sum_{n=1}^{\infty} \int_0^{\infty} \frac{\sin nx}{n^2 x}\mathrm{d}x = \int_0^{\infty} \left(\sum_{n=1}^{\infty} \frac{\sin nx}{n^2 x}\right)\mathrm{d}x.$$

解　显然,对任意的 $A, a, 0 < a < A$,级数 $\sum\limits_{n=1}^{\infty} \dfrac{\sin nx}{n^2 x}$ 关于 $x \in [a, A]$ 一致收敛,所以

$$\int_a^A \left(\sum_{n=1}^\infty \frac{\sin nx}{n^2 x} \right) \mathrm{d}x$$

$$= \sum_{n=1}^\infty \frac{1}{n^2} \int_a^A \frac{\sin nx}{x} \mathrm{d}x$$

$$= \sum_{n=1}^\infty \frac{1}{n^2} \int_0^\infty \frac{\sin nx}{x} \mathrm{d}x - \sum_{n=1}^\infty \frac{1}{n^2} \int_0^a \frac{\sin nx}{x} \mathrm{d}x - \sum_{n=1}^\infty \frac{1}{n^2} \int_A^\infty \frac{\sin nx}{x} \mathrm{d}x. \quad (7.6)$$

我们有

$$\sum_{n=1}^\infty \frac{1}{n^2} \int_A^\infty \frac{\sin nx}{x} \mathrm{d}x = \sum_{n=1}^\infty \frac{1}{n^2} \int_{nA}^\infty \frac{\sin x}{x} \mathrm{d}x.$$

由于 $\int_0^\infty \frac{\sin x}{x} \mathrm{d}x < \infty$，我们知道，级数 $\sum_{n=1}^\infty \frac{1}{n^2} \int_{nA}^\infty \frac{\sin x}{x} \mathrm{d}x$ 关于 $A \geqslant 1$ 是一致收敛的，因此

$$\lim_{A \to \infty} \sum_{n=1}^\infty \frac{1}{n^2} \int_A^\infty \frac{\sin nx}{x} \mathrm{d}x = \lim_{A \to \infty} \sum_{n=1}^\infty \frac{1}{n^2} \int_{nA}^\infty \frac{\sin x}{x} \mathrm{d}x = 0. \quad (7.7)$$

另一方面，我们有

$$\sum_{n=1}^\infty \frac{1}{n^2} \int_0^a \frac{\sin nx}{x} \mathrm{d}x = \sum_{n=1}^\infty \frac{1}{n^2} \int_0^{na} \frac{\sin x}{x} \mathrm{d}x,$$

同理可以推出

$$\lim_{a \to 0} \sum_{n=1}^\infty \frac{1}{n^2} \int_0^a \frac{\sin nx}{x} \mathrm{d}x = 0, \quad (7.8)$$

联合 $(7.6) \sim (7.8)$ 式，令 $a \to 0, A \to \infty$ 并取极限，就得到要证的结论.

注 例 7.22 是一个使用阶的估计方法处理极限过程交换的典型例子. 它的基本思路是，先将无穷积分（或无穷级数）写成一个通常意义下的积分（或有限的和式）与一个余项，交换积分（或求和）过程，再利用阶的估计方法处理余项所产生的误差.

【例 7.23】 求下列幂级数的收敛区域：

(1) $\sum_{n=1}^\infty \left(\frac{a^n}{n} + \frac{b^n}{n^2} \right) x^n, a > 0, b > 0$；　(2) $\sum_{n=0}^\infty \frac{x^{n^2}}{2^n + (-1)^n n^2}$；

(3) $\sum_{n=1}^\infty \frac{(3 + (-1)^n)^n}{n} x^n$.

解 (1) 如果 $b \geqslant a$，那么

$$\varlimsup_{n \to \infty} \sqrt[n]{\frac{a^n}{n} + \frac{b^n}{n^2}} = b,$$

所以 $R = \frac{1}{b}$，当 $b > a$ 时，级数 $\sum_{n=1}^\infty \left(\frac{a^n}{n} + \frac{b^n}{n^2} \right) \frac{1}{b^n}$ 与 $\sum_{n=1}^\infty \left(\frac{a^n}{n} + \frac{b^n}{n^2} \right) \frac{(-1)^n}{b^n}$ 都收敛，所

以级数 $\sum\limits_{n=1}^{\infty}\left(\dfrac{a^n}{n}+\dfrac{b^n}{n^2}\right)x^n$ 的收敛区域是 $\left[-\dfrac{1}{b},\dfrac{1}{b}\right]$.

当 $b=a$ 时,级数

$$\sum_{n=1}^{\infty}\left(\frac{a^n}{n}+\frac{b^n}{n^2}\right)\frac{1}{b^n}=\sum_{n=1}^{\infty}\left(\frac{1}{n}+\frac{1}{n^2}\right)$$

发散,而级数

$$\sum_{n=1}^{\infty}\left(\frac{a^n}{n}+\frac{b^n}{n^2}\right)\frac{(-1)^n}{b^n}=\sum_{n=1}^{\infty}\left(\frac{(-1)^n}{n}+\frac{(-1)^n}{n^2}\right)$$

收敛,所以级数 $\sum\limits_{n=1}^{\infty}\left(\dfrac{a^n}{n}+\dfrac{b^n}{n^2}\right)x^n$ 的收敛区域是 $\left[-\dfrac{1}{b},\dfrac{1}{b}\right)$. 对于 $b<a$ 的情况,可用同样方法讨论.

(2) 因为 $\varlimsup\limits_{n\to\infty}\sqrt[n]{|a_n|}=\lim\limits_{n\to\infty}\sqrt[n]{\dfrac{2}{|2^n+(-1)^n n^2|}}=1$,所以级数的收敛半径 $R=1$. 当 $x=\pm1$ 时,都有

$$\left|\frac{x^{n^2}}{2^n+(-1)^n n^2}\right|\leqslant\frac{1}{2^n-n^2},$$

故级数 $\sum\limits_{n=0}^{\infty}\dfrac{x^n}{2^n+(-1)^n n^2}$ 的收敛区域为 $[-1,1]$.

(3) 由 $\varlimsup\limits_{n\to\infty}\sqrt[n]{\left|\dfrac{1}{n}(3+(-1)^n)^n\right|}=4$,可知级数的收敛半径为 $\dfrac{1}{4}$. 当 $x=\dfrac{1}{4}$ 时,级数成为

$$\sum_{n=1}^{\infty}\frac{(3+(-1)^n)^n}{n}\cdot\frac{1}{4^n}$$

$$=\sum_{n=1}^{\infty}\frac{(3+(-1)^{2n})^{2n}}{2n}\cdot\frac{1}{4^{2n}}+\sum_{n=1}^{\infty}\frac{(3+(-1)^{2n-1})^{2n-1}}{2n-1}\cdot\frac{1}{4^{2n-1}}$$

$$=\sum_{n=1}^{\infty}\frac{1}{2n}+\sum_{n=1}^{\infty}\frac{1}{2n-1}\cdot\frac{1}{2^{2n-1}}$$

是发散的.

当 $x=-\dfrac{1}{4}$ 时,级数成为

$$\sum_{n=1}^{\infty}\frac{(3+(-1)^n)^n}{n}\cdot\frac{1}{4^n}$$

$$=\sum_{n=1}^{\infty}\frac{(3+(-1)^{2n})^{2n}}{2n}\cdot\frac{(-1)^{2n}}{4^{2n}}+\sum_{n=1}^{\infty}\frac{(3+(-1)^{2n-1})^{2n-1}}{2n-1}\cdot\frac{(-1)^{2n-1}}{4^{2n-1}}$$

$$=\sum_{n=1}^{\infty}\frac{1}{2n}+\sum_{n=1}^{\infty}\frac{-1}{2n-1}\cdot\frac{1}{2^{2n-1}},$$

仍是发散的. 所以, 级数 $\sum\limits_{n=1}^{\infty} \dfrac{(3+(-1)^n)^n}{n} x^n$ 的收敛区域是 $\left(-\dfrac{1}{4}, \dfrac{1}{4}\right)$.

【例 7.24】 将函数 $f(x)$ 在 $x=0$ 展成幂级数, 并求此幂级数的收敛半径:

(1) $f(x) = \dfrac{x}{1+2x-3x^2}$;

(2) $f(x) = \log(1+x) \cdot \log(1-x)$;

(3) $f(x) = \displaystyle\int_0^x \mathrm{e}^{-t^2}\,\mathrm{d}t$;

(4) $f(x) = \displaystyle\int_0^x \dfrac{1-\cos\sqrt{t}}{t}\,\mathrm{d}t$.

解　(1) $f(x) = \dfrac{x}{1+2x-3x^2} = \dfrac{x}{(1-x)(1+3x)} = \dfrac{1}{4}\left(\dfrac{1}{1-x} + \dfrac{3}{1+3x}\right)$

$$= \dfrac{1}{4}\left(\sum_{n=0}^{\infty} x^n + 3\sum_{n=0}^{\infty}(-3x)^n\right) \tag{7.9}$$

$$= \dfrac{1}{4}\sum_{n=0}^{\infty}(1+(-1)^n 3^{n+1})x^n. \tag{7.10}$$

由于 (7.9) 中两个级数的收敛半径分别为 1 与 $\dfrac{1}{3}$, 所以级数 (7.10) 的收敛半

径为 $\dfrac{1}{3}$ (取最小者).

(2) 当 $|x| < 1$ 时,

$$\log(1+x) \cdot \log(1-x)$$

$$= \left(\sum_{n=1}^{\infty} \dfrac{(-1)^n}{n} x^n\right)\left(-\sum_{n=1}^{\infty} \dfrac{x^n}{n}\right)$$

$$= -\left(x - \dfrac{x^2}{2} + \dfrac{x^3}{3} - \cdots\right)\left(x + \dfrac{x^2}{2} + \dfrac{x^3}{3} + \cdots\right)$$

$$= -\sum_{n=2}^{\infty}(-1)^{n-2}\left(\dfrac{1}{(n-1)\cdot 1} - \dfrac{2}{(n-2)\cdot 2} + \cdots + \dfrac{(-1)^{n-2}}{1\cdot(n-1)}\right)x^n$$

$$= -\sum_{n=2}^{\infty}(-1)^n\left(\dfrac{1}{(n-1)\cdot 1} - \dfrac{2}{(n-2)\cdot 2} + \cdots + \dfrac{(-1)^{n-2}}{1\cdot(n-1)}\right)x^n,$$

此级数的收敛半径为 1.

(3) 对于 $|x| < \infty$, 有

$$f(x) = \int_0^x \mathrm{e}^{-t^2}\,\mathrm{d}t = \int_0^x \sum_{n=0}^{\infty} \dfrac{(-1)^n t^{2n}}{n!}\,\mathrm{d}t$$

$$= \sum_{n=0}^{\infty} \dfrac{(-1)^n}{n!}\int_0^x t^{2n}\,\mathrm{d}t = \sum_{n=0}^{\infty} \dfrac{(-1)^n}{n!(2n+1)} x^{2n+1},$$

此级数在全实轴上收敛.

(4) 对于 $|x| < \infty$,有

$$\int_0^x \frac{1-\cos\sqrt{t}}{t}dt = \int_0^x \sum_{n=1}^\infty \frac{(-1)^n}{(2n)!}t^{n-1}dt$$

$$= \sum_{n=1}^\infty \frac{(-1)^n}{(2n)!}\int_0^x t^{n-1}dt = \sum_{n=1}^\infty \frac{(-1)^n}{(2n)!\,n}x^n,$$

此级数在全实轴上收敛.

7.4　级数的求和

【例 7.25】　计算

$$\frac{x^2}{2\cdot1} - \frac{x^3}{3\cdot2} + \frac{x^4}{4\cdot3} - \frac{x^5}{5\cdot4} + \cdots + (-1)^n\frac{x^n}{n(n-1)} + \cdots$$

之和.

解　在

$$\sum_{n=0}^\infty (-1)^n x^n = \frac{1}{1+x}, \quad |x| < 1$$

两边从 0 到 x 积分得到

$$\sum_{n=0}^\infty (-1)^n \frac{x^{n+1}}{n+1} = \ln(1+x), \quad |x| < 1.$$

再次积分得到

$$\sum_{n=0}^\infty (-1)^n \frac{x^{n+2}}{(n+1)(n+2)} = \int_0^x \ln(1+t)dt$$

$$= x\ln(1+x) - x + \ln(1+x), \quad |x| < 1.$$

【例 7.26】　求 $\sum_{n=1}^\infty (-1)^n \frac{n(n+1)}{2^n}$ 的和.

解　对于幂级数 $\sum_{n=1}^\infty (-1)^n n(n+1)x^n$,由比值判别法知,它的收敛半径为 1,收敛域为 $(-1,1)$.易知

$$\sum_{n=1}^\infty (-1)^n x^n = -\frac{x}{1+x}, \quad |x| < 1,$$

$$\sum_{n=1}^\infty (-1)^n x^{n+1} = -\frac{x^2}{1+x}, \quad |x| < 1.$$

通过逐项求导可得

$$\sum_{n=1}^{\infty} (-1)^n (n+1) x^n = \left(-\frac{x^2}{1+x} \right)',$$

$$\sum_{n=1}^{\infty} (-1)^n n(n+1) x^{n-1} = \left(-\frac{x^2}{1+x} \right)'',$$

从而

$$\sum_{n=1}^{\infty} (-1)^n n(n+1) x^n = x \left(-\frac{x^2}{1+x} \right)'' = -\frac{2x}{(1+x)^3}, \mid x \mid < 1.$$

令 $x = \frac{1}{2}$ 即得

$$\sum_{n=1}^{\infty} (-1)^n \frac{n(n+1)}{2^n} = -\frac{8}{27}.$$

注 利用已知的数项级数或函数项级数展开式是求级数的和的最常用和最基本的方法. 例如, 在一个函数项级数中, 将变量用不同的特殊值代入, 就可以得到许多数项级数的和. 利用数项级数的逐项积分或逐项求导可以将未知的级数转化为已知的级数. 前面两个例子用的就是这种方法.

【例 7.27】 求级数 $\sum_{n=1}^{\infty} \frac{1}{n^2}$ 的和.

解 我们有

$$\arcsin x = x + \sum_{n=1}^{\infty} \frac{(2n-1)!!}{(2n)!!} \frac{x^{2n+1}}{2n+1}, x \in [-1,1].$$

令 $x = \sin t$, 得

$$t = \sin t + \sum_{n=1}^{\infty} \frac{(2n-1)!!}{(2n+1)(2n)!!} \sin^{2n+1} t, -\frac{\pi}{2} \leqslant t \leqslant \frac{\pi}{2}.$$

将上式两端从 0 到 $\frac{\pi}{2}$ 积分, 得到

$$\frac{\pi^2}{8} = 1 + \sum_{n=1}^{\infty} \frac{(2n-1)!!}{(2n+1)(2n)!!} \int_0^{\frac{\pi}{2}} \sin^{2n+1} t \, dt$$

$$= 1 + \sum_{n=1}^{\infty} \frac{(2n-1)!!}{(2n+1)(2n)!!} \frac{(2n)!!}{(2n+1)!!}$$

$$= 1 + \sum_{n=1}^{\infty} \frac{1}{(2n+1)^2}$$

$$= \sum_{n=1}^{\infty} \frac{1}{(2n-1)^2}.$$

因此

$$S = \sum_{n=1}^{\infty} \frac{1}{n^2} = \sum_{n=1}^{\infty} \frac{1}{(2n-1)^2} + \sum_{n=1}^{\infty} \frac{1}{(2n)^2} = \frac{\pi^2}{8} + \frac{S}{4},$$

从而

$$\sum_{n=1}^{\infty} \frac{1}{n^2} = \frac{\pi^2}{6}.$$

【例 7.28】 求级数 $\sum\limits_{n=1}^{\infty} \dfrac{(-1)^{n-1}}{3n-1}$ 的和.

解　易知幂级数 $S(x) = \sum\limits_{n=1}^{\infty} \dfrac{(-1)^{n-1}}{3n-1} x^{3n-1}$ 的收敛区间为 $(-1,1]$,于是由 Abel 定理,有

$$S = \sum_{n=1}^{\infty} \frac{(-1)^{n-1}}{3n-1} = \lim_{x \to 1-0} S(x).$$

由于 $S(0) = 0$,所以

$$S(x) = S(x) - S(0) = \int_0^x S'(t)\,\mathrm{d}t,\ |x| < 1.$$

逐项求导,得到

$$S'(x) = \sum_{n=1}^{\infty} (-1)^{n-1} x^{3n-2} = \frac{x}{1+x^3}.$$

因此,

$$S(x) = \int_0^x S'(t)\,\mathrm{d}t = \int_0^x \frac{t}{1+t^3}\,\mathrm{d}t = -\frac{1}{3}\ln(1+x) + \frac{1}{6}\ln(1-x+x^2)$$

$$+ \frac{1}{\sqrt{3}}\arctan\frac{2}{\sqrt{3}}\Big(x - \frac{1}{2}\Big) + \frac{1}{\sqrt{3}}\arctan\frac{1}{\sqrt{3}}.$$

因此

$$S = \lim_{x \to 1-0} S(x) = \ln\frac{1}{\sqrt[3]{2}} + \frac{\pi}{3\sqrt{3}} = \frac{\sqrt{3}}{9}\pi - \frac{1}{3}\ln 2.$$

【例 7.29】 记 $f(x) = \sum\limits_{n=1}^{\infty} \dfrac{(-1)^n}{n^x}, x > 0$,求极限:

(1) $\lim\limits_{x \to 1} f(x)$;　　　　　(2) $\lim\limits_{x \to 0+} f(x)$.

解　(1) 当 $x > 0$ 固定时,$\dfrac{1}{n^x}$ 是单调的,而且关于 $x \in \Big[\dfrac{1}{2}, 2\Big]$ 一致地趋于零.

因此,由 Dirichlet 判别法,知级数 $\sum\limits_{n=1}^{\infty} \dfrac{(-1)^n}{n^x}$ 在 $\left[\dfrac{1}{2}, 2\right]$ 上是一致收敛的,因而表示一个连续函数. 于是

$$\lim_{x \to 1} \sum_{n=1}^{\infty} \frac{(-1)^n}{n^x} = \sum_{n=1}^{\infty} \frac{(-1)^n}{n} = -\log 2.$$

(2) 我们有

$$f(x) = \sum_{n=1}^{\infty} \frac{(-1)^n}{n^x}, x > 0,$$

则

$$f(x) = \sum_{n=1}^{\infty} \frac{(-1)^n}{n^x} = \sum_{n=0}^{\infty} \frac{(-1)^{n+1}}{(n+1)^x}.$$

所以

$$f(x) = \frac{1}{2} \left(\sum_{n=1}^{\infty} \frac{(-1)^n}{n^x} + \sum_{n=0}^{\infty} \frac{(-1)^{n+1}}{(n+1)^x} \right)$$

$$= \frac{1}{2} \sum_{n=1}^{\infty} (-1)^n \left(\frac{1}{n^x} - \frac{1}{(n+1)^x} \right) - \frac{1}{2}. \tag{7.11}$$

对于固定的 $x > 0$,由

$$\frac{\mathrm{d}}{\mathrm{d}y} \left(\frac{1}{y^x} - \frac{1}{(y+1)^x} \right) = -\frac{x}{y^{x+1}} + \frac{x}{(y+1)^{x+1}}$$

$$= x \left(\frac{1}{(y+1)^{x+1}} - \frac{1}{y^{x+1}} \right) < 0, y \geq 1$$

可知, $\left(\dfrac{1}{n^x} - \dfrac{1}{(n+1)^x} \right)$ 是单调下降的,而且

$$\left| \frac{1}{n^x} - \frac{1}{(n+1)^x} \right| = \left| \frac{1}{n^x} \left(1 - \frac{1}{\left(1 + \frac{1}{n}\right)^x} \right) \right| \leq 1 - \frac{1}{\left(1 + \frac{1}{n}\right)^x}$$

$$\leq 1 - \frac{1}{1 + \frac{1}{n}} \to 0, n \to \infty$$

关于 $x \in [0, 1]$ 是一致的,因此,(7.11) 式右端的级数关于 $x \in [0, 1]$ 是一致收敛的,从而是 $[0, 1]$ 上的连续函数. 在 (7.11) 式中取极限,得

$$\lim_{x \to 0+} f(x) = \lim_{x \to 0+} \frac{1}{2} \sum_{n=1}^{\infty} (-1)^n \left(\frac{1}{n^x} - \frac{1}{(n+1)^x} \right) - \frac{1}{2}$$

$$= \frac{1}{2} \sum_{n=1}^{\infty} (-1)^n \left(\frac{1}{n^x} - \frac{1}{(n+1)^x} \right) \bigg|_{x=0} - \frac{1}{2} = -\frac{1}{2}.$$

【例 7.30】 设

（ⅰ）$p_{n\upsilon} \geqslant 0, \upsilon = 0, 1, 2, \cdots, n; n = 0, 1, 2, \cdots;$

（ⅱ）$p_{n0} + p_{n1} + \cdots + p_{nn} = 1, n = 0, 1, 2, \cdots;$

（ⅲ）对每个固定的 m，总有 $\lim\limits_{n \to \infty} p_{nm} = 0$.

又设 $\{S_n\}$ 是任一数列，则称

$$t_n = p_{n0} S_0 + p_{n1} S_1 + \cdots + p_{nn} S_n$$

是 $\{S_n\}$ 的 $\{p_{n\upsilon}\}$ 变换. 证明，当 $\lim\limits_{n \to \infty} S_n = S$ 时，有

$$\lim_{n \to \infty} t_n = S. \tag{7.12}$$

证 对任意的 $\varepsilon > 0$，取正整数 N，使得当 $n > N$ 时，有 $|S_n - S| < \varepsilon$. 于是

$$|t_n - S| \leqslant p_{n0} |S_0 - S| + p_{n1} |S_1 - S| + \cdots + p_{nN} |S_N - S|$$
$$+ \varepsilon (p_{n,N+1} + \cdots + p_{nn})$$
$$\leqslant p_{n0} |S_0 - S| + p_{n1} |S_1 - S| + \cdots + p_{nN} |S_N - S| + \varepsilon.$$

由条件（ⅲ），令 $n \to \infty$，就有

$$\limsup_{n \to \infty} |t_n - S| \leqslant \varepsilon,$$

再令 $\varepsilon \to 0$ 就有

$$\lim_{n \to \infty} |t_n - S| = 0.$$

即

$$\lim_{n \to \infty} t_n = S.$$

注 1 例 7.30 的意义在于它可以推广"序列 $\{S_n\}$ 的极限"这一概念. 由于 $\{S_n\}$ 通常可以看作某一级数的部分和数列，所以例 7.30 也推广了级数"和"的概念. 例 7.30 表明：如果级数按通常意义有和，则按 (7.12) 式也是可以求和的，而且和不变. 但是如果按通常意义不收敛的，按 (7.12) 式则有可能是可以求和的.

注 2 设 $\{p_n\}$ 为一正数数列，$P_n = p_0 + p_1 + \cdots + p_n$. 记

$$p_{n0} = \frac{p_0}{P_n}, p_{n1} = \frac{p_1}{P_n}, \cdots, p_{nn} = \frac{p_n}{P_n}.$$

则

$$t_n = \frac{p_0 S_0 + p_1 S_1 + \cdots + p_n S_n}{P_n}$$

所给出的求和法称为 Riesz 求和法.

注 3 记 $C_n^k = \dfrac{n!}{k!(n-k)!}$，则

$$t_n = \frac{C_n^0 S_0 + C_n^1 S_1 + \cdots + C_n^n S_n}{2^n}$$

所给出的求和法称为 Euler 求和.

令

$$p_{n0} = p_{n1} = \cdots = p_{nn} = \frac{1}{n+1},$$

所给出的求和法称为 $(C,1)$ 求和.

在通常意义下,级数

$$1 - 1 + 1 - 1 + \cdots$$

是发散的,但在 $(C,1)$ 求和的意义下,

$$t_n = \frac{S_0 + S_1 + \cdots + S_n}{n+1} \to \frac{1}{2}, n \to \infty,$$

即在 $(C,1)$ 求和意义下,级数 $1 - 1 + 1 - 1 + \cdots$ 是可和的.

7.5 杂 题

【例 7.31】 证明下面的等式:

(1) $\displaystyle\int_0^1 \frac{\log x}{1-x} \mathrm{d}x = -\frac{\pi^2}{6}$;

(2) $\displaystyle\int_0^1 \log\left(\frac{1+x}{1-x}\right) \frac{\mathrm{d}x}{x} = 2 \sum_{n=1}^{\infty} \frac{1}{(2n-1)^2}$;

(3) $\displaystyle\frac{1}{b-a} \int_0^1 \frac{x^a - x^b}{1-x} \mathrm{d}x = \sum_{n=1}^{\infty} \frac{1}{(n+a)(n+b)}, a > -1, b > -1, a \neq b.$

解 (1) 对于任意的 $0 < \delta < x < 1$,级数

$$\frac{\log t}{1-t} = \sum_{n=0}^{\infty} t^n \log t$$

在 $[\delta, x]$ 上一致收敛,因而可以逐项积分,得到

$$\int_\delta^x \frac{\log t}{1-t} \mathrm{d}t = \int_\delta^x \sum_{n=0}^{\infty} t^n \log t \mathrm{d}t = \sum_{n=0}^{\infty} \int_\delta^x t^n \log t \mathrm{d}t$$

$$= \sum_{n=0}^{\infty} \int_0^1 t^n \log t \mathrm{d}t - \sum_{n=0}^{\infty} \int_0^\delta t^n \log t \mathrm{d}t - \sum_{n=0}^{\infty} \int_x^1 t^n \log t \mathrm{d}t. \tag{7.13}$$

由于

$$\left| \int_0^\delta t^n \log t \mathrm{d}t \right| \leqslant \left| \int_0^1 t^n \log t \mathrm{d}t \right| = \frac{1}{(n+1)^2},$$

$$\left| \int_x^1 t^n \log t \mathrm{d}t \right| \leqslant \left| \int_0^1 t^n \log t \mathrm{d}t \right| = \frac{1}{(n+1)^2},$$

故由比较判别法,知级数 $\sum\limits_{n=0}^{\infty}\int_0^{\delta} t^n \log t\,dt$ 与 $\sum\limits_{n=0}^{\infty}\int_x^1 t^n \log t\,dt$ 分别关于 $0 \leqslant \delta \leqslant 1$ 与 $0 \leqslant x \leqslant 1$ 是一致收敛的,从而是 δ 与 x 的连续函数. 在(7.13)式两端取极限,得到

$$\int_0^1 \frac{\log t}{1-t}\,dt = \sum_{n=0}^{\infty}\int_0^1 t^n \log t\,dt - \lim_{\delta \to 0}\sum_{n=0}^{\infty}\int_0^{\delta} t^n \log t\,dt - \lim_{x \to 1}\sum_{n=0}^{\infty}\int_x^1 t^n \log t\,dt$$

$$= \sum_{n=0}^{\infty}\int_0^1 t^n \log t\,dt = -\sum_{n=0}^{\infty}\frac{1}{(n+1)^2} = -\frac{\pi^2}{6}.$$

(2) 对任意的 $0 \leqslant x < 1$,由幂级数的逐项积分得到

$$\int_0^1 \log\left(\frac{1+x}{1-x}\right)\frac{dx}{x} = \int_0^x \sum_{n=1}^{\infty}\left(\frac{(-1)^{n-1}}{n}+\frac{1}{n}\right)x^{n-1}\,dx$$

$$= \int_0^x \sum_{n=1}^{\infty}\frac{2}{2n-1}x^{2n-2}\,dx = \sum_{n=1}^{\infty}\frac{1}{2n-1}\int_0^x x^{2n-2}\,dx$$

$$= \sum_{n=1}^{\infty}\frac{2}{(2n-1)^2}x^{2n-1}.$$

当 $x = 1$ 时,上式右端的级数收敛. 因此,由 Abel 引理得到

$$\int_0^1 \log\left(\frac{1+x}{1-x}\right)\frac{dx}{x} = \lim_{x \to 1-0}\int_0^x \log\frac{1+x}{1-x}\frac{dx}{x}$$

$$= \lim_{x \to 1-0}\sum_{n=1}^{\infty}\frac{2}{(2n-1)^2}x^{2n-1} = 2\sum_{n=1}^{\infty}\frac{1}{(2n-1)^2}.$$

(3) 对任意的 $0 \leqslant x < 1$,由幂级数的逐项积分得到

$$\frac{1}{b-a}\int_0^x \frac{x^a-x^b}{1-x}\,dx = \frac{1}{b-a}\int_0^x \sum_{n=0}^{\infty}x^n(x^a-x^b)\,dx = \frac{1}{b-a}\int_0^x \sum_{n=0}^{\infty}(x^{n+a}-x^{n+b})\,dx$$

$$= \frac{1}{b-a}\sum_{n=0}^{\infty}\int_0^x (x^{n+a}-x^{n+b})\,dx$$

$$= \frac{1}{b-a}\sum_{n=0}^{\infty}\left(\frac{x^{n+a+1}}{n+a+1}-\frac{x^{n+b+1}}{n+b+1}\right).$$

当 $x = 1$ 时,上面最后一个幂级数显然收敛,故由 Abel 引理得到

$$\frac{1}{b-a}\int_0^1 \frac{x^a-x^b}{1-x}\,dx = \lim_{x \to 1}\frac{1}{b-a}\int_0^x \frac{x^a-x^b}{1-x}\,dx$$

$$= \lim_{x \to 1}\frac{1}{b-a}\sum_{n=0}^{\infty}\left(\frac{x^{n+a+1}}{n+a+1}-\frac{x^{n+b+1}}{n+b+1}\right)$$

$$= \frac{1}{b-a}\sum_{n=0}^{\infty}\left(\frac{1}{n+a+1}-\frac{1}{n+b+1}\right)$$

$$= \sum_{n=1}^{\infty}\frac{1}{(n+a)(n+b)}.$$

【例 7.32】　设 $f(x)$ 在 $(-a, a)$ 上无限次可微，且对于 $n = 1, 2, \cdots, \{f^{(n)}(x)\}$ 在 $(-a, a)$ 上一致收敛，求 $\lim\limits_{n \to \infty} f^{(n)}(x)$.

解　对于任意的 $x \in (-a, a)$，显然有 $b > 0, -a < -b < b < a$，使 $x \in (-b, b)$，记

$$\lim_{n \to \infty} f^{(n)}(x) = g(x),$$

则 $\{f^{(n)}(x)\}$ 在 $[-b, b]$ 上一致收敛于 $g(x)$，因此

$$g'(x) = \left(\lim_{n \to \infty} f^{(n)}(x) \right)' = \lim_{n \to \infty} f^{(n+1)}(x) = g(x),$$

所以 $g(x) = \mathrm{e}^x, x \in (-a, a)$.

【例 7.33】　对于给定的函数 $f(x)$ 与数值 x_0，令

$$a_1(x_0) = f(x_0), a_2(x_0) = f(a_1), \cdots, a_{n+1} = f(a_n), \cdots.$$

(1) 设对于 $|x| < \rho(\rho > 0)$，有正数 $\lambda(<1)$ 与 M，使得

$$|f(x) - \lambda x| < Mx^2,$$

则存在常数 $\rho_1 > 0$，使得对于任何 $x_0, |x_0| < \rho_1$，级数 $\sum a_n(x_0)$ 收敛.

(2) 设对于 $|x| < \rho$，有常数 M，使得

$$|f(x) - x - x^2| < Mx^3,$$

则对于任何 $x_0, |x_0| < \rho$，当 $a_n(x_0) \to 0$ 成立时，级数 $\sum a_n^2(x_0)$ 收敛.

(3) 设 $f(x) = \sin x$，则对于任意的 x_0，则级数 $\sum a_n^a(x_0)$ 当 $a > 2$ 时收敛.

解　(1) 根据假设条件，存在 $\mu, \lambda < \mu < 1$，及充分小的正数 ρ_1，使得

$$\left| \frac{f(x_0)}{x_0} \right| < \mu, |x_0| < \rho_1.$$

由此及递推公式，得到

$$|a_1(x_0)| < \mu |x_0| < \rho_1, |a_2(x_0)| < \mu |a_1(x_0)| < \mu^2 |x_0| < \rho_1, \cdots,$$
$$|a_n(x_0)| < \mu |a_{n-1}(x_0)| < \mu^n |x_0| < \rho_1, \cdots,$$

由此易知 $\sum a_n(x_0)$ 收敛.

(2) 根据假设条件，存在 n_0，使得当 $n \geqslant n_0$ 时，$|a_n(x_0)| < \rho$，从而有

$$|a_{n+1} - a_n - a_n^2| < Ma_n^3, n \geqslant n_0,$$

即

$$a_{n+1} = a_n - a_n^2 + O(a_n^3), n \geqslant n_0, \tag{7.14}$$

记

$$y_n = \frac{1}{a_n} \to \infty, n \to \infty,$$

则(7.14) 式成为

$$\frac{1}{y_{n+1}} = \frac{1}{y_n} - \frac{1}{y_n^2} + O\left(\frac{1}{y_n^3}\right).$$

因此,

$$\frac{1}{y_{n+1}} = \frac{1}{y_n}\left(1 - \frac{1}{y_n} + O\left(\frac{1}{y_n^2}\right)\right),$$

$$y_{n+1} = y_n\left(1 - \frac{1}{y_n} + O\left(\frac{1}{y_n^2}\right)\right)^{-1} = y_n\left(1 + \frac{1}{y_n} + O\left(\frac{1}{y_n^2}\right)\right) = y_n + 1 + O\left(\frac{1}{y_n}\right),$$

$$y_{n+1} - y_n = 1 + O\left(\frac{1}{y_n}\right). \tag{7.15}$$

因为 $y_n \to \infty (n \to \infty)$,所以存在正数 n_1,使得当 $n \geq n_1$ 时,有

$$y_{n+1} - y_n \geq \frac{1}{2}, \quad y_n \geq \frac{n}{4}, \quad \frac{1}{y_n} = O\left(\frac{1}{n}\right),$$

由此及(7.15) 式,得到

$$y_n = \sum_{k=1}^{n-1} (y_{k+1} - y_k) + y_1 = \sum_{k=1}^{n_1-1} (y_{k+1} - y_k) + \sum_{k=n_1}^{n-1} (y_{k+1} - y_k) + y_1$$

$$= \sum_{k=1}^{n_1-1} (y_{k+1} - y_k) + \sum_{k=n_1}^{n-1} \left(1 + O\left(\frac{1}{k}\right)\right) + y_1.$$

由于 n_1 是固定的常数,所以上式给出

$$y_n = n + \sum_{k=n_1}^{n-1} O\left(\frac{1}{k}\right) + r_n, |r_n| < M, M \text{ 是常数},$$

即有

$$a_n = \frac{1}{y_n} \sim \frac{1}{n}, n \to \infty,$$

因此 $\sum a_n^2(x_0)$ 收敛.

(3) 对于任何固定的 $x_0, a_n(x_0) \to 0$,故

$$a_{n+1} = \sin a_n = a_n - \frac{1}{6}a_n^3 + O(a_n^5). \tag{7.16}$$

令

$$y_n = \frac{1}{a_n^2} \to \infty, n \to \infty,$$

则(7.16)式成为

$$\sqrt{\frac{1}{y_{n+1}}} = \sqrt{\frac{1}{y_n}} - \frac{1}{6}\left(\sqrt{\frac{1}{y_n}}\right)^2 + O\left(\left(\sqrt{\frac{1}{y_n}}\right)^5\right)$$

$$= \sqrt{\frac{1}{y_n}}\left(1 - \frac{1}{6}\frac{1}{y_n} + O\left(\frac{1}{y_n^2}\right)\right).$$

因此

$$\sqrt{y_{n+1}} = \sqrt{y_n}\left(1 - \frac{1}{6}\frac{1}{y_n} + O\left(\frac{1}{y_n^2}\right)\right)^{-1},$$

$$y_{n+1} = y_n\left(1 - \frac{1}{6}\frac{1}{y_n} + O\left(\frac{1}{y_n^2}\right)\right)^{-2} = y_n\left(1 + \frac{1}{3}\frac{1}{y_n} + O\left(\frac{1}{y_n^2}\right)\right),$$

$$y_{n+1} - y_n = \frac{1}{3} + O(y_n^{-1}),$$

所以,存在 n_0,使得当 $n \geqslant n_0$ 时,有

$$y_{n+1} - y_n \geqslant \frac{1}{6},$$

从而存在某个常数 $m > 0$ 使得

$$y_n \geqslant mn, n \geqslant 0,$$

即

$$|a_n| \leqslant \sqrt{\frac{1}{m}} \cdot \sqrt{\frac{1}{n}}. \tag{7.17}$$

另一方面,对于任意的 x_0,当 n 充分大时,$a_n(x_0)$ 保持相同的符号,所以 $\sum a_n(x_0)$ 可视为正项级数.由(7.17)式知,$\sum a_n^a(x_0)$ 当 $a > 2$ 时收敛.

注 由递推公式给出的无穷大(或无穷小)量的阶的估计,有许多方法,使用中要注意灵活性.本题介绍了

$$f(x) = \lambda x + O(x^2), |\lambda| < 1,$$
$$f(x) = x - x^2 + O(x^3),$$
$$f(x) = x - \lambda x^3 + O(x^5),$$

三种情形.用类似的方法还可以研究诸如

$$f(x) = x - ax^k + O(x^l), k > 3$$

等情形,其中 $l \geqslant 2k, a > 0$.

【例 7.34】 研究无穷乘积 $\prod a_n$ 的收敛性,其中:

(1) $a_n = \sqrt[n]{\log(n+x)} - \log n, x > 0$;

(2) $a_n = \left(1 - \dfrac{x}{n+1}\right) \mathrm{e}^{\frac{x}{n}}$;

(3) $a_n = \dfrac{n^\beta - 1}{n^\beta + 1} \cos \dfrac{n}{\pi}, \beta > 1$.

解　(1) 由

$$\log a_n = \frac{1}{n} \log\left[\log\left(1 + \frac{x}{n}\right)\right] = \frac{1}{n} \log\left[\frac{x}{n} + O\left(\frac{1}{n^2}\right)\right]$$

$$= \frac{1}{n} \log \frac{x}{n} + \frac{1}{n} \log\left[1 + O\left(\frac{1}{n}\right)\right]$$

$$= \frac{\log x - \log n}{n} + O\left(\frac{1}{n^2}\right).$$

可知 $\sum \log a_n$ 发散,所以 $\prod a_n$ 发散.

(2) 由

$$\log a_n = \log\left(1 - \frac{x}{n+1}\right) + \frac{x}{n} = -\frac{x}{n+1} + O\left(\frac{1}{n^2}\right) + \frac{x}{n}$$

$$= \frac{x}{n(n+1)} + O\left(\frac{1}{n^2}\right),$$

可知 $\sum \log a_n$ 收敛,所以 $\prod a_n$ 收敛.

(3) 由

$$\log a_n = \log \frac{n^\beta - 1}{n^\beta + 1} + \log \cos \frac{\pi}{n}$$

$$= \log\left(1 - \frac{2}{n^\beta + 1}\right) + \log \cos \frac{\pi}{n}$$

$$= -\frac{2}{n^\beta + 1} + O\left(\frac{1}{n^{2\beta}}\right) + \log\left(1 - \frac{\pi^2}{2n^2} + O\left(\frac{1}{n^4}\right)\right)$$

$$= -\frac{2}{n^\beta + 1} + O\left(\frac{1}{n^{2\beta}}\right) + O\left(\frac{1}{n^2}\right),$$

可知当 $\beta > 1$ 时, $\sum \log a_n$ 收敛,所以,此时 $\prod a_n$ 收敛.

【例 7.35】　设 $\{b_n\}$ 为单调减少趋于零的数列,则 $\sum b_n \sin nx$ 在任何区间上一致收敛的充要条件是 $\lim\limits_{n \to \infty} n b_n = 0$.

解　**必要性**　取 $n = \left[\dfrac{m}{2} + 1\right]$,由一致收敛性可知

$$\sum_{k=n}^{m} b_k \sin kx = o(1), m \to \infty$$

在任何区间上一致地成立. 取 $x = \dfrac{\pi}{2m}$, 则对于 $n \leqslant k \leqslant m$, 有 $\dfrac{\pi}{4} \leqslant kx \leqslant \dfrac{\pi}{2}$, 因此由 $\{b_n\}$ 的单调性得到, 当 $m \to \infty$ 时

$$o(1) = \sum_{k=n}^{\infty} b_k \sin kx \geqslant b_m \sum_{k=n}^{m} \sin kx$$

$$\geqslant b_m \left(\frac{m}{2} - 1 \right) \sin \frac{\pi}{4}$$

$$\geqslant \frac{m}{4} b_m \sin \frac{\pi}{4},$$

即

$$mb_m = o(1), m \to \infty.$$

充分性　由于 $\sin kx$ 是以 2π 为周期的奇函数, 所以只需证明 $\sum b_n \sin nx$ 在 $[0, \pi]$ 上一致收敛. 由 Cauchy 准则, 要证明

$$S_{n,m} = \sum_{k=n}^{m} b_k \sin kx = o(1), n \to \infty \tag{7.18}$$

关于 $x \in [0, \pi]$ 以及 $m \geqslant n$ 一致地成立. 根据已知条件, 有

$$r_n = \max_{m \geqslant n} (mb_m) = o(1), n \to \infty.$$

将 $[0, \pi]$ 分成三部分, 并分别证明 $\sum b_n \sin nx$ 的一致收敛性, 即证明 (7.18).

当 $0 \leqslant x \leqslant \dfrac{\pi}{m}$ 时, 由不等式 $|\sin x| \leqslant x$, 得到

$$|S_{n,m}| = \left| \sum_{k=n}^{m} b_k \sin kx \right| \leqslant \sum_{k=n}^{m} b_k kx = x \sum_{k=n}^{m} kb_k \leqslant xmr_n = o(1), n \to \infty.$$

当 $x \geqslant \dfrac{\pi}{n}$ 时, 由于 $\{b_n\}$ 的单调性, 利用不等式

$$|\sin nx + \cdots + \sin lx| \leqslant \frac{1}{\left| \sin \dfrac{x}{2} \right|} \leqslant \frac{\pi}{x}, 0 < x \leqslant \pi,$$

以及 Abel 变换得到

$$|S_{n,m}| = \left| \sum_{k=n}^{m} b_k \sin kx \right| \leqslant \frac{\pi}{x} b_n \leqslant \pi b_n \frac{n}{\pi} = nb_n = o(1), n \to \infty.$$

当 $\dfrac{\pi}{m} \leqslant x \leqslant \dfrac{\pi}{n}$ 时, 取 $l = \left[\dfrac{\pi}{x} \right]$, 记

$$S_{n,l} = \sum_{k=n}^{l} b_k \sin kx, S_{l+1,m} = \sum_{k=l+1}^{m} b_k \sin kx,$$

并且分别使用前面的方法对 $S_{n,l}$ 和 $S_{l+1,m}$ 进行估计可以得到

$$|S_{n,m}| = |S_{n,l}| + |S_{l+1,m}|$$

$$\leqslant lr_n x + \frac{\pi}{x} b_{l+1}$$

$$\leqslant \pi r_n + (l+1) b_{l+1}$$

$$= o(1), n \to \infty.$$

总之,(4) 式对于 $\left[0, \dfrac{\pi}{m}\right], \left[\dfrac{\pi}{m}, \dfrac{\pi}{n}\right], \left(\dfrac{\pi}{n}, \pi\right)$ 分别一致地成立,从而在 $[0, \pi]$ 上一致地成立.

后　记

从 1989 年起,杭州师范大学数学系为本科生开设了"分析补充"课,当初对它的定位是对"数学分析"课程的"补充,而非补习"。开设"分析补充"课的目的主要有两个,一是通过对系列典型问题的分析和讲解,使学生加深对数学分析中主要方法、定理的理解,熟练解决分析问题的技巧,提高解决分析问题的能力;二是使学生了解并掌握阶的估计、函数逼近论、Fourier 级数、不等式等的一些基本理论知识,为进一步的学习和深造打下基础。由于课程教学中引用了大量的、多种类型的数学分析问题,其中许多取自研究生入学试题,所以,该课程的学习对学生参加研究生考试也起了一定的推动和帮助作用。

分析补充课在杭州师范大学数学系开设至今,已经有 20 余年了,其间有多位教师参与教学和讲义的编写、修订工作。现在的《数学分析问题讲析》书稿,是以目前使用的"分析补充"课的讲义为基础加以修改而成的;我们认为,它凝聚了参与分析补充课教学的所有老师的心血,其实是一个集体成果。

在本书成稿和出版的过程中,得到了杭州师范大学数学系的大力支持,得到了杭州市重点学科(应用数学)建设项目、杭州师范大学校级重点专业(信息与计算科学)建设项目和浙江省新世纪教改项目的资助;本书编辑阮海潮先生为出版付出了辛勤的劳动。对此,我们表示衷心的感谢。

作　者

图书在版编目(CIP)数据

数学分析问题讲析/沈忠华,虞旦盛,于秀源编著. —杭州:浙江大学出版社,2010.4(2022.2 重印)

杭州市重点学科(应用数学)建设项目、杭州师范大学校级重点专业(信息与计算科学)建设项目和浙江省新世纪教改项目资助

ISBN 978-7-308-07496-4

Ⅰ.①数… Ⅱ.①沈…②虞…③于… Ⅲ.①数学分析 Ⅳ.①O17

中国版本图书馆 CIP 数据核字 (2010) 第 062148 号

数学分析问题讲析

沈忠华　虞旦盛　于秀源　编著

责任编辑	阮海潮(ruanhc@zju.edu.cn)
封面设计	刘依群
出版发行	浙江大学出版社
	(杭州市天目山路 148 号　邮政编码 310007)
	(网址:http://www.zjupress.com)
排　　版	杭州大漠照排印刷有限公司
印　　刷	广东虎彩云印刷有限公司绍兴分公司
开　　本	710mm×1000mm　1/16
印　　张	12.5
字　　数	245 千
版 印 次	2010 年 5 月第 1 版　2022 年 2 月第 5 次印刷
书　　号	ISBN 978-7-308-07496-4
定　　价	35.00 元